Entwicklung eines Hochleistungskreissägeblattes für die Weichholzbearbeitung

Von der Fakultät für Ingenieurwissenschaften
der Universität Bayreuth
zur Erlangung der Würde eines
Doktor-Ingenieur (Dr.-Ing.)
genehmigte Dissertation

von
M.Sc. Florian Schreiner
aus
Erlangen

Erstgutachter:	Prof. Dr.-Ing. Frank Döpper
Zweitgutachter:	Prof. Dr.-Ing. habil. Gerd Witt
Tag der mündlichen Prüfung:	31.10.2025

Lehrstuhl Umweltgerechte Produktionstechnik
Universität Bayreuth
2025

PRODUKTION.BESSER.MACHEN.

Florian Schreiner

Entwicklung eines Hochleistungskreissägeblattes für die Weichholzbearbeitung

Herausgeber:
Prof. Dr.-Ing. Frank Döpper

Band 14

UNIVERSITÄT BAYREUTH

Bibliografische Information der Deutschen Nationalbibliothek
Die Deutsche Nationalbibliothek verzeichnet diese Publikation in der Deutschen Nationalbibliografie; detaillierte bibliografische Daten sind im Internet über https://portal.dnb.de abrufbar.

Florian Schreiner:

Entwicklung eines Hochleistungskreissägeblattes für die Weichholzbearbeitung

1. Auflage, 2025

Gedruckt auf holz- und säurefreiem Papier, 100% chlorfrei gebleicht.

Wissenschaftsverlag des Instituts für Industriekommunikation und Fachmedien
an der RWTH Aachen
Steinbachstr. 25, 52074 Aachen, Deutschland
Internet: www.apprimus-verlag.de, E-Mail: info@apprimus-verlag.de

Druck: CPI Druckdienstleistungen GmbH
Ferdinand-Jühlke-Straße 7 | 99095 Erfurt | Deutschland

ISBN 978-3-98555-319-8

Vorwort

Die vorliegende Arbeit entstand während meiner Tätigkeit am Lehrstuhl Umweltgerechte Produktionstechnik (LUP) der Universität Bayreuth sowie der Projektgruppe Remanufacturing Operations and Management des Fraunhofer-Instituts für Produktionstechnik und Automatisierung (IPA) in Bayreuth.

Ich möchte mich an dieser Stelle bei allen Begleitern auf meinem Weg zur Promotion bedanken.

Allen voran gilt mein Dank meinem Doktorvater Herrn Professor Dr.-Ing. Frank Döpper. Durch das mir entgegengebrachte Vertrauen und die damit einhergehende Gewährung einer umfassenden wissenschaftlichen Freiheit sowie durch seine fachliche und persönliche Förderung hat er die Anfertigung dieser Arbeit und meinen Weg am Lehrstuhl in maßgeblicher Weise ermöglicht. Herrn Professor Dr.-Ing. habil. Gerd Witt gilt mein Dank für die Übernahme des Koreferats und den anregenden wissenschaftlichen und persönlichen Austausch. Ebenso gilt mein Dank Herrn Professor Dr.-Ing. Christoph Helbig als weiteren Prüfer.

Ferner danke ich den beteiligten Industriepartnern, die durch die Bereitstellung von Test- und Demonstratorwerkzeugen sowie Anlagenkapazitäten die direkte Verknüpfung meiner Forschungsarbeiten mit der industriellen Anwendung ermöglicht haben. Insbesondere sei an dieser Stelle Dr. Andreas Schneider für den inspirierenden Austausch gedankt.

Wesentlichen Einfluss auf die Entstehung dieser Arbeit hatten meine Kolleginnen und Kollegen der Universität Bayreuth sowie des Fraunhofer IPA. Dabei möchte ich meinen besonderen Dank Markus Michel, Maximilian Voigt und Moritz Amann für die umfassende und durchgängig wertvolle Unterstützung bei der Erstellung dieser Arbeit in den vergangenen Jahren aussprechen. Mein herzlicher Dank gilt Dr.-Ing. Benjamin Thorenz für die inspirierenden Diskussionen, die kritische Durchsicht meines Manuskripts und die konstruktiven Ratschläge. Auch gilt mein Dank Dr.-Ing. Julian Schmidt, Dr.-Ing. Jan Koller, Marie Beller und Sebastian Reiß für den kontinuierlichen fachlichen Austausch. Weiterhin möchte ich Johannes Rauch, Stefan Schirmel, Dr.-Ing. Hans-Henrik Westermann und Dr.-Ing. Christoph Schmidt für die Unterstützung in den vergangenen Jahren danken.

Mein innigster Dank aber gebührt meiner Familie. Meinen Eltern Romy und Axel, die mir meine Ausbildung und den Weg zur Promotion ermöglicht und mich auf diesem immer unterstützt haben. Meiner Frau Hanna für die fortwährende unerschöpfliche Unterstützung und die liebevollen Ermutigungen, ohne dich hätte ich diese Arbeit nicht schreiben können. Ihr alle habt an mich geglaubt und das Beste in mir hervorgebracht.

Bayreuth, im November 2025 — Florian Schreiner

Inhaltsverzeichnis

1 Einleitung

„In der Spitze der Schneide liegt die Rendite des Betriebs."
Georg Schleßinger (1874–1949)[1]

1.1 Ausgangssituation und Problemstellung

Der Werkstoff Holz wird seit Jahrtausenden vielseitig verwendet, was einerseits durch dessen kontinuierliche Verfügbarkeit und andererseits durch die herausragenden Bearbeitungs- und Gebrauchseigenschaften erklärbar ist. Gerade heute kommt ihm eine bedeutende Rolle zu. Vor dem Hintergrund aktueller Nachhaltigkeitsbemühungen überzeugt Holz, da es nicht nur langfristig Kohlenstoff bindet, sondern auch energieintensive Werkstoffe ersetzt und dadurch erhebliche Mengen an CO_2-Emissionen vermeidet. [CHU20, S. 269 f.] MISHRA et al. sehen bspw. das Potenzial, die globalen CO_2-Emissionen um 106 Gigatonnen zu senken, wenn für zusätzlich benötigten Wohnraum in Städten bis 2100 die bisher häufig genutzten Baustoffe Stahl und Beton zu 90 % durch Holz ersetzt werden [MIS22, S. 7]. Im Jahr 2023 belief sich die weltweite Produktion von Schnittholz[2] auf etwa 445 Millionen Kubikmeter, wovon 23,8 Millionen Kubikmeter, also rund 5,3 %, in der Bundesrepublik Deutschland hergestellt wurden [FAO24, S. 7; FAO25].

Das wichtigste Bindeglied zwischen Forstwirtschaft und weiterverarbeitenden Branchen stellen dabei Sägewerke dar [DEU15, S. 3]. Zentraler Bestandteil der Bearbeitung in diesen ist der Sägeprozess, bei dem Holz in unterschiedliche Formen und Größen zugeschnitten wird. Dabei kommt insbesondere die Kreissäge als eines der vielseitigsten und am häufigsten verwendeten Werkzeuge zum Einsatz [NAS18, S. 1]. Die Effizienz und Produktivität des Sägeprozesses bestimmen erheblich die Produktqualität, den Materialverbrauch sowie die Wirtschaftlichkeit des gesamten Sägewerks [ETT04, S. 122] – eine Aussage, die im Eingangszitat prägnant zum Ausdruck kommt.

Dabei ist zu beachten, dass in der holzverarbeitenden Branche ein relevanter Wettbewerbsdruck besteht. Dieser entsteht durch Preis- und Kostendruck, Überkapazitäten und globale Konkurrenz. Damit Sägewerke aus der europäischen Union im internationalen Wettbewerb bestehen können, ergibt sich ein Zwang zur Steigerung von Effizienz und Innovation. [GRA23, S. 39; YIA24, S. 1] Fortschritte in Materialwissenschaft, Prozessüberwachung und -steuerung sowie Fertigungstechnologie werden genutzt, um die Prozesse der traditionellen Holzbearbeitung für eine wettbewerbsfähige Produktion weiter zu optimieren [HÜL25; VIL25].

Das Sägen von Holz ist ein komplexer Prozess, der von zahlreichen Einflussgrößen bestimmt wird[3] – diese können werkstück-, prozess- und werkzeugseitig eingeordnet werden. Neben den

[1] Zitat nach [ETT04, S. XI].
[2] Der Sammelbegriff Schnittholz umfasst bspw. Holzbalken, -leisten und -bretter.
[3] Eine Auflistung der Einflussgrößen ist Tabelle 2 zu entnehmen.

Möglichkeiten, digitale Technologien[4] zur Prozessoptimierung einzusetzen, wird an Kreissägeblättern geforscht. Untersuchte Faktoren betreffen u. a. das Material und die Steifigkeit von Kreissägeblättern. [KAN25, S. 1–28]

Bisher kaum wissenschaftlich untersucht ist das Potenzial von Beschichtungen zur Erhöhung der Standzeit von Kreissägeblättern in der Holzbearbeitung. Dieser Umstand ergibt sich aus der Tatsache, dass Sägezähne von Kreissägeblättern üblicherweise mehrmals nachgeschliffen werden [MAI00, S. 68]. Ein dabei nötiges Nachbeschichten der gesamten Kreissägeblätter ist unwirtschaftlich. Demgegenüber wird bspw. im Fräsprozess bereits bei ca. 60 % und im Drehprozess sogar bei ca. 95 % der Werkzeuge eine hochverschleißfeste Beschichtung eingesetzt [KLO18, S. 147]. Zusätzlich zu den nötigen Effizienzsteigerungen steht die holzverarbeitende Branche Forderungen nach einer ökologisch verantwortungsvollen und ressourcenschonenden Produktion gegenüber [VIL25]. Verbraucher, Politik und Bauwirtschaft erwarten eine nachhaltige Wertschöpfung entlang der gesamten Prozesskette [BMW25]. Damit wächst der Druck, (CO_2-) Emissionen zu senken, Abfall zu reduzieren und die Materialeffizienz zu steigern.

1.2 Zielsetzung und Fokussierung

Abgeleitet aus der beschriebenen Ausgangssituation und Problemstellung ist das Ziel dieser Arbeit die Entwicklung eines Hochleistungskreissägeblattes zur Optimierung der effizienz- und produktivitätsbestimmenden Zielgrößen Werkzeugverschleiß, Schnittkraft und Oberflächenqualität des Schnittholzes. Das Hochleistungskreissägeblatt zeichnet sich insbesondere durch Sägezähne mit einer optimalen Sägezahngeometrie und einer maßgeschneiderten Beschichtung sowie durch eine Schnittstelle zum Wechsel der Sägezähne aus. Die Entwicklung basiert auf einer wissenschaftlichen Analyse der den Kreissägeprozess bestimmenden Einflussgrößen. Diese sind gemäß Abbildung 1 den Kategorien Werkstück, Prozess und Werkzeug zuordenbar.

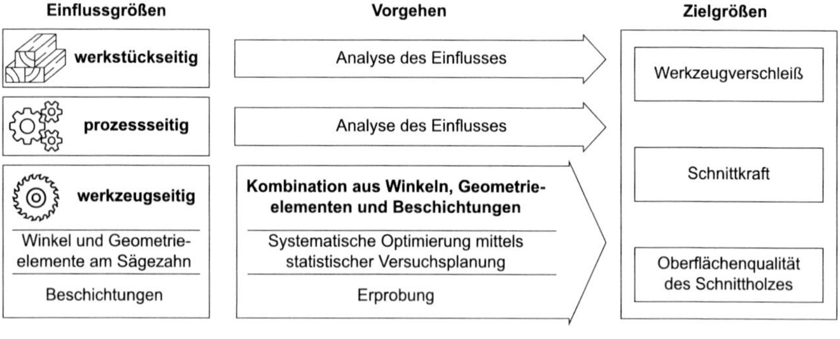

Abbildung 1: In der vorliegenden Arbeit betrachtete Einfluss- und Zielgrößen beim Prozess Kreissägen

[4] Ansätze sind u. a. eine intelligente Prozesssteuerung [NAS18, S. 9–11], eine intelligenten Bildauswertung zur Bewertung der Holzqualität [NAS24, S. 224–227] oder auch Predictive Maintenance mittels künstlicher Intelligenz [BRA25].

Die Auswirkungen der Einflussgrößen aus den Kategorien Werkstück und Prozess sollen experimentell untersucht werden, um – basierend auf den gewonnenen Erkenntnissen – im Entwicklungsprozess des Hochleistungskreissägeblattes konstante Rahmenbedingungen zu schaffen. Zur Analyse der Oberflächenqualität des Schnittholzes soll zudem der in der Industrie gebräuchliche Begriff *sägerau* erstmals systematisch quantifiziert werden.

Zunächst soll im Entwicklungsprozess der Fokus auf den Sägezähnen liegen. Das zentrale Element bildet dabei die multikriterielle Zielgrößenoptimierung der Winkel und weiterer Geometrieelemente unter Anwendung der statistischen Versuchsplanung. Damit wird in dieser Arbeit ein umfassender Ansatz verfolgt, der die Betrachtung der wechselseitigen Beeinflussung von Winkeln und Geometrieelementen erlaubt. Als wissenschaftlich bisher kaum untersuchter Ansatz werden zudem maßgeschneiderte Beschichtungen erprobt und mit den optimierten Sägezahngeometrien kombiniert.

Im Anschluss soll ein Hochleistungskreissägeblatt für den Industrieprozess abgeleitet und dessen dynamisches Verhalten analysiert werden, um kritische Resonanzzustände im Bereich der Anregungsfrequenz auszuschließen. Eine vergleichende Ökobilanz nach DIN EN ISO 14040 [DIN21b] und DIN EN ISO 14044 [DIN21a] soll die Umweltauswirkungen des Hochleistungskreissägeblattes im Vergleich zu marktüblichen Kreissägeblättern aufzeigen.

Die vorliegende Arbeit fokussiert sich auf die Entwicklung eines Hochleistungskreissägeblattes für Industrieprozesse. Aufgrund des höheren Verarbeitungsanteils von Weichholz gegenüber Hartholz in der industriellen Holzbearbeitung richtet die vorliegende Arbeit ihren Fokus auf die Bearbeitung von Weichholz[5]. Zur Gewährleistung der Vergleichbarkeit aller Versuchsergebnisse wurden sämtliche Untersuchungen einheitlich mit Fichtenholz durchgeführt, einem typischen Vertreter von Weichholz. Das Hochleistungskreissägeblatt wird dabei für das Kreissägen parallel zur Baumstammachse im sogenannten Längsschnitt entwickelt.

1.3 Vorgehensweise

Die in der vorliegenden Arbeit gewählte Vorgehensweise zur Erreichung der Zielsetzung wird nachfolgend beschrieben. Die systematische Entwicklung des Hochleistungskreissägeblattes erfolgt in mehreren inhaltlich aufeinander aufbauenden Arbeitsschritten wie in Abbildung 2 dargestellt. Zusätzlich werden die erforderlichen Eingangsinformationen sowie die eingesetzten methodischen und technischen Mittel zusammenfassend aufgezeigt.

[5] Der Anteil von Weichholz am Holzeinschlag in Deutschland lag in den Jahren 1998–2023 bei mindestens 70 % [STA24].

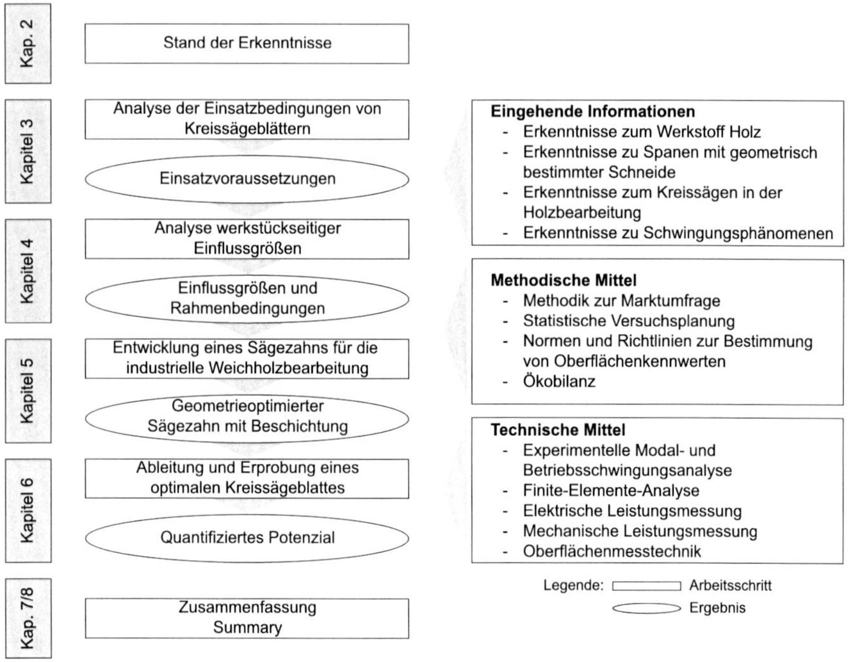

Abbildung 2: Vorgehensweise der vorliegenden Arbeit

Der Stand der Erkenntnisse und relevante Grundlagen werden in **Kapitel 2** dargelegt. Dazu wird in den Themenbereich Holz als Werkstoff eingeführt. Nach einer allgemeinen Hinführung zur Zerspanung mit geometrisch bestimmter Schneide erfolgt eine Konkretisierung auf das Fertigungsverfahren Kreissägen in der Holzbearbeitung. Abschließend werden die Grundlagen des Themenbereichs Schwingungen an Werkzeugen und Werkzeugmaschinen erläutert.

Kapitel 3 beschreibt die durchgeführte Marktstudie unter Herstellern (Werkzeugschleifern) und Anwendern (Sägewerken) von Kreissägeblättern. Basierend auf den Ergebnissen werden wichtige Werkzeugeigenschaften wie Durchmesser und Werkstoff sowie Prozessparameter wie Drehzahl und Vorschubgeschwindigkeit für die folgenden Kapitel festgelegt. Zudem werden die für die Anwender bedeutendsten Kriterien ermittelt und daraus die Zielgrößen Werkzeugverschleiß, Schnittkraft und Oberflächenqualität des Schnittholzes für die vorliegende Arbeit definiert.

Zum vertieften Verständnis des Kreissägeprozesses zur Weichholzbearbeitung erfolgen in **Kapitel 4** systematische Untersuchungen werkstückseitiger Einflussgrößen. Dazu werden bei Fichtenholz die Auswirkungen von Holzfeuchte, Holztemperatur, Schnittrichtung und Position am Baumstamm auf die Zielgrößen Schnittkraft und Oberflächenqualität des Schnittholzes untersucht. Gleichzeitig werden daraus die Rahmenbedingung für die nachfolgenden Laboruntersuchungen abgeleitet.

Das zentrale Element der Arbeit bildet die Entwicklung eines Sägezahns für die industrielle Weichholzbearbeitung in **Kapitel 5**. Zur Ermittlung von Rahmenbedingung werden die prozessseitigen Einflussparameter Drehzahl und Vorschubgeschwindigkeit hinsichtlich ihrer Auswirkung auf Schnittkraft und Oberflächenqualität untersucht. Zur Analyse der Oberflächenqualität des Schnittholzes wird der Begriff *sägerau* systematisch quantifiziert. Für die Entwicklung des Sägezahns wird eine multikriterielle Zielgrößenoptimierung unter Anwendung der statistischen Versuchsplanung durchgeführt. Die betrachteten Eingangsgrößen umfassen ausgewählte Winkel und Geometrieelemente am Sägezahn, bei denen auf Grundlage der bereits gewonnenen Erkenntnisse ein signifikanter Einfluss auf die Zielgrößen erwartet wird. In diesem Kapitel werden auch der entwickelte Prüfstand und das zugehörige Messkonzept sowie die Planung und Durchführung der systematischen Versuchsreihen beschrieben. Zudem werden maßgeschneiderte Beschichtungen erprobt und mit den optimierten Sägezähnen kombiniert.

In **Kapitel 6** wird, basierend auf den in Kapitel 5 gewonnenen Erkenntnissen, ein Hochleistungskreissägeblatt für die industrielle Weichholzbearbeitung abgeleitet. Zunächst wird eine Schnittstelle zum Wechsel der Sägezähne eingeführt, welche die Voraussetzung für den ökonomisch sinnvollen Einsatz von Beschichtungen bei Kreissägeblättern darstellt. Die Validierung des Hochleistungskreissägeblattes erfolgt sowohl im Rahmen von Laboruntersuchungen, inklusive der Überprüfung des dynamischen Verhaltens mittels einer Modal- und Betriebsschwingungsanalyse, als auch im Industrieprozess. Eine vergleichende Ökobilanz rundet das Kapitel ab und zeigt die Umweltauswirkungen des Hochleistungskreissägeblattes im Vergleich zu marktüblichen Kreissägeblättern auf.

Eine Zusammenfassung der wesentlichen Inhalte der vorliegenden Arbeit in deutscher und englischer Sprache in **Kapitel 7** und **Kapitel 8** schließt die Arbeit ab.

2 Stand der Erkenntnisse

In diesem Kapitel wird der aktuelle Stand der Erkenntnisse aus der Forschung mit dem Fokus auf die formulierte Zielsetzung beschrieben. Im ersten Abschnitt werden die Werkstoffeigenschaften von Holz behandelt. Darauf aufbauend werden im zweiten Abschnitt die Erkenntnisse zur spanenden Bearbeitung von Holz mit geometrisch bestimmter Schneide vorgestellt. Der dritte Abschnitt widmet sich vertiefend den Einflussgrößen auf den Sägeprozess, den Zahnformen von Kreissägeblättern in der Holzbearbeitung sowie den Begriffen zur Standzeit und den typischen Verschleißformen. Abschließend behandelt der vierte Abschnitt das Themenfeld der Schwingungen an Werkzeugen.

2.1 Holz als Werkstoff

Der natürliche Werkstoff Holz wird in unveränderter Form als Vollholz oder Massivholz bezeichnet. Aufgrund seiner spezifischen werkstoffphysikalischen Eigenschaften weist Holz im Vergleich zu homogenen Materialien wie bspw. Metall unterschiedliche Bearbeitungseigenschaften auf.

2.1.1 Struktureller Aufbau

Auf makroskopischer Ebene betrachtet ist Holz ein Faserverbundwerkstoff, der verglichen mit den Einzelkomponenten durch deren räumlichen Vernetzung und Verteilung verbesserte Eigenschaften aufweist [WAG18b, S. 47]. Abbildung 3 stellt schematisch die Makrostruktur von Holz dar. Neue Holzzellen werden durch tangentiale Teilung sowohl nach innen als auch nach außen im Kambium, einer meist einzelligen, ringförmig verlaufenden Zellschicht zwischen Holz und Rinde, gebildet [LAR94, S. 10 f.]. Abhängig von den klimatischen Bedingungen und der Baumart können die Jahrringe mehr oder weniger stark ausgeprägt sein [MOM88a, S. 747]. Die Markröhre liegt zentral im Baumstamm und übernimmt in den ersten Jahren des Baumwachstums eine leitende Funktion für Wasser, wird jedoch im weiteren Verlauf von den angrenzenden Holzschichten funktional ersetzt und stirbt ab [WAG89, S. 63]. Die Markstrahlen dienen der radialen Nährstoffleitung und der Stoffspeicherung [LAR94, S. 371]. Unterschieden werden primäre Strahlen, die von der Rinde bis zum Mark reichen, und sekundäre Strahlen, welche blind im Holz enden [WAG57, S. 11].

Neben den physiologischen Funktionen erfüllen die Markstrahlen eine mechanische Funktion. So können die Bäume über den Markstrahlanteil die radiale Festigkeit und Steifigkeit des Holzes steuern. [BUR00, S. 136] Ausgehend von der Markröhre ist der makroskopische Aufbau in radialer Richtung durch die Jahresringe bestimmt, die durch das periodische Zellwachstum des Kambiums entstehen [LÜD12, S. 19]. Die Größe der neu gebildeten Zellen kann abhängig von Temperatur und Witterungsbedingungen stark variieren [GOT14, S. 17]. Insbesondere bei Nadelhölzern sind die Jahrringgrenzen gut zu erkennen [HÄN15, S. 121]. Die Harzkanäle von Nadelhölzern sind von parenchymatischen Epithelzellen ausgekleidet. Diese entstehen schizogen und bilden Harz, das unter Druck in die Kanäle abgegeben wird. Harzkanäle wirken sich auf die Bearbeitbarkeit des Holzes aus [WAG18b, S. 24].

Frühholz hat eine weite, poröse Struktur, die den Wassertransport im Baum erleichtert und wird zu Beginn der Vegetationsperiode gebildet. Es unterscheidet sich deutlich vom dichteren, mechanisch stabileren Spätholz am Ende der Wachstumsphase. Diese Unterschiede führen zu ausgeprägten lokalen Dichteschwankungen und einer ausgeprägten Inhomogenität, die die physikalischen Eigenschaften des Holzes maßgeblich beeinflusst. [WAG99, S. 24–26]

Holz ist zudem in zwei Hauptbereiche unterteilbar: Splintholz und Kernholz. Splintholz ist der junge und physiologisch aktive Holzkörper. Die Bildung von Kernholz wird durch den natürlichen Alterungsprozess eines Baumes verursacht. Visuell ist Kernholz meist durch eine stark abgesetzte, dunklere Farbe von Splintholz unterscheidbar. [WAG99, S. 22; LÜD12, S. 19] Das Kernholz ist schwerer, härter, trockener und besitzt weniger mineralische Bestandteile als das Splintholz [WAG89, S. 73–75]. Dadurch zeichnet es sich durch eine hohe Härte und Dichte aus [FRO13, S. 34]. Die Rinde schützt den Baum vor äußeren Einflüssen und besteht aus den zwei Hauptschichten Bast und Borke. Während die Bastschicht das Kambium schützt und Stoffwechselprodukte transportiert, schützt die Borke den Baum vor mechanischen Schäden, Insektenbefall und Witterungseinflüssen. [WIT06, S. 43]

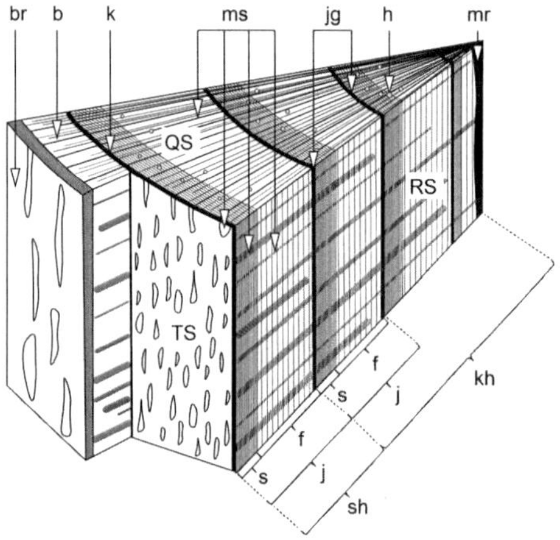

QS	Querschnitt
RS	Radialschnitt
TS	Tangentialschnitt
b	Bast
br	Borke
f	Frühholz
h	Harzkanal
j	Jahrring
jg	Jahrringgrenze
k	Kambium
kh	Kernholz
mr	Markröhre
ms	Markstrahl
s	Spätholz
sh	Splintholz

Abbildung 3: Darstellung der Makrostruktur von Holz in Anlehnung an [KOL51, S. 1]

Auf mikroskopischer Ebene zeigt sich, dass Holz eine komplexe Zellstruktur besitzt, die aus verschiedenen Zelltypen besteht. Diese Zellen sind abhängig von der Baumart und der Funktion des Holzes unterschiedlich strukturiert. [STE97, S. 29] Nadelholz besitzt einen verhältnismäßig regelmäßigen und einfachen Aufbau und besteht im Wesentlichen aus nur zwei Zelltypen: die lang gesteckten und schlanken Tracheiden und die backsteinförmigen oder isodiametrischen Parenchymzellen [WAG99, S. 53; WAG18b, S. 29].

Aus chemischer Sicht kann die Zellwand des Holzes als Bioverbundpolymer bezeichnet werden [WAG18b, S. 47]. Die Elementarzusammensetzung des Holzes besteht aus 50 % Kohlenstoff, 43 % Sauerstoff, 6 % Wasserstoff, 0,7 % Mineralstoffe und 0,3 % Stickstoff [WIT06, S. 41]. Bei Holz handelt es sich, aufgrund des biologischen Ursprungs und des Polymercharakters, um einen Bioverbundwerkstoff. Hauptsächlich besteht Holz aus Zellulose (43 Gew.-% bis 46 Gew.-%), Hemicellulosen (27 Gew.-% bis 37 Gew.-%) und Ligninen (20 Gew.-% bis 27 Gew.-%). [FAI18, S. 47 f.]

Die Zellulose ist die Skelettsubstanz des Holzes, wohingegen die Lignine die Bildung von Festigkeitselementen ermöglicht. Den Hemicellulosen kommen anatomische Aufgaben als Gerüstsubstanz und physiologische Aufgaben als Reservestoff zu. [STA42, S. 193] Darüber hinaus enthält Holz verschiedene Extraktstoffe wie Harze, Gerbstoffe und Mineralstoffe, die es vor äußeren Einflüssen schützen und die Bearbeitbarkeit des Holzes beeinflussen [MOM88a, S. 195].

2.1.2 Einflüsse auf physikalisch-mechanische Eigenschaften

Holzfeuchte

Holz ist aus physikalischer Sicht ein kapillarporöser Werkstoff mit großer innerer Oberfläche, der durch sein Hohlraumsystem Wasser aufnehmen und transportieren kann. Der Wassergehalt wird durch die Kenngröße Holzfeuchte beschrieben, die von Faktoren wie Holzart, Jahreszeit, Witterung, Standort, Himmelsrichtung und Teil des Baums beeinflusst wird. [VOR49, S. 150]. Die Bestimmung der Holzfeuchte kann gemäß DIN EN 13183-1 mittels Darrmethode erfolgen, vgl. [DIN02a]. Generell besitzt Kernholz mit ca. 35 % eine deutlich geringere Holzfeuchte als wasserleitendes Splintholz (130 % bis 201 %) [NYL53, S. 355; TRE55b, S. 236; LIE86, S. 401]. Das äußere Splintholz weist mit zunehmender Höhe eine höhere Holzfeuchte auf, wodurch ein größerer Feuchtegradient zur Mitte herrscht, vgl. [LAN32, S. 40]. Burger stellt fest, dass das Kernholz eine weitgehend konstante Holzfeuchte aufweist, während die Holzfeuchte im Splintholz in deutlichem Maße mit der Baumstammhöhe variiert [BUR52, S. 122; BUR53, S. 67].

Es werden drei Feuchtezustände des Holzes unterschieden: *Darrtrockenheit* (wasserfrei), *Fasersättigung* (vollständige Wasserfüllung des Mikrosystems) und *Wassersättigung* (vollständige Wasserfüllung von Mikro- und Makrosystem). Bis zur Fasersättigung liegt Wasser als gebundenes Wasser, oberhalb der Fasersättigung zusätzlich als freies Wasser vor. [NIE17, S. 69] Die Fasersättigung stellt keinen festen Punkt, sondern einen engen Feuchtebereich dar, der je nach Quelle zwischen 23 % und 45 % variiert [TRE39, S. 15; KRP54, S. 86; TRE55b, S. 260; LIE86, S. 401]. Die Wasseraufnahme in die Mikrostruktur des Holzes führt zur Volumenzunahme (Quellung), während der Feuchteverlust eine Volumenreduktion (Schwindung) bewirkt. Beide

Prozesse treten unterhalb der Fasersättigung radial und tangential auf. Schwindung setzt unmittelbar nach dem Fällen des Baumes ein, wobei lokale Feuchtedifferenzen bestehen bleiben. [NIE17, S. 131] Die Festigkeit des Holzes steigt mit abnehmender Feuchtigkeit. Ein Holzkörper besitzt im trockenen Zustand die vorteilhaftesten mechanischen Resistenzen [KAL12, S. 173].

Holzdichte

Die Holzdichte variiert sowohl zwischen verschiedenen Holzarten als auch innerhalb einzelner Bäume in Abhängigkeit von Holzfeuchtegehalt, Baumstammposition, Strukturmerkmalen wie Jahrringbreite und Spätholzanteil, sowie dem Verhältnis von Baumstamm -, Ast- und Wurzelholz [TRE55b, S. 300; KNI66, S. 137 f.; MOM88b, S. 175]. Zudem beeinflussen geografische Lage, Baumalter und Wuchsbedingungen die Holzdichte, wobei niedrigere Lagen, höheres Alter und unterdrückte Wuchsformen tendenziell zu höherer Holzdichte führen [VOR49, S. 134; NIE17, S. 145]. Abbildung 4 zeigt die Raumdichteverteilung am Beispiel einer Fichte.

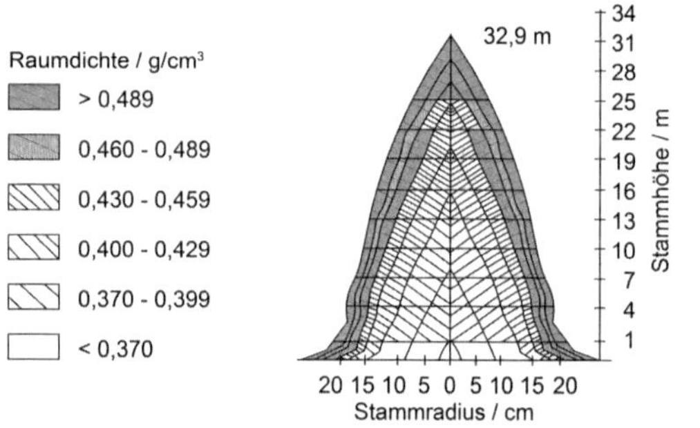

Abbildung 4: Raumdichteverteilung einer Fichte, in Anlehnung an [TRE36, S. 520]

Als Raumdichte wird der Quotient aus der Masse des darrtrockenen Holzes und dem Volumen des maximal gequollenen Holzes bezeichnet [NIE17, S. 140 f.]. Der Baumstamm weist eine Verteilung der Holzdichte in Quer- und Längsrichtung auf. Wird der Querschnitt einer Fichte betrachtet, so nimmt die Holzdichte vom Mark zur Rinde zu [MET84, S. 39]. Die Dichte des Holzes weist also erhebliche Unterschiede sowohl innerhalb eines Baumstammes als auch zwischen den Baumstämmen auf. Die Rohdichte beschreibt das Verhältnis von Masse zu Volumen des makroskopischen Holzes, einschließlich des Porenraums [DIN76, S. 1]. Von der Rohdichte sind wesentliche technologische und physikalische Eigenschaften der Holzverwendung abhängig. Sie ist ein Indikator für die Festigkeitseigenschaften, die Härte und den Abnutzungswiderstand [FRO13, S. 43]. Die Darrdichte ist der Quotient aus der Masse und dem Volumen des darrtrockenen Holzes. Die Darrdichte wird nicht durch das hygroskopische Verhalten beeinflusst und kann somit als Materialkonstante betrachtet werden. [NIE17, S. 140]

Holztemperatur

Die Holztemperatur hat einen starken Einfluss auf die mechanischen Eigenschaften des Holzes. Bei Holztemperaturen unter 0 °C spielt die Holzfeuchte dabei eine entscheidende Rolle. Gefrorenes Holz besitzt gesteigerte mechanische Eigenschaften verglichen mit ungefrorenem Holz, vgl. [KOL60; NOA76; KOR79; GER82; GRE99; HER14]. Bei Holztemperaturen über 0 °C sinkt der Elastizitätsmodul mit steigender Holztemperatur und Holzfeuchte, während er bei Holztemperaturen unter 0 °C insbesondere bei feuchtem Holz deutlich ansteigt und dabei die Werte von trockenem Holz übertreffen kann. Während bei trockenem Holz der Einfluss der Holztemperatur im Gefrierbereich gering ausfällt, ist dieser bei wassergesättigtem Holz am stärksten. [NOA76, S. 60 f.; GER82, S. 9–12]

Gebundenes Wasser bleibt bei Holztemperaturen unter 0 °C aufgrund seiner starken Zellwandbindung im flüssigen Zustand, wohingegen das freie Wasser in den makroskopischen Hohlräumen des Holzes gefriert. Dies führt durch den entstehenden Dampfdruckunterschied zu einer kälteinduzierten Feuchteverlagerung, inneren Trocknung und Schwindung des Holzes. [SHM06, S. 77; ILI95, S. 283] Beim Gefrieren des Wassers in den makroskopischen Hohlräumen, dehnt sich das Eis darin aus und übt eine Druckspannung auf die Zellwände aus. Dadurch wird die Holzstruktur gestützt und steifer [ILI95, S. 277]. Ist das Holz vollständig mit Wasser gesättigt und gefriert, kommt es zu keiner inneren Trocknung [NOA76, S. 61]. Beim Gefrieren von Holz, dessen makroskopische Hohlräume maximal mit Wasser gefüllt sind, ist eine Volumenzunahme mit Ausfrierungen auf der Holzoberfläche zu beobachten [KÜB62, S. 366; KUB73, S. 265]. Sind die makroskopischen Hohlräume vollständig mit Eis gefüllt, wird von einem Holz-Eis-Verbundwerkstoff ausgegangen, dessen Elastizitätsmodul von Eis, dem inkompressiblen Wasser in den Zellwänden und der Holzsubstanz selbst abhängt [WIM11, S. 44].

2.2 Spanen mit geometrisch bestimmter Schneide

Industrielle Fertigungsprozesse lassen sich grundsätzlich in sechs Hauptgruppen nach DIN 8580 einteilen: Urformen, Umformen, Trennen, Fügen, Beschichten und Stoffeigenschaften ändern, vgl. [DIN03a]. Das Spanen ist dabei eine Bezeichnung für das Abtrennen von Werkstoffteilchen auf mechanischem Weg. [PAU08, S. 1] Beim Spanen mit geometrisch bestimmter Schneide werden Werkzeuge verwendet, bei denen die Schneidenzahl, die Geometrie der Schneidkeile und die Lage der Schneiden bestimmt sind. Das Sägen ist den Verfahren mit geometrisch bestimmter Schneide zuzuordnen. [DIN03b, S. 4; KLO18, S. 596]

2.2.1 Kinematik, Geometrie, Eingriffs- und Spanungsgrößen

Kinematik

Die Kinematik ist das Teilgebiet der Mechanik, das sich mit der Beschreibung von Bewegungen hinsichtlich ihrer räumlichen und zeitlichen Eigenschaften befasst, ohne dabei deren Ursachen (bspw. Kräfte) oder daraus resultierende Wirkungen zu berücksichtigen [DAN13, S. 457].

Die keilförmige Schneide eines Werkzeugs dringt beim Spanen in den Werkstoff ein [DEN11, S. 4]. Bewegungen beim Spanvorgang sind grundsätzlich Relativbewegungen zwischen Werkzeug und Werkstück. Für die nachfolgende Erläuterung wird das Werkstück als ruhend betrachtet. Die Hauptbewegungen (Schnittbewegung, Vorschubbewegung, Wirkbewegung) sind unmittelbar an der Spanentstehung beteiligt. Zur Beschreibung dieser sind im Allgemeinen der Vorschubrichtungswinkel φ (konstanter oder variabler Winkel zwischen Vorschub- und Schnittrichtung) und der Wirkrichtungswinkel η (Winkel zwischen Wirk- und Schnittrichtung) nötig. [DEG15, S. 23 f.] Abbildung 5 zeigt diese Größen am Beispiel eines Zweizahn-Sägeblattes.

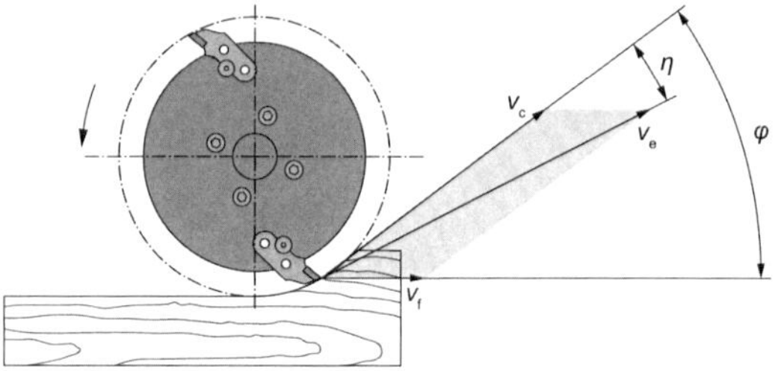

Abbildung 5: Werkzeug- und Werkstückbewegungen, in Anlehnung an [SAL83, S. 27; DIN85a, S. 3 f.]

Die Schnittbewegung bezeichnet die Bewegung zwischen Werkzeug und Werkstück, die ohne Vorschubbewegung nur eine einmalige Spanabnahme erreicht. Deren momentane Geschwindigkeit an einem Schneidenpunkt ist durch die Schnittgeschwindigkeit v_c gekennzeichnet. [MAI00, S. 27] Diese ist wichtig für die Standzeitberechnung der Werkzeuge und die Leistungsberechnung der Werkzeugmaschine wie bspw. der Schnittleistung P_c [DEG15, S. 22].

Die Vorschubbewegung für einen bestimmten Schneidenpunkt wird durch die Vorschubgeschwindigkeit v_f gekennzeichnet. Diese dient der Leistungsberechnung an Vorschubantrieben. Die Wirkbewegung verursacht als Bewegung zwischen Werkstück und Schneide den Spanvorgang und resultiert aus der Schnitt- und Vorschubbewegung. [DIN85a, S. 3; DEG15, S. 22 f.]. Die Wirkgeschwindigkeit v_e ist die momentane Geschwindigkeit der Wirkbewegung im betrachteten Schneidenpunkt und kann mit Gleichung (1) berechnet werden [DEG15, S. 22].

$$v_e = \frac{v_c \sin\varphi}{\sin(\varphi - \eta)} = \frac{v_f + v_c \cos\varphi}{\cos(\varphi - \eta)} \tag{1}$$

Spanungsprozesse in der Holzbearbeitung zeichnen sich durch eine sehr geringe Geschwindigkeit der Vorschubbewegung im Vergleich zur Geschwindigkeit der Schnittbewegung aus. Deshalb ist für die Betrachtung in der Holzbearbeitung die Geschwindigkeit der Vorschubbewegung vernachlässigbar, sodass für die Wirkgeschwindigkeit gilt [MAI00, S. 28]:

$$v_c \approx v_e \tag{2}$$

Die Schnittgeschwindigkeit v_c von rotierenden Werkzeugen, bspw. von Kreissägen, Bohrern und Fräsern, kann unter Verwendung von Werkzeugdurchmesser d_W und Werkzeugdrehzahl n_W nach Gleichung (3) berechnet werden [GOT14, S. 41].

$$v_c = \pi \cdot d_W \cdot n_W \tag{3}$$

Bei Spanvorgängen mit rotierender Schnittbewegung wird zwischen den Vorschubmodi Gleich- und Gegenlauf unterschieden. Der Unterschied zwischen beiden Modi besteht im Drehsinn des Werkzeugs bei gegebener Vorschubrichtung und wird durch den Vorschubrichtungswinkel φ beschrieben. Für den Gleichlauf ist der Winkel φ größer als 90°, beim Gegenlauf kleiner als 90°. [DIN85a, S. 5 f.; GOT14, S. 41] Aus den zwei Modi ergeben sich vier mögliche Einsatzarten, vgl. Abbildung 6, die einen wesentlichen Einfluss auf die Kantensauberkeit am Werkstück haben [MAI97, S. 106].

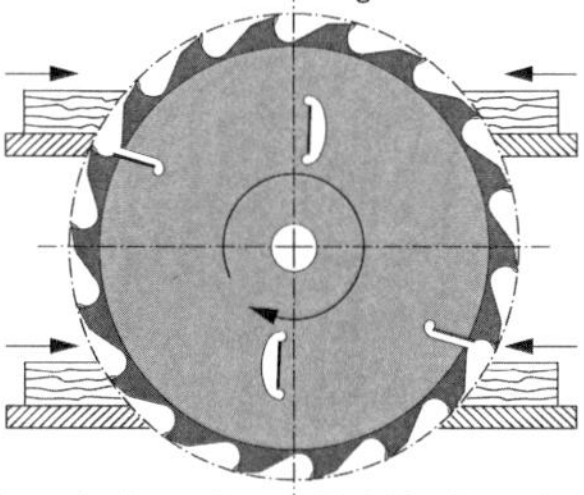

Abbildung 6: Bewegungsrichtungen beim Spanvorgang in Rotation, in Anlehnung an [MAI00, S. 41]

Schneidengeometrie

Grundlagenliteratur zum Thema Spanen und Spanbildung basiert oft auf der Verwendung und Bearbeitung metallischer Werkstoffe. Dennoch lassen sich die meisten Grundlagen zur Spanbildung auch für die Holzbearbeitung übernehmen, da die Beschreibung der Spanvorgänge weitestgehend auf identischen und allgemeingültigen Normen und Nomenklaturen beruht. Holztechnische Besonderheiten beim Spanen werden gesondert herausgestellt.

Der wirksame Teil des Werkzeugs wird als Schneidteil bezeichnet. An diesem befinden sich die Schneidkeile mit den Schneiden. Werkzeuge mit mehreren Sägezähnen wie bspw. das Kreissägeblatt besitzen pro Sägezahn einen Schneidteil. Am Schneidkeil des Werkzeuges, gebildet durch Spanfläche und Freifläche, entstehen während der Relativbewegung zwischen Werkzeug und Werkstück die Späne. [DIN85b, S. 2] In Abbildung 7 ist eine Übersicht der Flächen und Schneiden am Schneidkeil gegeben. Die Schneide ist eine von Spanfläche und Freifläche gebildete Kante [WES10, S. 242]. Als Spanfläche wird die Fläche am Werkstück bezeichnet, auf der der Span abläuft, und als Freifläche die Fläche, die der entstehenden Schnittfläche zugekehrt ist. Bei Werkzeugen mit Haupt- und Nebenschneide wird analog zwischen Haupt- und

Nebenfreifläche unterschieden. [DIN85b, S. 2; GOT14, S. 35] Die Hauptschneide zeigt im Gegensatz zur Nebenschneide in Vorschubrichtung und ist hauptverantwortlich für die Abtragung des Spans. Der relativ kleine Teil der Schneide, an dem Haupt- und Nebenschneide mit gemeinsamer Spanfläche zusammentreffen, heißt Schneidenecke. [DIN85b, S. 2; ETT04, S. 15 f.]

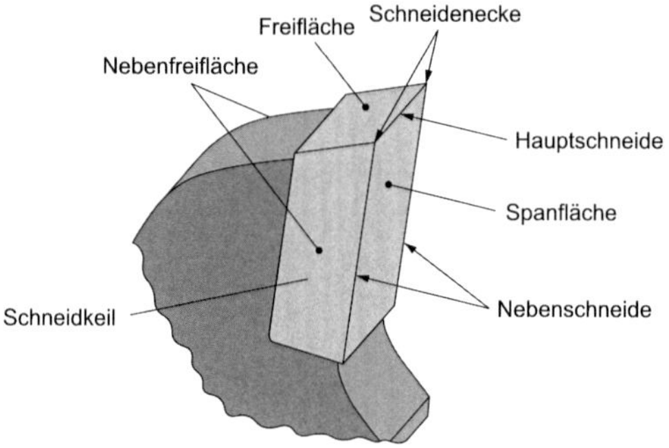

Abbildung 7: Flächen, Schneiden und Schneidenecken am Schneidkeil, in Anlehnung an [DIN85b, S. 3]

Im Werkzeug-Bezugssystem sind für die korrekte Beschreibung der Winkel am Schneidteil die Einführung verschiedener Ebenen notwendig, welche in DIN 6581 beschrieben werden. Die Ebenen sind in Abbildung 8 dargestellt und werden nachfolgend erläutert.

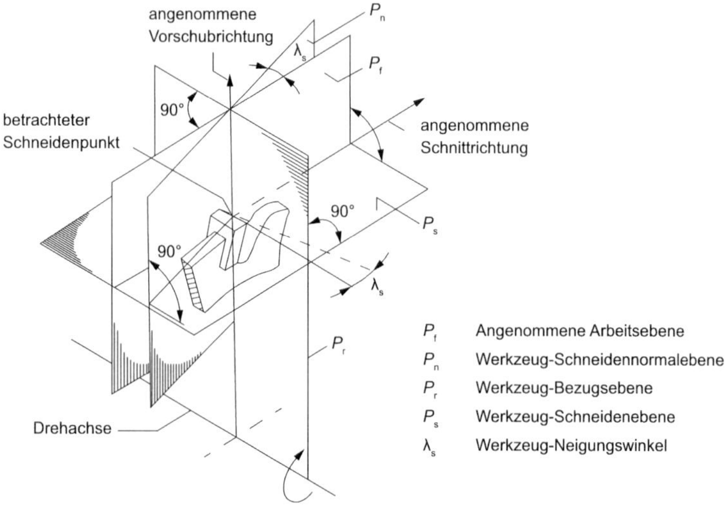

Abbildung 8: Ebenen des Werkzeug-Bezugssystems eines Sägezahns, in Anlehnung an [SAL83, S. 17]

Die Bezugsebene P_r ist die Ebene senkrecht zur angenommenen Schnittrichtung und beinhaltet bei rotierenden Werkzeugen die Drehachse im angenommenen Schneidenpunkt. Die

Schneidenebene P_s ist die Ebene durch den angenommenen Schneidenpunkt, tangential zur Hauptschneide und steht senkrecht zur Bezugsebene P_r. Die Schneidennormalebene P_n ist eine Ebene senkrecht zur Hauptschneide, die durch den Schneidenpunkt läuft. [DIN85b, S. 6 f.]

Sägezähne lassen sich über ihre Form- und Lagewinkel definieren. Abbildung 9 zeigt diese in den verschiedenen Ebenen. Der Freiwinkel α, der Keilwinkel β und der Spanwinkel γ werden in der Arbeitsebene P_f gemessen [DIN85b, S. 22 f.]. Die Summe dieser Winkel ergibt immer 90° [WAG12, S. 272]. Der Freiwinkel α ist der Winkel zwischen der Freifläche und der Schneidenebene P_s. Der Keilwinkel β wird durch die Span- und Freifläche aufgespannt. Der Spanwinkel γ ist der Winkel zwischen Spanfläche und Bezugsebene P_r. [DIN85b, S. 22 f.; WES10, S. 212] Der Neigungswinkel λ_s ergibt sich als Winkel zwischen Bezugsebene P_r und der Hauptschneide, gemessen in der Schneidenebene P_s [DIN85b, S. 21]. Der Nebenfreiwinkel α_n wird als Winkel zwischen der angenommenen Arbeitsebene P_f und der Nebenfreifläche definiert und in der Schneidenebene P_s gemessen [SAL83, S. 20].

Der Einstellwinkel κ_r, der Eckenwinkel ε_r und der Einstellwinkel der Nebenschneide κ_r' werden in der Bezugsebene P_r gemessen. Die Summe dieser Winkel ergibt insgesamt 180°. Der Einstellwinkel κ_r ist der Winkel zwischen dem in Vorschubrichtung liegenden Teil der angenommenen Arbeitsebene P_f und der Schneidenebene P_s. Der Eckenwinkel ε_r ist als Winkel zwischen den Haupt- und Nebenschneiden definiert. Der Einstellwinkel κ_r und Eckenwinkel ε_r sind gemäß DIN 6581 immer positiv. Der Einstellwinkel der Nebenschneide κ_r' ist analog zum Einstellwinkel κ_r definiert, mit dem Unterschied, dass der Teil der Ebene tangential zur Nebenfreifläche betrachtet wird, der von der Vorschubrichtung abgewandt ist. [SAL83, S. 20 f.; DIN85b, S. 20 f.]

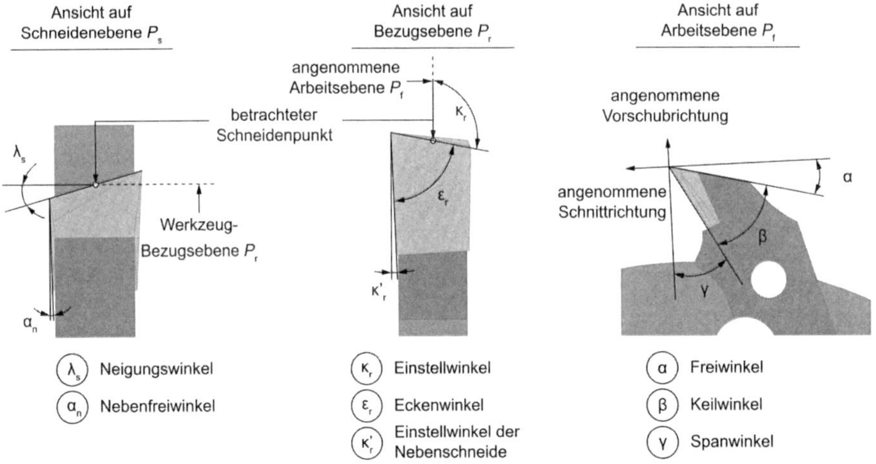

Abbildung 9: Form- und Lagewinkel am Sägezahn, in Anlehnung an [SAL83, S. 22]

Eingriffs- und Spanungsgrößen

Eingriffsgrößen sind geometrische Größen, die den Bereich und das Verhalten des Kreissägeblattes beim Ineinandergreifen ins Werkstück beschreiben [GOT14, S. 45]. Spanungsgrößen beschreiben die theoretisch zu entfernenden Materialschichten am Werkstück [ETT04, S. 53]. Sie stimmen nicht unbedingt mit den real entstehenden Spänen überein – diese werden als Spangrößen bezeichnet [MAI00, S. 35]. Im Folgenden werden die in der vorliegenden Arbeit genutzten Größen beschrieben, vgl. Abbildung 10. Die Schnittbreite a_p beschreibt die Breite des Eingriffs senkrecht zur Arbeitsebene, der Arbeitseingriff a_e den Eingriff senkrecht zur Vorschubrichtung des Kreissägeblattes. Der Überstand $ü$ kennzeichnet das Maß, um das das Kreissägeblatt in der Arbeitsebene über das Werkstück hinaussteht. [MAI00, S. 35]

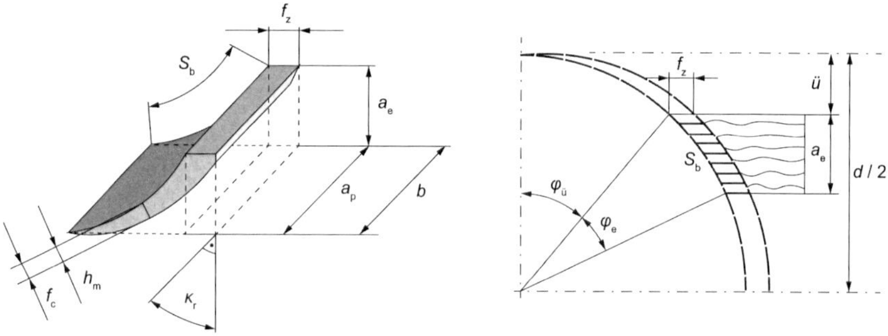

a_e	Arbeitseingriff	d	Sägeblattdurchmesser	h_m	Mittlere Spanungsdicke	$ü$	Überstand
a_p	Schnittbreite	f_c	Schnittvorschub	S_b	Spanbogenlänge	φ_e	Eingriffswinkel
b	Spanungsbreite	f_z	Zahnvorschub	κ_r	Einstellwinkel	$\varphi_ü$	Überstandswinkel

Abbildung 10: Spanungsgrößen am kommaförmigen Span (links) und Eingriffsgrößen beim Kreissägen (rechts), in Anlehnung an [MAI00, S. 46; GOT14, S. 48]

Der Eingriffswinkel φ_e, der den Drehwinkel des Werkzeugs in der Arbeitsebene während des Eingriffs charakterisiert, berechnet sich mit dem Sägeblattdurchmesser d [GOT14, S. 46].

$$\varphi_\mathrm{e} = \arccos\left(1 - \frac{2 \cdot (ü + a_\mathrm{e})}{d}\right) - \arccos\left(1 - \frac{2 \cdot ü}{d}\right) \tag{4}$$

Der Überstandswinkel $\varphi_ü$ ist der Winkel, der den Kreissägenüberstand in der Arbeitsebene anzeigt [GOT14, S. 45].

$$\varphi_ü = \arccos\left(1 - \frac{2 \cdot ü}{d}\right) \tag{5}$$

Die Spanungsbreite b beschreibt die Breite des Spanungsquerschnitts A. Sie ist identisch mit Schnittbreite a_p, wenn der Einstellwinkel κ_r den Wert 90° annimmt [MAI00, S. 35].

$$b = \frac{a_\mathrm{p}}{\sin \kappa_\mathrm{r}} \tag{6}$$

Der Spanungsquerschnitt A bezeichnet dabei die Querschnittsfläche des abzunehmenden Spans, gemessen senkrecht zur Schnitt- und Wirkrichtung und kann durch die Spanungsbreite b und Spanungsdicke h ausgedrückt werden [GOT14, S. 47].

$$A = b \cdot h \tag{7}$$

Die Spanbogenlänge S_{b}, oft auch mit l_{b} bezeichnet, ist die Spanungslänge bei gebogenen Spänen [ETT04, S. 57].

$$S_{\mathrm{b}} = d \cdot \pi \cdot \frac{\varphi_{\mathrm{e}}}{360°} \tag{8}$$

Die folgenden Vorschubgrößen beziehen sich auf eine Werkzeugperiode gemessen in der Arbeitsebene. Der Vorschub f bezeichnet dabei Vorschubweg pro Werkzeugperiode und der Zahnvorschub f_{z} den Vorschubweg pro Zähnezahl z gemessen in Vorschubrichtung. [DIN85a, S. 7]

$$f_{\mathrm{z}} = \frac{f}{z} \tag{9}$$

Der Schnittvorschub f_{c} ist der Abstand zweier unmittelbar hintereinander entstehender Schnittflächen, gemessen senkrecht zur Schnittrichtung, und kann durch den Zahnvorschub f_{z} und dem Vorschubrichtungswinkel φ ausgedrückt werden [GOT14, S. 43 f.].

$$f_{\mathrm{c}} = f_{\mathrm{z}} \cdot \sin\varphi \tag{10}$$

Da das Kreissägen zu den Spanverfahren mit rotierenden Werkzeugen gehört, kann der Zahnvorschub f_{z} aus dem Verhältnis zwischen Vorschubgeschwindigkeit v_{f}, der Drehzahl n und der Zähnezahl z beschrieben werden [SAL83, S. 33; WAG12, S. 274].

$$f_{\mathrm{z}} = \frac{v_{\mathrm{f}}}{n \cdot z} \tag{11}$$

Wie in Abbildung 10 dargestellt, wird beim Kreissägen keine konstante Spanungsdicke erzeugt. Stattdessen ist der Span kommaförmig (Kommaspan), weshalb die mittlere Spanungsdicke h_{m} eingeführt wird, welche in der praktischen Anwendung je nach Sägeblattdurchmesser d zwischen 0,05 mm und 0,5 mm liegt [GOT14, S. 48].

$$h_{\mathrm{m}} = f_{\mathrm{z}} \cdot \frac{a_{\mathrm{e}}}{S_{\mathrm{b}}} \cdot \sin\kappa_{\mathrm{r}} \tag{12}$$

Alternativ existiert eine gängige Näherungsformel [WAG12, S. 274].

$$h_{\mathrm{m}} = f_{\mathrm{z}} \cdot \sqrt{\frac{a_{\mathrm{e}}}{d}} \cdot \sin\kappa_{\mathrm{r}} \tag{13}$$

2.2.2 Spankräfte und Schnittleistung

Spankräfte

Die Spankraft F_s beschreibt die auf das Werkstück wirkende Gesamtkraft während eines Spanprozesses. Diese kann in verschiedene Komponenten zerlegt werden. Die Kraftkomponente in der Arbeitsebene wird Aktivkraft F_a genannt. In Abbildung 11 ist diese weiter in Einzelkräfte aufgeteilt.

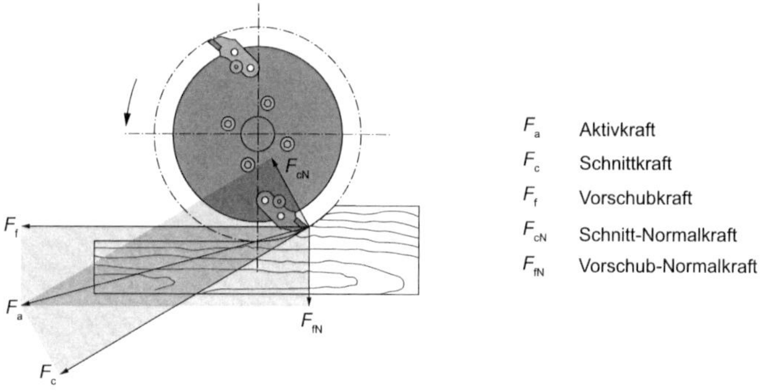

Abbildung 11: Kräfte in der Arbeitsebene nach [GOT14, S. 118]

Die Aktivkraft kann als Summe von Schnittkraft F_c und Schnitt-Normalkraft F_{cN} (in Schnittrichtung bzw. senkrecht zur Schnittrichtung) oder als Summe von Vorschubkraft F_f und Vorschub-Normalkraft F_{fN} (in Vorschubrichtung bzw. senkrecht zur Vorschubrichtung) aufgefasst werden [DIN82b, S. 2–7].

Die Schnittkraft F_c gilt als bedeutendste Komponente der Aktivkraft F_a und wird zur kräftemäßigen Bewertung von Spanungsvorgängen genutzt. Die Spankraft F_s und damit auch die Schnittkraft F_c sind nicht konstant, sondern hängen von Zeit, Winkel und Weg ab. Es lassen sich die zwei Schnittkraftparameter $F_{c,m}$ als mittlere Schnittkraft und $F_{c,total}$ als totale mittlere Schnittkraft bestimmen. [GOT14, S. 119] Abbildung 12 zeigt die im Folgenden erklärten Zusammenhänge der mittleren Schnittkraft $F_{c,m}$ und der totalen mittleren Schnittkraft $F_{c,total}$.

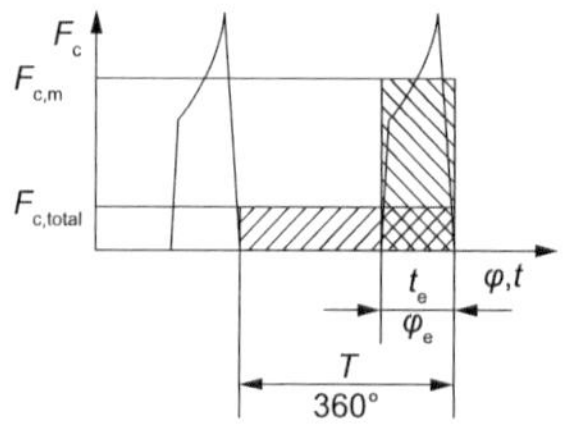

Abbildung 12: Schnittkraftparameter $F_{c,m}$ und $F_{c,total}$ am periodischen Schnittkraftverlauf [GOT14, S. 119]

Der Schnittkraftparameter $F_{c,m}$ gibt die mittlere Schnittkraft für eine Werkzeugschneide an, ausschließlich während sich diese im Eingriff mit der Eingriffszeit t_e befindet [GOT14, S. 119].

$$F_{c,m} = \frac{1}{t_e} \cdot \int_0^{t_e} F_c \cdot dt \tag{14}$$

Demgegenüber steht der Wert des Schnittkraftparameters $F_{c,total}$ für die im Mittel wirkende Schnittkraft pro Schneide während einer Werkzeugperiode T, also während einer vollen Umdrehung [GOT14, S. 119 f.].

$$F_{c,total} = \frac{1}{T} \cdot \int_0^{T} F_c \cdot dt \tag{15}$$

Aufgrund der Proportionalität der Schnittkraft zur Spanungsbreite b ist es sinnvoll, die Schnittkraft auf diese zu normieren [ETT04, S. 71]. Wird dieser Kennwert zusätzlich auf die Spanungsdicke h bezogen, resultiert daraus die spezifische Schnittkraft k_c, die äquivalent als Spanungsarbeit W_c bzw. -energie E_c pro Spanungsvolumen V interpretiert wird [GOT14, S. 120].

$$k_c = \frac{F_{c,m}}{b \cdot h} = \frac{F_{c,m}}{A} = \frac{W_c}{V} = \frac{E_c}{V} \tag{16}$$

Zur Reduktion des hyperbolischen Einflusses der Spanungsdicke h wird die spezifische Schnittkraft k_{cn} mit dem Exponenten n modifiziert [GOT14, S. 121].

$$k_{cn} = \frac{F_c}{b \cdot h^n} \tag{17}$$

Für größere Spanungsdicken hat sich in diesem Zusammenhang die Schnittkraftkonstante $k_{c0,5}$ bewährt, die unter Annahme eines Exponenten $n = 0{,}5$ berechnet wird. Dadurch wird der Einfluss von Spanungsdicke h weitgehend eliminiert, sodass ein konstanter Kennwert genügt, um die Schnittkraft F_c für eine bestimmte Holzart und Schnittrichtung abzuschätzen. [ETT04, S. 72]

$$F_c = k_{c0,5} \cdot b \cdot h^{0,5} = k_{c0,5} \cdot b \cdot \sqrt{h} \tag{18}$$

Die Werte für die Schnittkraftkonstante $k_{c0,5}$ werden empirisch ermittelt und sind in der Literatur als Tabellenwerte für viele Werkstoffe nachzulesen, bspw. in WAGENFÜHR & SCHOLZ, vgl. [WAG12, S. 282] oder PAUKSCH et al, vgl. [PAU08, S. 21 f.]. [GOT14, S. 121]

Schnittleistung

Für das Spanen lässt sich die Leistung aus den Komponenten der Aktivkraft F_a berechnen. DIN 6548 nennt die drei Leistungsbegriffe *Wirkleistung* P_e, *Schnittleistung* P_c und *Vorschubleistung* P_f [DIN82b, S. 8]. Dabei ist die Wirkleistung P_e die Summe aus Schnittleistung P_c und Vorschubleistung P_f [GOT14, S. 125].

$$P_e = P_c + P_f \tag{19}$$

Die Schnittleistung P_c ist die vom Hauptantrieb aufzubringende Leistung, um die beim Spanbildungsprozess am Werkzeug wirkenden Schnittkräfte F_c im Zuge der Schnittbewegung zu überwinden [MAI00, S. 90]. Sie ist um ein Vielfaches höher als die Vorschubleistung P_f, die vom Nebenantrieb der Maschine erbracht wird, und in der Holzbearbeitung daher maßgeblich für die Abschätzung des Leistungsbedarfs einer Maschine. Schnittkräfte sind nur auf einen Sägezahn bezogen, weshalb die Schnittleistung P_c bei deren Ermittlung über die Schnittkraft F_c und Schnittgeschwindigkeit v_c proportional zur Zähnezahl z sein muss [GOT14, S. 125].

$$P_c = v_c \cdot F_c \cdot z \tag{20}$$

Durch die Messung der elektrischen Leistungsaufnahme $P_{a,el}$ des Werkzeug- bzw. Vorschubantriebs ergibt sich eine Alternative für die Bestimmung der Schnittkraft F_c. Die Schnittleistung P_c steht mit der elektrischen Leistungsaufnahme $P_{a,el}$ über den Gesamtwirkungsgrad η_{ges} näherungsweise miteinander in Beziehung. [MAI00, S. 94; GOT14, S. 116]

$$\eta_{ges} = \frac{P_c}{P_{a,el}} \tag{21}$$

Die Schnittkraft F_c berechnet sich somit zu

$$F_c = \eta_{ges} \cdot \frac{P_{a,el}}{v_c \cdot z} \tag{22}$$

2.3 Kreissägen in der Holzbearbeitung

2.3.1 Grundbegriffe am Kreissägeblatt

Grundsätzlich bestehen Kreissägeblätter aus einem Grundkörper und Sägezähnen. Zur Verbesserung der Eigenschaften im Betrieb kann der Grundkörper darüber hinaus mit Gestaltungselementen versehen werden [WAG12, S. 300]. Abbildung 13 zeigt beispielhaft ein Kreissägeblatt[6] mit Gestaltungselementen.

Wesentliches Gestaltungselement sind die Spanräume, welche die Aufnahme und den Abtransport der Späne übernehmen. Für tiefe Schnitte in weiches, feuchtes Holz sind große Spanräume, für Schnitte in trockenes, hartes Holz kleine Spanräume funktional. [ETT04, S. 162; PAU08, S. 244] Die meisten Grundkörper besitzen eine konstante Dicke. Um die Steifigkeit zu erhöhen, kann bei einem abgesetzten Kreissägeblatt der Grundkörper in der Mitte dicker gestaltet sein. [ETT04, S. 165 f.] Ein Verklemmen des Grundkörpers während der Bearbeitung wird dadurch verhindert, dass dieser dünner als die Sägezahn- und somit die Schnittfugenbreite ausgestaltet ist [GOT14, S. 55]. Auf das Kreissägeblatt geklebte oder gelötete Wischer sorgen dafür, dass die Schnittfuge von Spänen freigeräumt wird. Diese können als Außen- bzw. Innenwischer

[6] Für allgemeingültige Aussagen sowie in Kapitel 3 wird in dieser Arbeit der Begriff Kreissägeblatt verwendet. Für Aussagen, die sich auf (experimentelle) Untersuchungen und daraus gewonnene Erkenntnisse beziehen, wird aus Gründen der verbesserten Lesbarkeit der kürzere Begriff Sägeblatt verwendet.

angebracht werden. [EMM18, S. 301]. Die Behinderung des Spanabflusses führt zu einer Verdichtung der Späne, was zu einer erhöhten Reibung und damit einer Erwärmung des Kreissägeblattes führt [REH01, S. 29]. Dehnungsschlitze dienen der Kompensation thermischer Ausdehnung, Kühlschlitze bzw. Kühlelemente der Verbesserung des Spantransports und Verminderung der Reibung. Laserornamente sorgen für die Brechung von Körperschall und damit für Lärmminderung. [ETT04, S. 162–165] Das Mittelloch dient dazu, das Kreissägeblatt am Maschinenflansch zentriert an der Welle zu befestigen. Die Nebenlöcher rasten in die vorgesehenen Arretierungsbolzen am Maschinenflansch ein. Dadurch wird ein Durchrutschen verhindert. [WÜS52, S. 40; LIN25, S. 436]

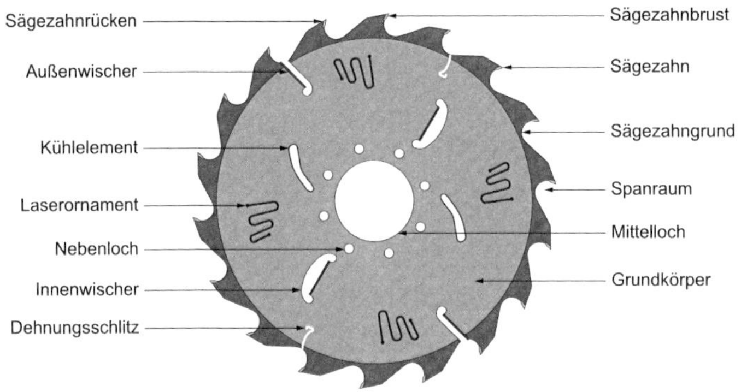

Abbildung 13: Kreissägeblatt mit Gestaltungselementen, in Anlehnung an [ETT04, S. 163–165; WAG12, S. 300]

Die Sägezähne werden direkt in den Grundkörper eingeschliffen, auf den Grundkörper aufgeschweißt oder angelötet [ETT04, S. 169]. Die Sägezahnbrust entspricht dabei der Spanfläche und der Sägezahnrücken der Freifläche [HEN20, S. 45]. Eine Auswahl möglicher Zahnformen ist in Unterabschnitt 2.3.4 gegeben. Die Zahnform ergibt sich aus der Kontur von Zahnschneide und Zahngrund [PAU08, S. 244]. Die Teilung beschreibt die Größe des Spanraums und ist als Abstand zweier benachbarter Sägezahnspitzen definiert [WIC51, S. 12]. Die Teilung beeinflusst die Größe des Spanraums und somit die Spanabfuhr [JOS09, S. 129].

Spannungen im Grundkörper

Beim Spanvorgang wird mechanische Energie in Wärme umgewandelt. Der Großteil der Wärme wird über die Späne und die Umgebungsluft abgeführt. Ein Teil wird allerdings auch vom Kreissägeblatt aufgenommen und von den Zahnspitzen zur Kreissägeblattmitte geleitet. Dieser Temperaturunterschied führt zu Spannungen im Kreissägeblatt. [KOL55, S. 677 f.] Bei hohen Umfangsgeschwindigkeiten entstehen zudem Spannungen aufgrund der Fliehkraft, welche den Grundkörper dehnen und Taumelerscheinungen auslösen können. Um solche Spannungen zu kompensieren, ist ein Vorspannen erforderlich. Dies kann mittels Spannungswalzen oder durch Hammerschläge umgesetzt werden. [ETT04, S. 166; BIR13, S. 26]

Schwingungen im Grundkörper

Die Dicke ist im Vergleich zum Durchmesser des Grundkörpers sehr klein, wodurch im Einsatz ausgeprägte Eigenschwingungen angeregt werden. Dies führt zu Problemen wie der Beeinträchtigung der Schnittqualität oder im Extremfall zur Zerstörung des Kreissägeblattes. Die Steifigkeit und das Verhalten gegenüber Schwingungen werden maßgeblich durch die Konstruktion des Grundkörpers und das verwendete Material beeinflusst[7]. [ETT04, S. 158–162]

2.3.2 Bearbeitungseigenschaften

Holz ist wie in Abschnitt 2.1 beschrieben ein anisotroper und inhomogener Werkstoff. Dies führt, im Gegensatz zu bspw. dem Werkstoff Metall, zu sehr stark schwankenden, richtungsabhängigen Be- und Verarbeitungseigenschaften. Aus diesem Grund ist die Einführung einer gesonderten Beschreibung bezüglich der Bearbeitungsrichtung am Holzwerkstoff erforderlich. Als wegweisend werden bis heute die Arbeiten von KIVIMAA angesehen, der als Erster eine Beschreibungsmöglichkeit von drei Hauptschnittrichtungen A, B und C am Vollholz einführte. Unterscheidungsmerkmal ist die Ausrichtung von Schnittfläche und Schneidenbewegung zu den Fasern. Bei Hauptschnittrichtung A steht die Schnittfläche senkrecht zu den Fasern. Hauptschnittrichtung B ist dadurch gekennzeichnet, dass Schnittfläche und Schneidenbewegung parallel zu den Fasern verlaufen. Hauptschnittrichtung C hat dieselbe Schnittfläche wie B, die Schneidenbewegung ist dagegen senkrecht zu den Fasern. Abbildung 14 zeigt die verschiedenen Hauptschnittrichtungen schematisch an einem Holzwürfel. [KIV50, S. 14 f.; KIV52b, S. 425]

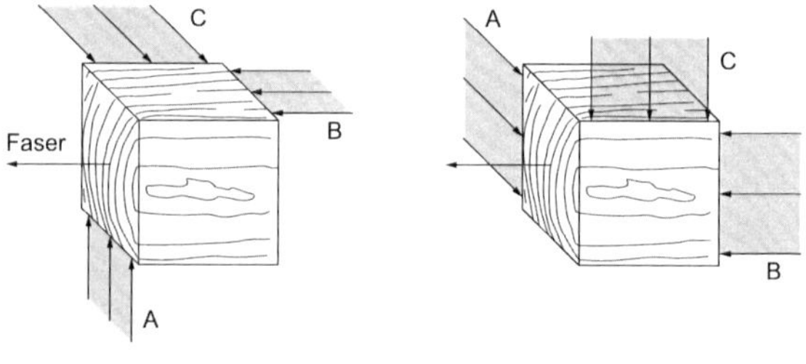

Abbildung 14: Hauptschnittrichtungen, in Anlehnung an [KIV50, S. 15]

Bei MCKENZIE und KOCH werden die Hauptschnittrichtungen mit zwei Zahlen gekennzeichnet. Unterscheidungsmerkmal ist dabei die Ausrichtung von Schneide und Werkzeugbewegung zu den Fasern. Die erste Zahl gibt den Winkel zwischen Schneide und Faser an, die zweite Zahl den Winkel zwischen Werkzeugbewegung und Faser. Hauptschnittrichtung A ist gleichbedeutend mit 90-90, B mit 90-0 und C mit 0-90. [MCK61, S. 18–20; KOC64, S. 36–39]

[7] Eine genaue Beschreibung des Schwingverhaltens von Kreissägeblättern ist Unterabschnitt 6.3.3 zu entnehmen.

Neben den Hauptschnittrichtungen definiert KIVIMAA die Zwischenrichtungen ABA, AC und BC [KIV50, S. 42]. Diese werden in Abbildung 15 veranschaulicht.

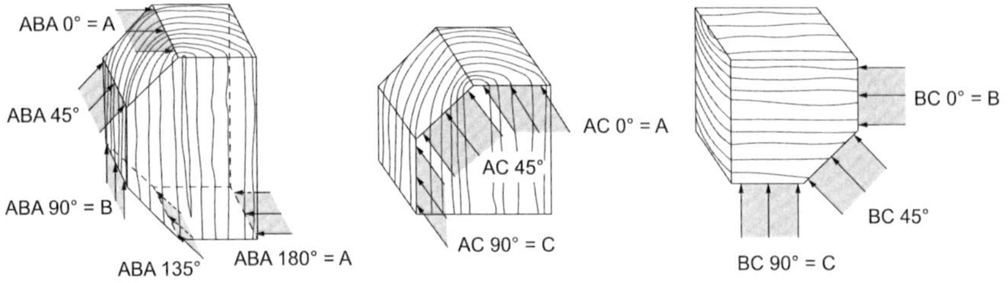

Abbildung 15: Zwischenschnittrichtungen ABA, AC und BC, in Anlehnung an [KIV50, S. 42]

Da sich die Schneiden beim Kreissägen rotatorisch bewegen, muss auch die durch die Bewegung veränderte Schnittrichtung berücksichtigt werden. Am Anfang des Zahneingriffs befinden sich die Schneiden in den Hauptschnittrichtungen A, B und C. Mit zunehmender Drehbewegung gehen diese in Zwischenrichtungen über. Diese Mehrdimensionalität des Schnittprozesses ergibt sich neben der bewegungsbedingten Veränderung der Schnittrichtung auch aus der natürlichen, anisotropen Struktur des Holzes und der Geometrie des Werkstücks. [ETT04, S. 23; GOT14, S. 32]

Im Weiteren wird nur die Nomenklatur von KIVIMAA verwendet, da diese bis heute von vielen Forschern und Anwendern genutzt wird [GOT14, S. 19]. Wird die örtlich zulässige Spannung am Holz durch die einwirkende Schneide überschritten, trennt sich ein Span ab. Je nach Schnittrichtung der Schneide ergeben sich unterschiedliche Spanformen. [GOT14, S. 31] Die Spanbildung in den verschiedenen Hauptschnittrichtungen ist in Abbildung 16 dargestellt. Diese werden nachfolgend erläutert.

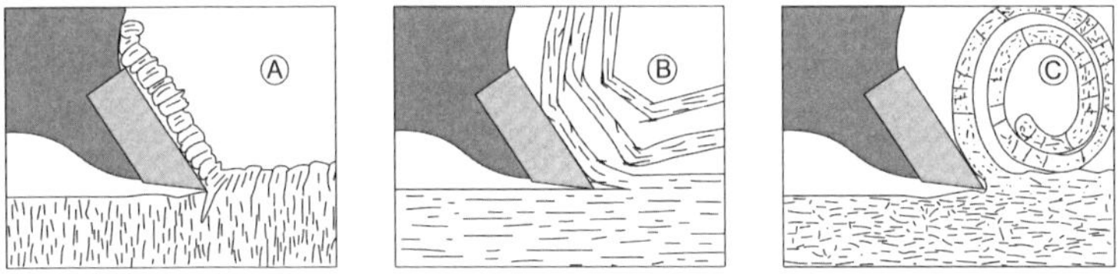

Abbildung 16: Spanbildung in den Hauptschnittrichtungen A, B und C, in Anlehnung an [KIV50, S. 88]

Hauptschnittrichtung A

Schnittrichtung A, der sogenannte Hirnschnitt, bewirkt eine Abtrennung der Fasern aufgrund einer starken Druckbeanspruchung, wobei Risse zwischen den Fasern in die Oberfläche hinein entstehen und die erzeugte Oberfläche verdichtet wird [REH01, S. 79]. Es entstehen kleine Spanteile, die teilweise zusammenhängend einen scheinbaren Span bilden, vgl. Abbildung 16 (links) [SOM62, S. 16]. Hierfür ist ein höherer Kraftaufwand erforderlich als bei anderen

Schnittrichtungen, bei denen einzig die schwachen Bindungskräfte zwischen den Fasern zu überwinden sind [MAI00, S. 58]. In Schnittrichtung A können beim Durchtrennen quer zur Faserrichtung Risse zwischen Holzfasern entstehen. Abhängig von der Porosität des Holzes, entsteht eine spezifische, poröse Strukturrauheit. In Schnittrichtung A gesägtes Holz besitzt aufgrund der tiefen, freiliegenden Poren im Vergleich zu anderen Schnittrichtungen eine deutlich höhere Oberflächenrauheit. [GOT14, S. 166 f.]

Hauptschnittrichtung B

Schnittrichtung B, auch als Längsschnitt bezeichnet, folgt zu großen Teilen der Faserrichtung. Es werden zusammenhängende, sich aufrollende Späne gebildet, die in gewissen Abständen abknicken, vgl. Abbildung 16 (mittig) [KIV50, S. 88 f.]. Das Schneiden in Faserlängsrichtung erfordert im Vergleich zum Hirnschnitt eine geringere Schnittkraft[8] [MAI00, S. 58]. Zwei mögliche Formen des Längsschnittes sind das Spanen gegen die Faser und das Spanen mit der Faser [REH01, S. 78–80], welche in Abbildung 17 dargestellt sind. Das Spanen gegen die Faser spaltet das Holz infolge einer Druckbeanspruchung vor der Schneide in Faserrichtung auf, das heißt, die eigentliche Trennung des Spans erfolgt nicht bedingt durch den Druck der Schneidfläche, sondern stattdessen vor der Schneide durch Spaltung, vgl. Abbildung 17 (links) [ETT04, S. 23]. Es entstehen beim Trennvorgang im Eingriffsbereich des Werkzeugs Zugspannungen, die die Zugfestigkeit des Materials überschreiten. Infolgedessen bildet sich ein Riss im Eingriffsbereich vor der Schneidkante aus. Dieser Vorgang wird als Vorspaltung bezeichnet, ein Vorspaltriss entsteht. Die Entstehung von Vorspaltrissen lassen sich unter realen Anwendungsbedingungen nicht eindeutig vorhersagen. Diese werden durch ein komplexes Zusammenspiel verschiedener Einflussgrößen bestimmt, darunter die während der Bearbeitung auftretenden Schnittkräfte, die Spanbildungsmechanismen sowie die im Holz wirkenden Zug-, Druck- und Scherspannungen. [SIT90, S. 5–8; MAI00, S. 59; MAG20, S. 5–8] Die Schneide wird bei der Vorspaltung weniger verschlissen, allerdings leidet die Oberflächenqualität, denn die durch das Spanen gegen die Faser erzeugte Oberfläche weist Anrisse und Ausbrüche in Faserrichtung auf [REH01, S. 78; ETT04, S. 22 f.].

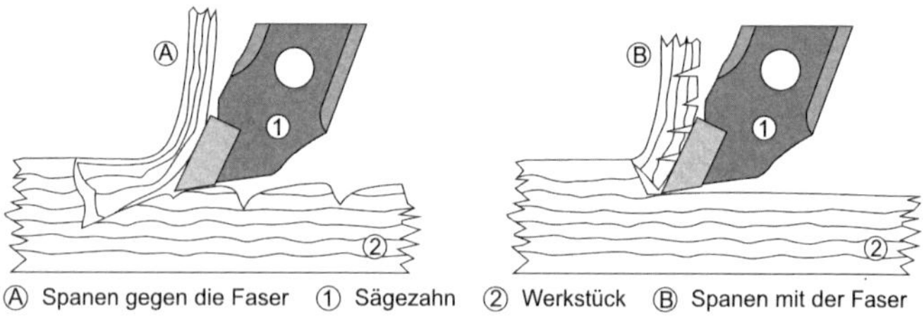

Abbildung 17: Spanen gegen die Faser (links) und mit der Faser (rechts), in Anlehnung an [MAI00, S. 59]

[8] MAIER gibt ein Verhältnis von 7:3:2 (A:B:C) an [MAI00, S. 90]. ETTELT, zitiert nach EMMLER et al., gibt ein gleiches Verhältnis der Schnittkraftkonstanten $k_{c0,5}$ für das Spanen von Fichtenholz an. [EMM18, S. 282].

Läuft die Vorspaltung in den entstehenden Span hinein, wird das als Spanung mit der Faser bezeichnet, vgl. Abbildung 17 (rechts). Im Gegensatz zum Spanen gegen die Faser entstehen hier keine negativen Oberflächeneigenschaften. [GOT14, S. 31] Der Spanwinkel γ hat Einfluss auf die Vorspaltung. Ist dieser negativ, so ist ein Abheben des Spans und somit auch eine Vorspaltung nicht mehr möglich. Der Kraftvektor ist schräg von oben auf die Oberfläche gerichtet. Wird der Spanwinkel γ vergrößert, steigt auch die Möglichkeit einer Vorspaltung. [ETT04, S. 27] Weitere Möglichkeiten zur Reduktion der Vorspaltung sind u. a. die Erhöhung der Schnittgeschwindigkeit v_c, das Schärfen der Schneide, das Einbringen einer Spanleitstufe sowie die Reduktion der Spanungsdicke [MAI00, S. 59; ETT04, S. 24–27].

Hauptschnittrichtung C

Schnittrichtung C, auch als Querschnitt bezeichnet, ist durch einen quer zur Faseranordnung eindringenden Schneidkeil definiert, wobei die Fasern seitlich verdrängt und auseinandergerissen werden. Der hierfür erforderliche Kraftaufwand ist geringer als beim Hirnschnitt. [MAI00, S. 60] Es kann prinzipiell zur Vorspaltung kommen, spielt jedoch eine untergeordnete Rolle. Die Abtrennung erfolgt parallel zur Faserrichtung, durch das Abheben bzw. Abscheren von Faserbündeln. Dabei kann es zu faserigen Ausrissen kommen. [GOT14, S. 166 f.] Es können Späne in Form von Splittern, sich aufrollende Späne oder fortlaufende und verhältnismäßig geradlinige Späne in Abhängigkeit des Spanwinkels entstehen, vgl. Abbildung 16 (rechts) [KIV52a, S. 107; SOM62, S. 17].

Spanbildung im Gleich- und Gegenlauf

Die Richtung des Vorschubs hat einen direkten Einfluss darauf, wie sich der Span bildet. Besonders zwischen den beiden Hauptschnittrichtungen A und B gibt es dadurch deutliche Unterschiede. Beim Gleichlauf wird der Kommaspan an der dicken Seite gebildet, da der Schnitt mit der Faser erfolgt. Dadurch entsteht meist eine bessere Oberflächenqualität, jedoch sind die Schnittkräfte höher und die Schneide verschleißt schneller. Im Gegenlauf beginnt der Kommaspan an der dünnsten Stelle des Werkstücks und wächst zur dickeren Seite hin. Hier erfolgt der Schnitt gegen die Faserrichtung, was zu Rissen, Abplatzungen und unkontrollierten Spanabhebungen führen kann. Zwar sind die Schnittkräfte geringer, aber die Oberflächenqualität leidet häufig. [MAI00, S. 60; GOT14, S. 32 f.]

2.3.3 Oberflächenqualität am Schnittholz

Die Qualität einer bearbeiteten Werkstückoberfläche wird in hohem Maße durch geometrische Gestaltabweichungen verschiedener Ordnung bestimmt, die als Lage- und Formabweichungen beschrieben werden [DIN82a, S. 1 f.]. Holz weist dabei durch seine poröse Struktur verschiedene Arten von Rauheiten auf. So definiert sich das Istprofil einer bearbeiteten Holzoberfläche aus der kinematischen, Bearbeitungs- und Strukturrauheit [GOT02, S. 33; KIL06, S. 1074]. Die Zerlegung des Istprofils in die verschiedenen Rauheiten ist in Abbildung 18 gegeben.

Die Strukturrauheit entsteht durch den Anschnitt der Holzzellstruktur und ist damit anatomiebedingt grundsätzlich vorhanden. Aufgrund der anisotropen Eigenschaften des Holzes variiert dieser Rauheitsanteil abhängig von der Lage der Schnittebene (radial, tangential oder longitudinal) sowie der Ausrichtung im Werkstoffkoordinatensystem. [GOT02, S. 34; VDI19a, S. 15] Die Strukturrauheit stellt bei vielen Holzarten den dominierenden Rauheitsanteil dar und ist zwar statistisch beschreibbar, aber technologisch kaum beeinflussbar [WES92, S. 475; DEK21, S. 67]. Als mögliche Einflussfaktoren auf die Strukturrauheit ist die gezielte Auswahl von Holzart, Werkstoff und Bearbeitungsrichtung zu nennen [THO15, S. 285].

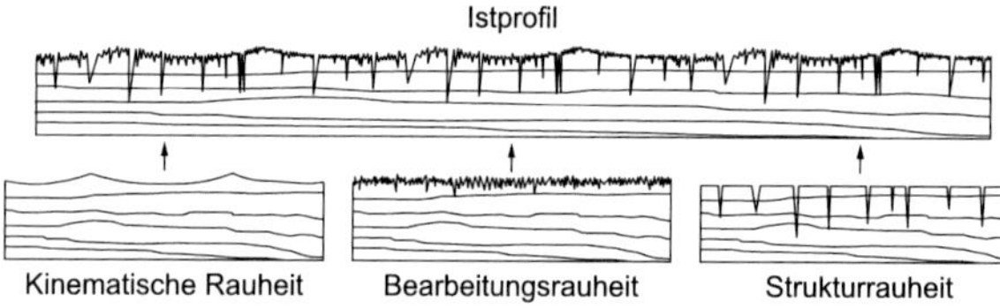

Abbildung 18: Zerlegung des Istprofils in verschiedene Rauheiten durch Filterung

Die kinematische Rauheit ergibt sich aus der zykloidischen Relativbewegungsbahn zwischen Werkstück und Schneide, wobei sich die Schneidenkontur bzw. Teile davon auf der bearbeiteten Holzoberfläche abbilden [GOT02, S. 34; DEK21, S. 67]. Probleme beim Abtransport der Späne, verschlissene Schneiden sowie Ungenauigkeiten am Werkzeug können zu charakteristischen Merkmalen wie Absatzbildungen, Nachschnittmarkierungen oder Ausbruchspuren führen. Diese Erscheinungen treten häufig werkzeugspezifisch auf. Dadurch ist eine Prognose der kinematischen Rauheit nur eingeschränkt möglich. [ENß08, S. 40; VDI19a, S. 15–18]

Die durch die Ausbildung der Nebenschneiden und deren Übergang zu den Hauptschneiden (Schneidenecken) verursachte Form der kinematischen Rauheit im Sägeprozess wird als Sägespuren bzw. Sägeriefen bezeichnet. Der Wirkweg der Schneidenecken bildet sich als periodische Spur in Abhängigkeit des vielfachen Zahnvorschubs auf der Schnittfläche ab. Für die Beurteilung der kinematischen Rauheit in Sägeprozessen ist der Zahnvorschub daher die zentrale Einflussgröße. Ebenfalls können durch etwaig auftretende Kreissägeblattschwingungen verschiedene Schwingmuster bzw. Texturen entstehen, die sich in Form von Welligkeiten bzw. Kratzern ausbilden, vgl. Abschnitt 2.4. [GOT23, S. 110]

Die Bearbeitungsrauheit überlagert sowohl die Struktur- als auch die kinematische Rauheit und lässt sich im Vorfeld nicht exakt berechnen [DEK21, S. 67]. Sie entsteht durch lokale Veränderungen in der Holzstruktur während des Spanbildungsvorgangs. Zu den möglichen Oberflächendefekten, die wesentlich zur Ausbildung der Bearbeitungsrauheit beitragen, zählen insbesondere Faser- und Spanausbrüche, Rissbildungen in der Oberfläche sowie das Aufstellen einzelner Fasern. [VDI19a, S. 23–25; GOT23, S. 110 f.] Die Verdichtung oberflächennaher Zellstrukturen stellt ein holzspezifisches Problem dar. Dies ist zum einen durch die Reibung an der

Freifläche und zum anderen durch eine kinematische Verdichtung infolge des Aufpralls der Schneide auf das Werkstück während der Spanbildung erklärbar. Die Bearbeitungsrauheit kann mithilfe der Spanungsdicke h bzw. der mittleren Spanungsdicke h_m beeinflusst werden. [GOT23, S. 113]

2.3.4 Zahnformen

Einfluss von Winkeln am Sägezahn

Die Winkel am Sägezahn stellen zentrale Einflussgrößen im Zerspanprozess dar.[9] Sie bestimmen maßgeblich das Verschleißverhalten des Werkzeugs, die erforderliche Schnittkraft sowie die Oberflächenqualität des Schnittholzes. [ETT04, S. 107] Dabei ist zu berücksichtigen, dass weitere Einflussgrößen wie die Holzart, die Schnittrichtung zur Faser, die Holzfeuchte, die Holztemperatur sowie die Schnitt- und Vorschubgeschwindigkeit das Ergebnis wesentlich mitbestimmen. Vergleiche zwischen den Studien sind daher nur unter Berücksichtigung der jeweiligen Versuchsbedingungen sinnvoll. Qualitative Aussagen zu Einflüssen von Winkeln wurden durch Gottlöber sowie Ettelt & Gittel zusammengefasst [GOT23; ETT04].

Es gilt, dass die Summe aus Span-, Keil -und Freiwinkel grundsätzlich 90° beträgt. Somit bedingt die Veränderung eines Winkels auch die Veränderung eines oder mehrerer anderer Winkel [GOT14, S. 38]. Der Spanwinkel γ ist dabei eine wichtige Einflussgröße, da er das Spalt- und Trennverhalten sowie die Spanumlenkung bis zum Spanbruch entscheidend bestimmt. Aufgrund der Anisotropie von Holz ist die Wirkung des Spanwinkels von der Schnittrichtung abhängig. Während generell große Spanwinkel empfohlen werden, steigt mit einem größeren Spanwinkel in Schnittrichtung B auch die Vorspaltung. [GOT23, S. 160] Durch Vorspaltung kommt die Schneidkante nicht mehr direkt mit dem Holz in Kontakt und unterliegt somit kaum Verschleiß [ETT04, S. 109]. Ein negativer oder sehr kleiner Spanwinkel sorgt für eine kurze Biegelänge des Spans und stabilisiert die Schneide, allerdings erhöht sich der Schnittwiderstand und damit die benötigte Schnittkraft [WAG12, S. 280; GOT23, S. 160].

Der Keilwinkel β bestimmt die Stabilität der Schneide. Die Unterschreitung des schneidstoffabhängigen Grenzwertes β_{krit} führt zu Schneidkantenausbrüchen, die den Sägezahn unbrauchbar machen [WAG12, S. 280]. Dies kann durch einen zu groß gewählten Span- oder Freiwinkel der Fall sein. Ein möglichst kleiner, aber noch ausreichend stabiler Keilwinkel senkt die notwendige Schnittkraft [GOT23, S. 162, 173]. Ein größerer Freiwinkel α bedingt einen höheren Schneidenversatz und senkt durch eine damit einhergehende Verringerung des Keilwinkels die Stabilität der Schneide [KIV52a, S. 103; GOT14, S. 189]. Dennoch ist bei der Dimensionierung des Freiwinkels darauf zu achten, diesen in ausreichender Größe zu wählen, damit ein Kontakt zwischen Schneide und Werkstück vermieden wird. [GOT23, S. 187] Durch einen unerwünschten

9 Die Auswirkungen dieser Winkel sind Gegenstand zahlreicher wissenschaftlicher Untersuchungen und können in einschlägiger Fachliteratur bspw. in [KIV50; KOL55; PAH57; PAH66a; PAH66b; JIN96; SIT97; GOT02; KOV10; MAG20] nachgelesen werden.

Kontakt zwischen Schneide und Werkstück im Spanprozess steigt zum einen der Werkzeugverschleiß ebenso wie die Schnittkraft und zum anderen wird die Oberflächenqualität reduziert [GOT14, S. 163 f.; GOT23, S. 173].

Der Neigungswinkel λ_s beeinflusst sowohl die Schnittkraft als auch die Oberflächenqualität. Positive Werte bedingen einen ziehenden Schnitt mit reduzierter Krafteinleitung und geringeren Vibrationen. Diese senken dadurch auch den Verschleiß, bringen jedoch aufgrund der komplizierten Geometrie höhere Werkzeug- und Instandhaltungskosten mit sich. [ETT04, S. 30–35; GOT23, S. 173] Aussagen zum Einfluss des Einstellwinkels auf den Verschleiß sind nur eingeschränkt vergleichbar, da damit unterschiedliche Bearbeitungssituationen verbunden sind [GOT23, S. 189].

In der Literatur wurde die Wirkung einzelner Winkel am Sägezahn für die Holzbearbeitung untersucht. Die wechselseitige Beeinflussung aller Winkel, insbesondere in kombinierter Ausprägung an einem einzelnen Sägezahn, bleibt jedoch weitgehend unerforscht. Zudem zeigt sich, dass die Optimierung der Schneidenwinkel stets einen Kompromiss zwischen den Zielgrößen erfordert [GOT23, S. 160].

Kombination von Winkeln und Geometrieelementen

Aus der Kombination von Winkeln und Geometrieelementen ergeben sich unterschiedliche Zahnformen. Unter dem Begriff Zahnform wird die Kontur von Zahnschneide und Zahngrund verstanden. Aufgrund der Vielzahl an Einflussgrößen werden für spezifische Einsatzzwecke Kreissägeblätter mit angepassten Zahnformen entwickelt [SCH63, S. 64]. In Abbildung 19 sind verschiedene Zahnformen am Kreissägeblatt aus Winkeln und Geometrieelementen in der Arbeitsebene P_f (Längsschnitt) und der Bezugseben P_r (Radialschnitt) dargestellt.

Im Längsschnitt ist eine Unterscheidung der Zahnformen hinsichtlich der Winkellagen der Hauptschneide gegeben. Für kleinere Keilwinkel bieten sich bspw. der Dach- und der Spitzwinkelzahn sowie für größere Keilwinkel der Wolfs- und der Papageizahn an. [GOT23, S. 53 f.]

Im Radialschnitt unterscheiden sich Zahnformen hinsichtlich der Kontur ihrer Haupt- und Nebenschneiden. Spitzzähne, Wechselzähne und Sägezähne mit Hohlbrust wurden aus der ursprünglichen Flachzahnform weiterentwickelt und zählen zu den sogenannten ziehenden Zahnformen. Diese erlauben eine Spanabnahme, die zuerst an der zu fertigenden Oberfläche ansetzt. Der Span wird von der Oberfläche weggezogen, wodurch verbesserte Oberflächenqualitäten am Schnittholz erzielt werden. Kleinere Keilwinkel finden typischerweise Verwendung bei ziehenden Zahnformen. [ETT04, S. 171–173] Demgegenüber stehen die drückenden Zahnformen, zu deren typischen Vertretern Dachzähne, konische Zähne, Trapezzähne sowie Flachzähne mit Flankenführungsfase zählen. Letztere verfügen über gefaste Schneidenecken, wodurch der Schnitt mit höherem Druck erfolgt. Drückende Zahnformen zeichnen sich durch eine erhöhte Verschleißfestigkeit aus. [ETT04, S. 171–173]

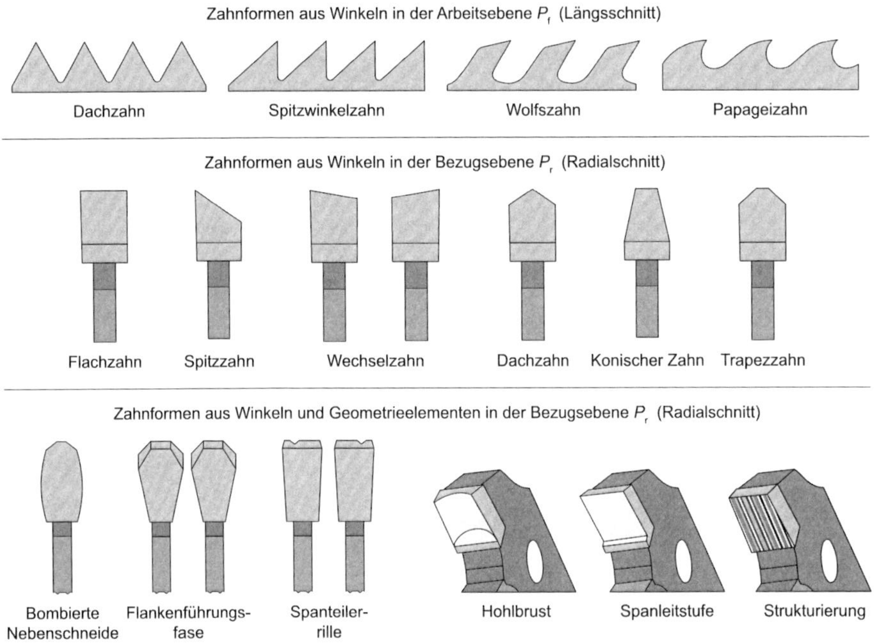

Abbildung 19: Zahnformen aus Winkeln und Geometrieelementen, in Anlehnung an [GOT23, S. 54]

Bei einem Sägezahn mit bombierten Nebenschneiden wird die Qualitätsbildung der Schnittkanten von den Schneidenecken in den Bereich der Nebenschneiden verlagert. Das führt zu einer verbesserten Oberflächenqualitäten des Schnittholzes. [HEI98, S. 1] Das Einschleifen von versetzten Spanteilerrillen in die ansonsten formgleichen Sägezähne kann ein Verklemmen der Sägespäne verhindern, da diese durch die Spanteilerrillen gebrochen werden. Dadurch werden pro Sägezahn jeweils ein schmaler und ein breiter Span erzeugt, der zur Mitte in den Bereich der Spanteilerrille ausweichen kann und sich so nicht in der Schnittfuge verklemmt. [KLO08, S. 481 f.] Spanleitstufen begrenzen die Vorspaltung und ermöglichen die Erzeugung hoher Oberflächenqualitäten am Schnittholz, indem sie den Span während des Ablaufens zusätzlich nach vorn umlenken [MAI00, S. 59; GOT14, S. 162]. Das Einbringen von Strukturierungen kann analog zu versetzten Spanteilerrillen ein Verklemmen von Spänen verhindern. Die Strukturierung bewirkt eine gezielte Teilung der Späne, wodurch diese in kleinere Einzelsegmente zerlegt werden. Dies reduziert die Gefahr von Spanverklemmungen in der Schnittfuge und verbessert somit eine gleichmäßige Spanabfuhr.

2.3.5 Schneidstoffe und Beschichtungen

Schneidstoffe

Bei spanabhebenden Werkzeugen übernehmen die Schneidkeile die Aufgabe, Werkstoffschichten vom Werkstück zu trennen. Der Grundkörper verbindet die Schneidkeile zu einer mit der Maschine gekoppelten Einheit und sorgt für die Aufnahme und Weiterleitung der beim Spanprozess entstehenden Kräfte. Die Schneidkeile sind über eine stoffschlüssige Lötverbindung mit dem Grundkörper verbunden. [KLO18, S. 600] Da Schneidkeile und Grundkörper jeweils unterschiedliche Funktionen erfüllen, ergeben sich daraus auch unterschiedliche Anforderungen an die eingesetzten Werkstoffe [MAI00, S. 109]. Bei der Auswahl der Schneidstoffe zu berücksichtigende Eigenschaften, können der Literatur entnommen werden, vgl. [MAI00, S. 109; PAU08, S. 55; KLO18, S. 114–117].

In der Holzbearbeitung werden derzeit vor allem Schnellarbeitsstähle (HSS), Hartmetalle (HM), Stellit sowie Diamantschneidstoffe wie monokristalliner Diamant (MKD) und polykristalliner Diamant (PKD) als Schneidstoff eingesetzt [GOT14, S. 23; KLO18, S. 600]. Für Grundkörper von Kreissägeblättern steht eine hohe Zähigkeit im Vordergrund, da sie insbesondere mechanischen Belastungen standhalten müssen. Aus diesem Grund kommen überwiegend niedrig oder unlegierte Werkzeugstähle zum Einsatz, die eine ausreichende Zähigkeit bieten, jedoch eine geringe Härte aufweisen. [MAI00, S. 110]

Beschichtungen

Spanwerkzeuge werden zur Steigerung ihrer Verschleißbeständigkeit oder zur Reduktion der Reibung beschichtet[10] [PAU08, S. 71]. Der Einsatz beschichteter Hartmetalle und Schnellarbeitsstähle für Spanwerkzeuge in der Metallbearbeitung entspricht dem Stand der Technik [KLO18, S. 147]. Die hohe Leistungsfähigkeit von Beschichtungen lässt sich dadurch verdeutlichen, dass über alle Spanwerkzeuge und Anwendungsgebiete hinweg mittlerweile mehr als 80 % aller beim Spanen eingesetzten Hartmetalle eine hochverschleißfeste Hartstoffschicht aufweisen [KLO18, S. 147]. Etablierte Beschichtungsverfahren für Spanwerkzeuge scheiden die Gasphase auf chemischem Wege mittels CVD-Verfahren[11] oder auf physikalischem Wege mittels PVD-Verfahren[12] ab [HOF14, S. 107]. Das CVD-Verfahren scheidet die gasförmigen Ausgangsstoffe unter hohen Temperaturen (typischerweise zwischen 700 °C und 1.100 °C) durch chemische Reaktionen in Form von festen Schichten auf einem Substrat ab. Aufgrund dieser hohen Prozesstemperaturen ist das Verfahren insbesondere für Hartmetalle und Keramiken geeignet, jedoch nicht für wärmeempfindliche Materialien wie HSS-Stähle, da es zu Härteverlust und Wärmeverzug kommen kann. [PAU08, S. 72; WES10, S. 203 f.; GAR14, S. 105]

[10] Beschichten ist nach DIN 8580 definiert als das „Fertigen durch Aufbringen einer fest haftenden Schicht aus formlosem Stoff auf ein Werkstück, wobei der unmittelbar vor dem Beschichten herrschende Zustand des Beschichtungsstoffs maßgebend ist" [DIN03a].

[11] engl.: Chemical Vapour Deposition, chemische Abscheidung aus der Dampfphase

[12] engl.: Physical Vapour Deposition, physikalische Abscheidung aus der Dampfphase

Das PVD-Verfahren ist ein Beschichtungsverfahren, bei dem der Werkstoff physikalisch verdampft und über ein Plasma auf das Substrat übertragen wird [ZHA22, S. 45 f.]. Die auftretenden Temperaturen liegen typischerweise zwischen 100 °C und 650 °C, wodurch auch temperaturempfindliche Substrate wie HSS-Stähle ohne Härteverlust beschichtet werden können [PAU08, S. 72; GAR14, S. 105]. Aufgrund der geringen thermischen Belastung bleibt die mechanische Integrität, insbesondere die Biegefestigkeit, des Substrats weitgehend erhalten. Unter Nichtgleichgewichtsbedingungen können neben stabilen auch metastabile, mehrkomponentige Schichten abgeschieden werden, die unter Gleichgewichtsbedingungen nicht existieren. Zudem ermöglicht das Verfahren die Herstellung gleichmäßiger, reproduzierbarer und mehrlagiger Schichten mit großer Variabilität hinsichtlich Substrat- und Schichtmaterialien. Zu den gängigen PVD-Techniken zählen das thermische Verdampfen, die Lichtbogenverdampfung (Arc-PVD) und das Sputtern (Kathodenzerstäubung). [PAU08, S. 72 f.; KLO18, S. 166]

Aus der Metallverarbeitung bekannte Vertreter von Beschichtungen zur Verschleißreduktion sind Nitride wie bspw. Titannitrid (TiN), Karbide wie bspw. Titankarbid (TiC), Karbonitride wie bspw. Titankarbonitrid (TiCN) und Oxide wie bspw. Aluminiumoxid (Al_2O_3) sowie Molybdändisulfid (MoS_2) und amorphe Kohlenstoffschichten zur Reibungsreduzierung. Die verschiedenen Schichtsysteme lassen sich entweder als Einzelschichten (Monolayer) oder zur Verbesserung ihrer verschleißschützenden Eigenschaften als Mehrfachschichten (Multilayer) mit einzelnen Schichtdicken im Mikrometerbereich aufbringen. [KLO18, S. 174] Bei Multilayer-Systemen übernehmen die einzelnen Schichten verschiedene Funktionen [TÖN14, S. 105 S].

Der Einsatz von Hartstoffbeschichtungen wird in der Holzbearbeitung bisher kritisch betrachtet. Hauptkritikpunkte sind die geringe Schlagfestigkeit der harten Schichten gegenüber mineralischen Einlagerungen im Holz wie bspw. Sandkörnern, was zu einer raschen Schädigung der Beschichtung führt. Zudem erhöht die Beschichtung den Schneidkantenradius, wodurch in der Holzbearbeitung die Schnittleistung gemindert wird. [ETT04, S. 143; ENß08, S. 3] Eine sinnvolle Lösung wird in der Nutzung dünner Schichten (< 1 µm) gesehen, um eine Verrundung der Schneide minimal zu halten [GOT14, S. 24]. Ein weiteres Problem besteht allgemein darin, dass Kreissägeblätter für die Holzbearbeitung aus wirtschaftlichen Gründen nachgeschliffen werden. Dieser Vorgang führt jedoch zwangsläufig zum teilweisen oder vollständigen Abtrag der Beschichtung. Folglich müsste die Beschichtung nach jedem Schleifvorgang erneuert werden, was aus ökonomischer Sicht aktuell nicht sinnvoll ist.

2.3.6 Verschleiß und Standbegriffe

Verschleißursachen und -formen

Eine charakteristische, prozessbegleitende Erscheinung im Kreissägeprozess ist der Werkzeugverschleiß. Die Entstehung folgt dabei der in Abbildung 20 gezeigten Wirkungskette aus Beanspruchung, Verschleißursachen und Verschleißformen.

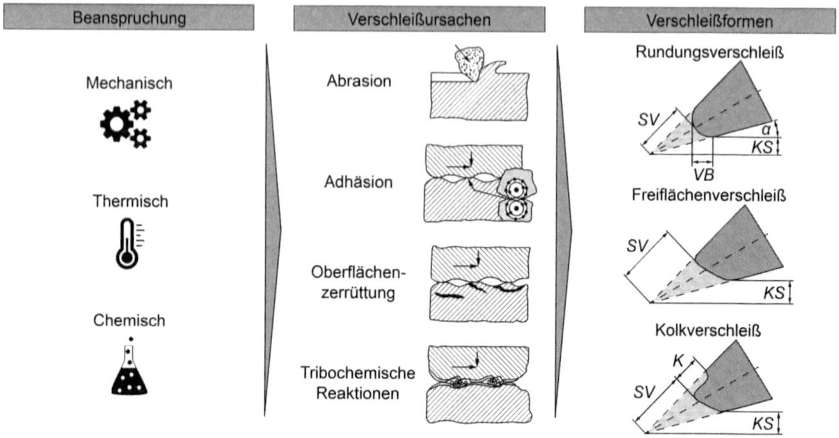

Abbildung 20: Beanspruchungen, Verschleißursachen und Verschleißformen am Schneidkeil, in Anlehnung an [MAI00, S. 66; MAC11, S. 567; KLO18, S. 84]

Bedingt durch mechanische und thermische Überbeanspruchungen und begünstigt durch chemische Reaktionen kommt es zur Abnutzung der Werkzeugschneiden [HEI14, S. 87]. Verschleißursachen sind dabei Abrasion, Adhäsion, Oberflächenzerrüttung sowie tribochemische Reaktionen [CZI14, S. 173; KLO18, S. 84]. Werkzeugverschleiß führt zu erhöhtem Aufwand und höheren Kosten durch notwendiges Nachschärfen, häufige Werkzeugwechsel und steigender Schnittkraft. Eine hohe Verschleißintensität verkürzt die Nutzungsdauer der Werkzeuge und verlängert die Stillstandszeiten durch häufigere Wechselzyklen. Schneidenverschleiß wirkt sich negativ auf die Bearbeitungsqualität aus, indem er die Oberflächenqualität und Kantenschartigkeit verschlechtert und sowohl Maßhaltigkeit als auch Formtreue des Werkstücks beeinträchtigt. [MAI00, S. 67; GOT14, S. 131] Zur zahlenmäßigen Beschreibung von Verschleiß an Sägezähnen können verschiedene Verschleißkennwerte am Sägezahnprofil herangezogen werden. Die häufigsten Verschleißformen sind Rundungsverschleiß, Freiflächenverschleiß und Kolkverschleiß [MAI00, S. 66; SAC03, S. 8]. Zur Messung werden unter anderem die Verschleißkennwerte Schneidenversatz *SV*, Schneidkantenversatz *KS* und Verschleißmarkenbreite *VB* herangezogen [MAI00, S. 66; ENß08, S. 44].

Verschleißverlauf

Der Verschleiß lässt sich als monoton steigende Funktion des Schnittweges oder alternativ der Schnittzeit darstellen. Dabei sind die drei grundlegende Zustände Überschärfe, Arbeitsschärfe und Standzeitende zu unterscheiden. Die Überschärfe beschreibt einen nur kurzfristig vorhandenen Zustand zu Beginn der Nutzung, der nahezu einer idealen Schneide entspricht. Im Gegensatz dazu stellt die Arbeitsschärfe den normalen Betriebszustand des Werkzeugs während des Einsatzes dar, in dem es produktiv arbeitet. Dieser Zustand bleibt bis zum Erreichen der Abnutzungsgrenze bestehen. Ist die Abnutzungsgrenze erreicht, entspricht dies dem Standzeitende. [WAG12, S. 299; GOT14, S. 135]

Standbegriffe

Um den Werkzeugverschleiß in einen wirtschaftlichen und technologischen Zusammenhang einzuordnen, werden in DIN 6583 definierte Standbegriffe nachfolgend betrachtet [DIN81]. Eine Übersicht dieser Begriffe gibt Tabelle 1.

Tabelle 1: Zusammenhang der Standbegriffe, nach [PAU08, S. 91]

	Standvermögen **Werkzeug:** Schneidfähigkeit, Schneidhaltbarkeit **Werkstück/ Werkstoff:** Spanbarkeit	
Standkriterien	**Standbedingungen**	**Standgrößen**
Werkzeug: Verschleiß **Werkstück:** Oberflächenqualität **Prozess:** Kraftänderung	**Werkzeug:** Form, Schneidstoff, Schneidengeometrie **Werkstück:** Gestalt, Werkstoff **Maschine:** dynamische und statische Steifigkeit **Prozess:** Kinematik, Schneideneingriff **Umgebung:** Kühlschmierstoff, thermische Randbedingungen	**Werkzeug:** Standzeit, Standweg, Standmenge, Standvolumen

Das Standvermögen beschreibt die Fähigkeit eines Wirkpaares (bestehend aus Werkzeug und Werkstück) einen Spanungsvorgang ohne vorzeitiges Versagen durchzuführen. Als Standkriterien gelten definierte Grenzwerte, bei deren Erreichen ein Werkzeug ausgetauscht oder nachgeschärft werden muss. Die während der Bearbeitung herrschenden Einflussgrößen wie etwa die Werkzeuggeometrie, die Schnittgeschwindigkeit oder der Vorschub werden als Standbedingungen bezeichnet. Die Standgrößen geben an wie lange – gemessen in Zeit, zurückgelegtem Weg oder bearbeiteten Mengen – ein Werkzeug unter spezifischen Bearbeitungsbedingungen eingesetzt werden kann, bevor es die festgelegten Standkriterien erreicht. [DIN81, S. 2]

2.4 Schwingungen an Werkzeugen und Werkzeugmaschinen

2.4.1 Schwingungsphänomene

Bei der spanenden Bearbeitung auf Werkzeugmaschinen treten regelmäßig verschiedene Arten von Schwingungen auf, die sich negativ auf die Bearbeitungsqualität auswirken und zu Schäden an der Maschine oder dem Werkzeug führen können. Grundsätzlich lassen sich die im Spanprozess auftretenden Schwingungen in fremderregte und selbsterregte Schwingungen unterteilen [MIL92, S. 100 f.; WEC06b, S. 201; SCH09, S. 7–13]. Eine Übersicht verschiedener Schwingungsursachen kann Abbildung 21 entnommen werden.

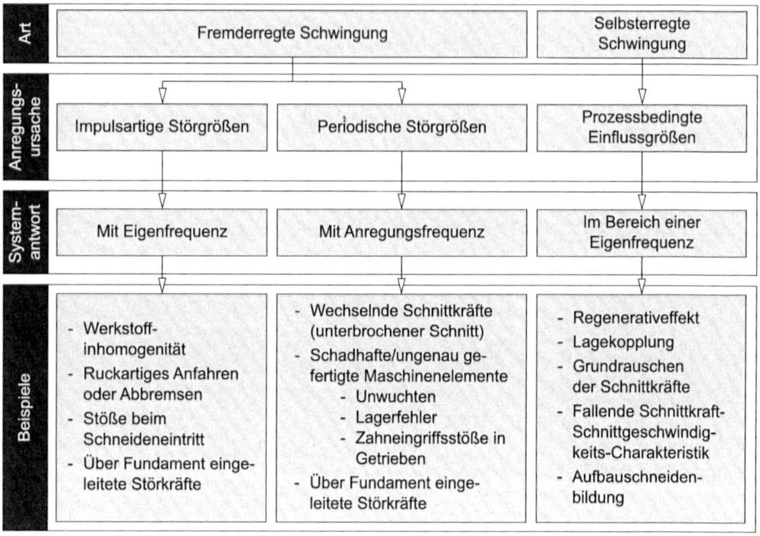

Abbildung 21: Schwingungsarten und deren Ursachen an spanenden Werkzeugmaschinen, in Anlehnung an [WEC06b, S. 201; SIM09, S. 12; WAI12, S. 6]

Fremderregte Schwingungen

Fremderregte Schwingungen treten durch externe Anregung der Werkzeugmaschine auf. Die Anregungskraft kann dabei sowohl periodisch als auch impulsförmig sein. [WEC06a, S. 49] Fremderregungen durch impuls- oder sprungförmige Krafteinleitung sind u. a. das Einschneiden in harte Werkstoffpartikel, das ruckartige Anfahren der Maschinenachsen oder Kraftstöße über das Fundament, bspw. verursacht durch eine benachbarte Presse oder von Bauarbeiten [BAU14, S. 5]. Kennzeichnend für derartige fremderregte Schwingungen ist, dass die Werkzeugmaschine in ihren Eigenfrequenzen ausschwingt und die Schwingungsamplitude dabei aufgrund der Systemdämpfung exponentiell abklingt [WEC06b, S. 201].

Eine Fremderregung durch periodische Krafteinleitung veranlasst eine Schwingung des Systems in der Eigenfrequenz. Diese Erregung tritt u. a. durch schadhafte bzw. ungenau gefertigte Maschinenelemente und dadurch verursachte Unwuchten oder Lagerfehler auf. [BAU14, S. 5] Bei dem in der vorliegenden Arbeit betrachteten Fertigungsverfahren Kreissägen treten insbesondere durch die Schneideneintrittsstöße erzwungene Schwingungen mit der Schneideneingriffsfrequenz und ganzzahlig Vielfache (Harmonische) dieser auf [MIL92, S. 101]. Die Schwingungsamplituden sind besonders groß, wenn sich eine Eigenfrequenz der Maschine in der Nähe der Erregerfrequenz befindet oder mit dieser zusammenfällt [SCH09, S. 8 f.]. Erzwungene Schwingungen können verringert oder vollständig eliminiert werden, indem entweder die

Störquellen entfernt oder die Erregerfrequenzen so verändert werden, dass sie keine der Eigenfrequenzen des Maschinensystems erreichen [WEC06b, S. 201].

Selbsterregte Schwingungen

Im Gegensatz zu fremderregten Schwingungen resultieren selbsterregte Schwingungen nicht aus externen Störkräften, sondern entstehen durch die dynamische Wechselwirkung zwischen dem mechanischen System und dem Spanprozess [MIL92, S. 101]. Dadurch lässt sich die resultierende Schwingungsfrequenz nicht direkt durch äußere Faktoren wie die Drehzahl der Sägespindel beeinflussen [TÖN95, S. 78 f.]. Diese Schwingungen treten in der Regel in der Nähe der Eigenfrequenz der Maschine auf, bei der die dynamische Steifigkeit zwischen Werkzeug und Werkstück am geringsten ist. Bei fehlender ausreichender Eigendämpfung wird der Spanprozess daher instabil und die Maschine beginnt zu „rattern". [MIL92, S. 101 f.]

Der bedeutendste Störmechanismus ist das regenerative Rattern, welches in Abbildung 22 (links) verdeutlicht wird, da es infolge der großen Schwingungsamplituden eine unzureichende Oberflächenqualität, erhöhten Verschleiß von Werkzeug und Maschine sowie eine deutliche Zunahme der Lärmemission bewirkt [BAU14, S. 6]. Rattern tritt auf, wenn sich ein Schnitt mit dem vorausgehenden überdeckt, wodurch es zu einem wiederholten Einschneiden des Werkzeugs in eine von ihm verursachte Welligkeit des Werkstücks kommt [LER19, S. 6 f.]. Eine Initialstörung regt Werkstück und Werkzeug im Bearbeitungsvorgang zu Schwingungsbewegungen relativ zueinander an [ZÄH93, S. 8]. Diese Bewegung erfolgt weitgehend auf einer Geraden, da meist nur eine dominierende Eigenschwingungsform verantwortlich ist [MIL92, S. 102 f.].

Die Lagekopplung, vgl. Abbildung 22 (rechts) wird durch zwei nahe beieinanderliegende Eigenfrequenzen eines Systems charakterisiert, deren Eigenschwingungsformen durch einen Spanprozess angeregt werden. Dadurch treten an der Spanstelle periodische Relativbewegungen in beiden Eigenschwingungsrichtungen gleichzeitig auf, wodurch die Werkzeugschneide eine Ellipsenbahn beschreibt. [WAI12, S. 4] Da sich während dieses Prozesses ständig die Spanungsdicke ändert, kann dieses Phänomen ebenfalls zu Ratterschwingungen führen [WEC01, S. 283].

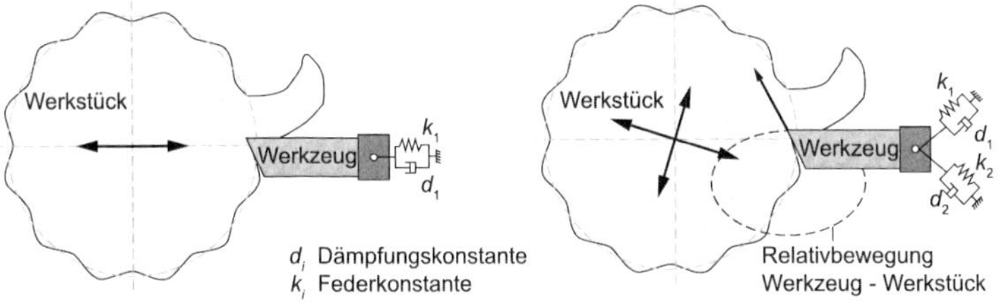

Abbildung 22: Modellvorstellungen einer instabilen spanenden Bearbeitung – Regenerativeffekt (links) und Lagekopplung (rechts), in Anlehnung an [MIL92, S. 103; TÖN95, S. 86]

Weitere Ursachen für selbsterregte Schwingungen sind die fallende Schnittkraft-Schnittgeschwindigkeits-Charakteristik sowie die Bildung von Aufbauschneiden [WAI12, S. 4]. Da diese Phänomene in der heutigen Praxis eine untergeordnete Rolle spielen, sei an dieser Stelle auf weiterführende Literatur wie [MIL92, S. 102; ALT00, S. 54–60; WEC06b, S. 202] verwiesen.

2.4.2 Ermittlung von Eigenfrequenzen

Eigenfrequenzen eines schwingungsfähigen Systems können mithilfe der Modalanalyse ermittelt werden. Dieses Verfahren dient dazu, das dynamische Verhalten eines Systems zu charakterisieren, indem es dessen natürliche Schwingungsmoden, Dämpfungseigenschaften und Eigenfrequenzen bestimmt. Grundsätzlich existieren die zwei Hauptmethoden *theoretische* und *experimentelle Modalanalyse*. Beide verfolgen das Ziel, die modalen Parameter eines Systems zu bestimmen, unterscheiden sich jedoch in ihrer Vorgehensweise und Anwendung.[13] Die theoretische Modalanalyse basiert auf physikalisch-mathematischen Modellen, welche die physikalischen Größen Masse, Steifigkeit und Dämpfung berücksichtigen. Mithilfe numerischer Verfahren wie der Finite-Elemente-Methode (FEM) können komplexe Strukturen analysiert werden. [BIR13, S. 8–11] Die experimentelle Modalanalyse erfasst reale Schwingungsantworten durch Sensoren (bspw. mittels Beschleunigungsaufnehmer oder Scanning-Laser-Doppler-Vibrometer), die durch eine gezielte Anregung (bspw. durch Impulshammer oder Shaker) verursacht wurden [RIE24b, S. 64 f.]. Ihre Nützlichkeit zeigt sich in der Analyse realer Betriebsbedingungen.

[13] Relevante Formeln und Zusammenhänge der theoretischen Modalanalyse können in einschlägiger Fachliteratur [MÖS09; BRA11; MOD23] nachgelesen werden.

3 Analyse der Einsatzbedingungen von Kreissägeblättern

In diesem Kapitel wird der Einsatz von Kreissägeblättern in der Praxis beleuchtet. Hierzu wurden in einer im Jahr 2023 durchgeführten Marktstudie sowohl Hersteller als auch Anwender[14] von Kreissägeblättern in der Holzbearbeitung befragt. Zielsetzung dieser Marktstudie war die Erfassung des Status quo, um somit die in Abschnitt 1.1 beschriebenen Herausforderungen sowie die Ziele der vorliegenden Arbeit zu validieren. Als zusätzliches Ziel sollen aussagekräftige Erkenntnisse als Entscheidungshilfe für den weiteren Verlauf dieser Arbeit herausgearbeitet werden.

3.1 Methodische Vorgehensweise zur Durchführung der Marktstudie

Die methodische Suche nach neuen Erkenntnissen erfordert ein wissenschaftlich fundiertes Vorgehen und einen detailliert geplanten Untersuchungsablauf. Die Berücksichtigung dieser Aspekte kann durch die Ausrichtung an einem idealtypischen Marktforschungsprozess erfolgen. [HOM17, S. 252] In der Literatur finden sich, abhängig vom Detaillierungsrad und Umfang der Marktstudie, verschiedenstufige Prozessmodelle, welche im Wesentlichen einem ähnlichen Aufbau folgen. Je nachdem, wie viele Einzelschritte in einer Prozessphase zusammengefasst sind, gliedern sich diese nach MAGERHANS in fünf [MAG16, S. 47], nach KUSS in sieben [KUß18, S. 9] sowie nach HOMBURG in zehn Modellstufen [HOM17, S. 253]. Die Markstudie, auf die sich die vorliegende Arbeit bezieht, folgt dem Untersuchungsablauf des fünfstufigen Prozessmodells nach MAGERHANS, dargestellt in Abbildung 23.

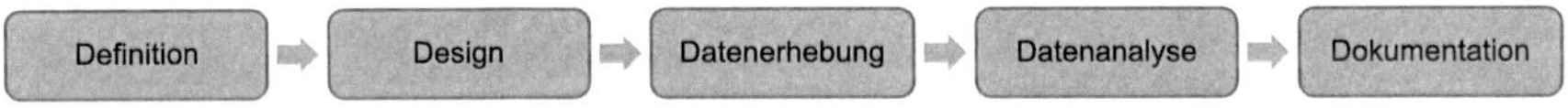

Abbildung 23: Fünfphasenmodell der Marktstudie, in Anlehnung an [MAG16, S. 47]

Die Definitionsphase dient der Festlegung der Untersuchungsziele. Hierfür ist es notwendig, den Gegenstand der Untersuchung möglichst präzise zu beschreiben. [MAG16, S. 47 f.]

In der Designphase wird das Untersuchungsdesign festgelegt. Im Gegensatz zu Längsschnittanalysen, die dynamische Entwicklungen betrachten, kann mittels einer Querschnittanalyse der Markt zu einem bestimmten Zeitpunkt untersucht werden. [KUß18, S. 12] Die Zielsetzung der Marktstudie hat zwei wesentliche Komponenten, die teilweise unterschiedliche Anforderungen an das Untersuchungsdesign aufweisen: die Analyse des Status quo und die Identifikation von Entwicklungspotenzialen. Die Erfassung des Status quo erlaubt eine präzise und vergleichbare Darstellung relevanter Aspekte, um repräsentative Schlüsse für die Grundgesamtheit zu ziehen. Diese Zielsetzung korreliert mit der einer deskriptiven Untersuchung, die das Ziel hat, einen Sachverhalt zu beschreiben. [KUß18, S. 35]

[14] In dieser Arbeit werden Sägewerke, die in der industriellen Holzbearbeitung tätig sind, als Anwender bezeichnet.

Die Identifikation von Entwicklungspotenzialen hingegen dient der Annäherung an ein Problem und der Entdeckung erster Zusammenhänge [MAG16, S. 48]. Die Datenerhebung kann mittels Primär- oder Sekundärforschung erfolgen. Primärforschung, auch *field research* genannt, erfordert direkten Kontakt nach außen, während Sekundärforschung (*desk research*) vorhandene Daten analysiert und ohne externe Interaktion durchgeführt wird [KUß18, S. 35]. Die Befragung ist eine zentrale Methode der Primärforschung [MAG16, S. 115; KUß18, S. 64]. Standardisierte Befragungen erhöhen die Vergleichbarkeit der Ergebnisse, wobei die Standardisierung sowohl Fragen als auch Antwortmöglichkeiten umfasst.

In der Datenerhebungsphase wird die Auswahl geeigneter Auskunftspersonen getroffen. Die Zielgruppe der Untersuchung wird als Grundgesamtheit bezeichnet und umfasst alle für die zu untersuchende Fragestellung relevanten Kandidaten. [HOM17, S. 253] Davon ausgehend können entweder alle Kandidaten der Grundgesamtheit (Vollerhebung) oder lediglich ein Teil der Grundgesamtheit (Stichprobe) einbezogen werden [MAG16, S. 73 f.]. Als standardisierte Befragungsmethoden steht die Befragung mit und ohne Interviewer zur Wahl. Persönliche und telefonische Befragungen erlauben die Klärung von Verständnisfragen, sind jedoch sehr zeitaufwändig. Befragungen ohne Interviewer können schriftlich oder online erfolgen, bspw. als E-Mail-Befragung über eine webbasierte Eingabemaske [HOM17, S. 126]. Die E-Mail-Befragung ist kostengünstig, da keine Druck- und Portokosten anfallen, und liefert direkt digitale Daten für eine schnelle Analyse [KUß18, S. 135].

Nach Abschluss der Datenerhebungsphase beginnt die Datenanalysephase mit der sogenannten Editierung. Dabei werden unzulässige oder fehlerhafte Antworten identifiziert und ggf. aus dem Datensatz entfernt, um Verzerrungen in den Ergebnissen zu vermeiden und eine valide Grundlage für die Analyse zu schaffen [HOM17, S. 254]. Die Auswertung der Daten kann sowohl deskriptiv als auch induktiv erfolgen. Die deskriptive Auswertung konzentriert sich dabei auf eine systematische Beschreibung und übersichtliche Darstellung der vorliegenden Daten. Im Gegensatz dazu können mittels induktiver Auswertung von der erhobenen Stichprobe Rückschlüsse auf die Grundgesamtheit der Daten gezogen werden [MAG16, S. 49]. Beide Ansätze ergänzen sich und tragen gemeinsam zu einer umfassenden Datenanalyse bei.

In der Dokumentationsphase erfolgt eine strukturierte und übersichtliche Aufbereitung der Ergebnisse der Marktstudie [MAG16, S. 49 f.]. Dabei werden die in der Definitionsphase formulierten Untersuchungsziele aufgegriffen und mit den erzielten Ergebnissen verknüpft [HOM17, S. 254]. Darüber hinaus werden aus den Ergebnissen Empfehlungen für weitere Marktforschungsaktivitäten abgeleitet, die zur Vertiefung und Ergänzung der durchgeführten Marktstudie beitragen, sowie Vorschläge für zukünftige Forschungs- und Entwicklungsthemen formuliert.

3.2 Studiendesign und Umsetzung

Die für die Definitionsphase notwendige Beschreibung des Untersuchungsgegenstandes wurde bereits detailliert in Abschnitt 1.2 vorgenommen. Die Analyse des Status quo und die Identifikation von Entwicklungspotenzialen erfolgte mittels Querschnittanalyse in der Designphase.

Die Datenerhebung wurde mittels Primärforschung realisiert, da zu den relevanten Fragestellungen keine Daten vorlagen. Der Primärforschungsansatz wird dabei durch eine webbasierte Eingabemaske umgesetzt. [KUß18, S. 135] Die Erarbeitung der Fragestellungen für den Primärforschungsansatz wurden wiederum durch eine umfassende Sekundärforschung vorbereitet. Ziel der Sekundärforschung war es, einen fundierten Überblick über die Marktsituation sowie über Hersteller und Anwender von Kreissägeblättern in der Holzbearbeitung zu erhalten.

Die beiden genannten Abfrageziele erfordern unterschiedliche Frageformate, da sie auf verschieden Ansätzen basieren. Die Abfrage des Status quo hat einen deskriptiven Charakter und nutzt vorwiegend quantitative Methoden, mit denen numerisch messbare und vergleichbare Ergebnisse erzielt werden. Im Gegensatz dazu erfolgt die Ermittlung des Entwicklungspotenzials mittels explorativem Ansatz, der qualitative Methoden einsetzt, um tiefere Einblicke in mögliche zukünftige Entwicklungen zu gewinnen. In der vorliegenden Marktstudie werden vollständig standardisierte Fragen verwendet, ergänzt durch unterschiedlich stark standardisierte Antwortmöglichkeiten. Diese Kombination ermöglicht eine Balance zwischen quantifizierbaren Ergebnissen und explorativen Erkenntnissen, abgestimmt auf den deskriptiven oder explorativen Charakter der jeweiligen Frage. Prinzipiell wird zwischen geschlossenen und offenen Befragungen unterschieden. Geschlossene Fragen werden zur Gewinnung quantitativer Daten eingesetzt, indem eine begrenzte Anzahl an Antwortmöglichkeiten vorgegeben wird. [HOL16, S. 13] Dagegen sind offene Fragen geeignet, um im Rahmen der qualitativen Forschung neue Erkenntnisse zu gewinnen. Es werden keine Antwortmöglichkeiten vorgegeben und somit wird die Verbalisierung der Antwort der befragten Auskunftspersonen überlassen. Zudem werden auch Mischformen dieser beiden Fragetypen eingesetzt. Im Rahmen der vorliegenden Arbeit wurde die Marktstudie per E-Mail an die teilnehmenden Unternehmen versandt. In Anbetracht der effizienten und unkomplizierten Umsetzung wird diese Methode priorisiert und mit telefonischen Befragungen ergänzt. Letztere werden über eine identische Online-Eingabemaske vom Interviewer eingegeben. Die für die vorliegende Arbeit durchgeführte Datenerhebung gliedert sich insgesamt in fünf Themenblöcke, die von allgemeinen zu spezifischen Fragen geordnet sind.

Die Datenerhebung unterscheidet Hersteller und Anwender von Kreissägeblättern für die Holzbearbeitung. Um die für sie relevanten Fragen anzuzeigen, geben die Befragten per Filterfrage an, welcher der beiden Gruppen sie angehören. [KLÖ14, S. 679]. Aus der Gruppenzuordnung ergeben sich drei Arten von Fragen: Erstens unspezifische Fragen, die für alle befragten Personen relevant sind, zweitens herstellerspezifische Fragen, die nur Hersteller betreffen, und drittens anwenderspezifische Fragen, die nur Anwender gestellt bekommen. Insgesamt umfasst die Datenerhebung 16 unspezifische, fünf herstellerspezifische und 14 anwenderspezifische Fragen. Abbildung 24 zeigt die Verteilung der drei Fragetypen auf die fünf Themenblöcke der Marktstudie.

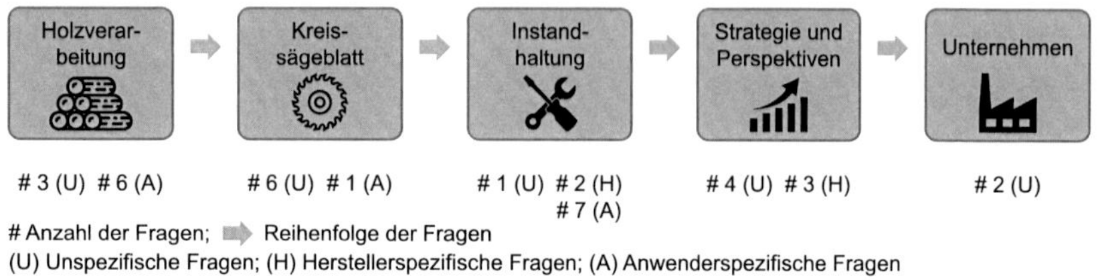

Abbildung 24: Aufbau der Datenerhebung

Im Rahmen der vorliegenden Arbeit wurden Unternehmen in Deutschland kontaktiert, die über Verbände wie dem Verband Deutscher Maschinen und Anlagenbau e.V. (VDMA) oder dem Fachverband der Präzisionswerkzeugmechaniker e.V. (FDPW), Branchenverzeichnisse wie „wer liefert was" (wlw) und Handelskammern ermittelt wurden. Es wurden 69 Unternehmen als Hersteller von Sägeblättern identifiziert. Aufgrund der limitierten Anzahl potenziell relevanter Unternehmen wurden diese sowohl mittels E-Mail als auch telefonisch kontaktiert. Von den kontaktierten Herstellern haben 38 die Umfrage vollständig ausgefüllt, was einer Rücklaufquote von 55 % entspricht. Zudem wurden insgesamt 195 Sägewerke kontaktiert, von denen 52 die Umfrage vollständig ausfüllten, was einer Rücklaufquote von 27 % entspricht. Online-Umfragen weisen in der Regel niedrigere Rücklaufquoten auf als traditionelle Formen der Datenerhebung wie bspw. telefonische Umfragen[15] [DAI20, S. 522]. Die Rücklaufquoten sind auf konsequente Nachverfolgung und wiederholte Erinnerungen zurückzuführen. Hersteller haben ein größeres Interesse an Markttrends und Anwenderbedürfnissen, was die höhere Rücklaufquote im Vergleich zu den Anwendern erklärt.

3.3 Ergebnisse und daraus abgeleitete Erkenntnisse der Datenerhebung

Die folgenden drei Unterabschnitte stellen die Ergebnisse der Marktstudie vor. Nach jedem Unterabschnitt werden die für den weiteren Verlauf der Arbeit wichtigen Erkenntnisse übersichtlich zusammengefasst.

3.3.1 Befragte Unternehmen

Einen Einblick in die Organisationsstruktur der befragten Unternehmen kann durch die Abfrage soziodemografischer Merkmale gewonnen werden. Die Befragung umfasste hierfür Angaben

[15] Üblicherweise liegen die Rücklaufquoten bei schriftlichen Befragungen, zu denen auch die webbasierte Befragung zählt, zwischen 10 % und 30 %, können aber bei als weniger interessant empfundenen Themen auch bei lediglich 1 % liegen [KUß18, S. 130].

zur Anzahl der Beschäftigten und zum jährlichen Umsatz der Unternehmen. Abbildung 25 zeigt die Größenstruktur der Unternehmen gemäß der Kommissionsrichtlinie 2003/361/EG[16]. Demnach sind 71 % der Hersteller kleine und mittelständische Unternehmen (KMU), 16 % Großunternehmen und 13 % mangels Angaben hinsichtlich ihrer Größe nicht bewertbar. 67 % der Anwender sind Kleinst- und kleine Unternehmen, insgesamt 84 % KMU. 10 % der Anwender sind Großunternehmen und 6 % mangels Daten nicht bewertbar.

Abbildung 25: Größenstruktur der befragten Unternehmen – Hersteller und Anwender

Die Frage nach den genutzten Sägearten ergibt, dass Kreissägen mit einer Zustimmung von 90 % am häufigsten genutzt werden, vgl. Abbildung 26 (links). Gattersägen werden mit einem Anteil von 50 % häufiger als Bandsägen genutzt, deren Nutzungsanteil bei lediglich 35 % liegt.

Abbildung 26 (mittig) zeigt die von den Anwendern hauptsächlich bearbeiteten Holzsorten. In Deutschland entfällt mit 78 % der größte Anteil auf Fichtenholz. Dieses Ergebnis steht im Einklang damit, dass die Fichte eine dominierende Baumart in deutschen Wäldern darstellt und das am häufigsten bearbeitete Holz in Sägewerken ist [STA23; RIE24a, S. 17]. Auch forstwirtschaftlich hat die Fichte als wichtigste Baumart Mitteleuropas eine herausragende Bedeutung[17] [AAS17, S. 13]. Zudem weist die Marktstudie aus, dass Weichhölzer mit einem Anteil von 94 % deutlich häufiger als Harthölzer, mit einem Anteil von lediglich 6 %, bearbeitet werden.

Abbildung 26 (rechts) zeigt die Auswertung der Markstudie hinsichtlich der Feuchtegehalte bearbeiteter Hölzer. 79 % der befragten Anwender geben an waldfrisches[18] Holz zu bearbeiten. 60 % der Anwender bearbeiten außengelagertes[19] Holz, während 46 % angeben, auch fällfrisches[20] Holz zu bearbeiten. Da Holz zum einen während der Lagerung an Feuchtigkeit verliert und zum anderen für die Lagerung sowohl Zeit als auch Lagerkapazität erforderlich sind, wird

[16] Empfehlung der Kommission vom 6. Mai 2003 betreffen die Definition der Kleinstunternehmen sowie der kleinen und mittleren Unternehmen (2003/361/EG).

[17] Die Verwendung von Fichtenholz erfreut sich aufgrund seiner Verfügbarkeit, Wirtschaftlichkeit und vorteilhaften Eigenschaften wie der leichten Bearbeitbarkeit, dem günstigen Gewicht-Stärke-Verhältnis sowie der vielfältigen Einsatzmöglichkeiten in zahlreichen Bereichen großer Beliebtheit [RIC17, S. 121–124].

[18] Als waldfrisch wird Rundholz bezeichnet, das nach einer forstlichen Zwischenlagerung direkt dem Bearbeitungsprozess zugeführt wird [NIE17, S. 345]. Waldfrisches Holz weist dabei einen Feuchtgehalt oberhalb des Fasersättigungsbereichs auf (≥ 34 % bei Fichtenholz) [TRE55a, S. 260].

[19] Außengelagertes Rundholz weist den geringsten Feuchtegehalt auf. Es können Feuchtegehälter von 15 % bis 18 % (lufttrocken) erreicht werden [NIE17, S. 114; HAR22, S. 14 f.].

[20] Fällfrisch oder saftfrisch ist Rundholz unmittelbar nach dem Einschlag. Der Feuchtegehalt von saftfrischem Holz ist etwa so groß wie der im lebenden Baum (bis zu 150 %) [TRÜ09, S. 30].

waldfrisches Holz für die Bearbeitung bevorzugt. Zudem äußern sich 14 Anwender mit direkten Angaben (in Prozentpunkten) zum Feuchtegehalt der bearbeiteten Hölzer. Zehn Teilnehmer geben hierbei einen Feuchtegehalt zwischen 28 % und 31 % an. Die verbleibenden vier Teilnehmer liegen mit Angaben von bis zu 80 % deutlich über diesen Werten. Diese bislang eingeschränkte Nutzung präziser Feuchtemessungen weist auf Verbesserungspotenziale für Anwender hin. Eine systematische und optimierte Kontrolle des Feuchtegehalts kann die Leistungsfähigkeit und Standzeit von Werkzeugen erhöhen und die Qualität des produzierten Schnittholzes verbessern, siehe Kapitel 4. Letztlich wirkt sich dies positiv auf die Gesamtwirtschaftlichkeit der Anwender aus, indem Produktionskosten gesenkt und die Wettbewerbsfähigkeit gesteigert werden.

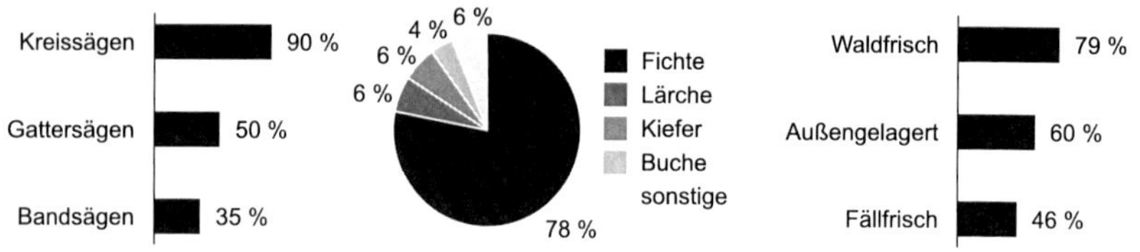

Abbildung 26: In Sägewerken verwendete Sägearten (links), hauptsächlich bearbeitetes Holz (mittig), Feuchtigkeitsgehalt des bearbeiteten Holzes (rechts)

Aufgrund der in diesem Unterabschnitt vorgestellten Ergebnisse wird für die vorliegende Arbeit das Verfahren Kreissägen gewählt. Als Werkstoff wird Fichtenholz gewählt, da dieses als am häufigsten bearbeitetes Holz in Sägewerken für Schnittuntersuchungen präferabel ist. Dieses soll für die folgenden Untersuchungen einen Feuchtegehalt oberhalb des Fasersättigungsbereichs aufweisen und muss entsprechend gelagert bzw. konserviert werden.

3.3.2 Holzbearbeitung und Kreissägeblätter

In der Marktstudie konnten Informationen zu verwendeten Schneidstoffen, Zahngeometrien und Designmerkmalen von Kreissägeblättern für die Holzbearbeitung gesammelt werden. Diese Ergebnisse sind in Abbildung 27 dargestellt. Weitere Fragen betrafen Prozessparameter wie Drehzahl und Vorschubgeschwindigkeit.

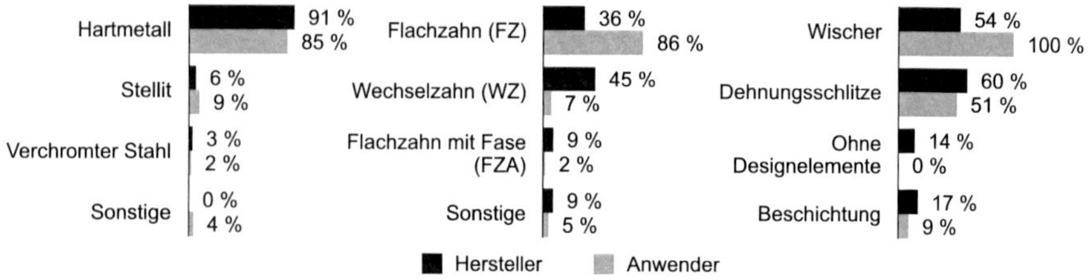

Abbildung 27: Verwendung von verschiedenen Schneidstoffen (links), verschiedenen Zahngeometrien (mittig) und verschiedenen Gestaltungselementen (rechts)

Deutlich erkennbar ist anhand Abbildung 27 (links), dass sowohl bei Anwendern als auch bei Herstellern Hartmetall mit großem Abstand den wichtigsten Schneidstoff darstellt: 85 % der Anwender und sogar 91 % der Hersteller setzen auf diesen Schneidstoff. An zweiter Stelle folgt mit lediglich 9 % bei den Anwendern und 6 % bei den Herstellern Stellit. Andere Schneidstoffe wie verchromter Stahl Werkzeug- oder Schnellarbeitsstahl finden in Sägewerken nur selten Verwendung. Diese Verteilung verdeutlicht, dass der Markt klar von Kreissägen mit Sägezähnen aus Hartmetall dominiert wird, was auf die hohe Verschleißfestigkeit und lange Standzeit dieses Schneidstoffes zurückzuführen ist [GOT14, S. 24].

In Abbildung 27 (mittig) ist die Verbreitung unterschiedlicher Zahngeometrien bei Anwendern und Herstellern dargestellt. Flachzähne werden mit einer Nutzungsrate von 86 % von den Anwendern am häufigsten eingesetzt. Die ermittelten Werte für den Rückenfreiwinkel umfassen einen Bereich von 5° bis 20° (Modalwert 12°), für den Keilwinkel einen Bereich von 20° bis 65° (Modalwerte 50°, 58°, 60°) und für den Spanwinkel einen Bereich von 6° bis 25° (Modalwert 20°). Die zweithäufigste Zahngeometrie ist der Wechselzahn, welcher lediglich von 7 % der Anwender verwendet wird. Demgegenüber ist für Hersteller der Wechselzahn mit 45 % die bedeutendste Zahnform, gefolgt vom Flachzahn mit 36 %. Andere Zahnformen wie bspw. Flachzahn mit Fase, Flachzahn mit Spanleitstufe oder Flachzahn mit Spanteilerrille werden in der Praxis nur selten verwendet. Diese Verteilung zeigt eine Diskrepanz zwischen dem am Markt verfügbaren Angebot und den Einsatzbereichen der Anwender auf. Flachzähne sind in der Anwendung besonders beliebt – Grund hierfür kann eine einfache Nachschleifmöglichkeit oder ein robustes Schneidverhalten sein. Hersteller hingegen setzen verstärkt auf andere Zahnformen (Wechselzahn, Flachzahn mit Fase), um ein breiteres Spektrum an Anwendungen und Qualitätsanforderungen abzudecken, bspw. für präzise Schnitte beim Einsatz in Formatkreissägen.

Die Mehrheit der Anwender (52 %) setzen Kreissägeblätter mit einem Durchmesser von 500 mm bis 550 mm (Modalwert 500 mm) ein. Die Anzahl der Sägezähne variiert dabei deutlich und reicht von zwölf bis 50 Stück. Unter den Anwendern geben 27 % an Kreissägeblätter mit 18 Sägezähnen (Modalwert) zu verwenden. Diese niedrige Sägezahnanzahl lässt sich auf die in der Umfrage mehrheitlich genannte Bearbeitung von Fichtenholz zurückführen, bei der große Mengen an Holzspänen anfallen. Aus diesem Grund ist eine hinreichende Abfuhr der Späne aus der Schnittfuge erforderlich, die durch ausreichend große Zahnabstände sichergestellt werden kann [KAL12, S. 488].

Aus Abbildung 27 (rechts) wird ersichtlich, dass in Bezug auf potenzielle Gestaltungselemente am Kreissägeblatt 54 % der Hersteller und alle befragten Anwender angaben Wischer zu nutzen. Die Angabe der Anwender ist auf die große Menge an Holzspänen zurückführen, die bei der Bearbeitung anfallen. Um ein Blockieren und folglich ein Überhitzen des Kreissägeblattes zu verhindern, ist eine optimale Abfuhr der Späne aus der Schnittfuge unerlässlich. Durch den Einsatz von Wischern kann dies sichergestellt werden. [ETT04, S. 162 f.] Als zentrales

Gestaltungselement werden durch 60 % der Hersteller Kreissägeblätter mit Dehnungsschlitzen ausgestattet. Bei 51 % der Anwender kommen diese auch zum Einsatz, wodurch ein Betrieb auch bei erhöhten Temperaturen möglich ist. 17 % der Hersteller bieten eine Beschichtung an, während lediglich 9 % der Anwender angaben, Kreissägeblätter mit Beschichtung zu nutzen, um die Verschleißfestigkeit zu erhöhen. Bei großformatigen Kreissägeblättern (ab 350 mm Durchmesser) ist eine Beschichtung jedoch aufgrund stark steigender Kosten unwirtschaftlich.

Die Drehzahl der Kreissägeblätter variiert bei den Anwendern zwischen 1.500 min^{-1} und 6.000 min^{-1} während die Vorschubgeschwindigkeit in einem Bereich zwischen 8 m/min und 180 m/min liegt. Der Modalwert beträgt 3.000 min^{-1}, während der Modalwert der Vorschubgeschwindigkeit bei 40 m/min liegt. Die Mehrheit der Anwender (78 %) geben an, dass die Vorschubgeschwindigkeit zwischen 20 m/min und 60 m/min liegt, während die verbleibenden 22 % teilweise deutlich höhere Vorschubgeschwindigkeiten nutzen. Prozessparameter werden in der Praxis häufig anhand von Erfahrungswerten angepasst. Ein überwiegender Anteil der Anwender (57 %) sowie Hersteller (52 %) berücksichtigt die Auswirkungen niedriger Temperaturen auf den Sägebetrieb, womit die Bedeutung anpassungsfähiger Bearbeitungsstrategien unterstrichen wird.

Zur weiteren Identifikation des Nutzungsverhaltens wurden Anwender und Hersteller nach ihren Austauschkriterien für Kreissägeblätter befragt. Zudem erhielten Anwender Fragen zu den verschiedenen Optionen zum Nachschleifen der Sägezähne. Wie in Abbildung 28 (links) dargestellt, kann anhand einer Vielzahl von Kriterien ein etwaiger Austausch von Kreissägeblättern angezeigt sein. Beide Gruppen bewerten eine reduzierte Schnittqualität als wichtigsten Indikator (Anwender 68 %, Hersteller 96 %). Während Anwender auch häufig auf eine erhöhte Leistungsaufnahme (62 %) sowie Erfahrungswerte (60 %) zurückgreifen, empfehlen lediglich 23 % der Hersteller aufgrund einer erhöhten Energieaufnahme und nur 9 % aufgrund von Erfahrungswerten einen Austausch. Anwender greifen für die Beurteilung zu 32 % auf eine Sichtprüfung zurück. Zusammen mit dem Austausch nach einem festen Zeitintervall (34 %) zählt dies zu den wenig genutzten Kriterien. Auffällig ist, dass im Gegensatz dazu mit 69 % ein großer Anteil der Hersteller die Sichtprüfung als wichtiges Kriterium für den Austausch ansieht. Anwender wechseln Kreissägeblätter nach vier bis 60 Betriebsstunden (Modalwert: 8 h), wobei 74 % den Bereich auf 4 bis 16 Stunden eingrenzen. Pro Kreissägeblatt sind durchschnittlich 2 bis 8 Nachschliffe möglich (Modalwert: 3).

Abbildung 28 (rechts) zeigt die Verteilung der Nachschleifpraxis für Kreissägeblätter. 53 % der Anwender vergeben das Nachschleifen ihrer Kreissägeblätter an externe Stellen („Fremdvergebenes Nachschleifen"), während 45 % den Nachschliff inhouse durchführen („Unternehmensinternes Nachschleifen"). Lediglich 2 % geben an, überhaupt kein Nachschleifen vorzunehmen. Von den extern vergebenen Nachschleifaufträgen werden zwei Drittel der Kreissägeblätter durch einen Schleifdienst und ein Drittel durch den Hersteller selbst nachgeschliffen. Diese

Verteilung zeigt eine Tendenz hin zu einer Auslagerung der Nachschleifprozesse. Der Einsatz spezialisierter Schleifdienste oder Werkzeughersteller kann zu einer höheren Prozesssicherheit und Qualitätskonstanz führen, da diese Unternehmen über entsprechende Expertise und spezialisierte Maschinen verfügen. 45 % greifen zudem auf interne Lösungen zurück. Gründe hierfür können Kostenersparnisse, vorhandene Kapazitäten oder betriebsspezifisches Know-how sein.

Das Nachschleifen durch Fremdvergabe verursacht einen Zeitaufwand von durchschnittlich 17 min (Modalwert 30 min), welcher auf das Verpacken und Versenden der Kreissägeblätter zurückzuführen ist. Werden die Kreissägeblätter unternehmensintern nachgeschliffen, fällt für diesen Prozess ein durchschnittlicher Zeitaufwand von 18 min (Modalwert 30 min) an.

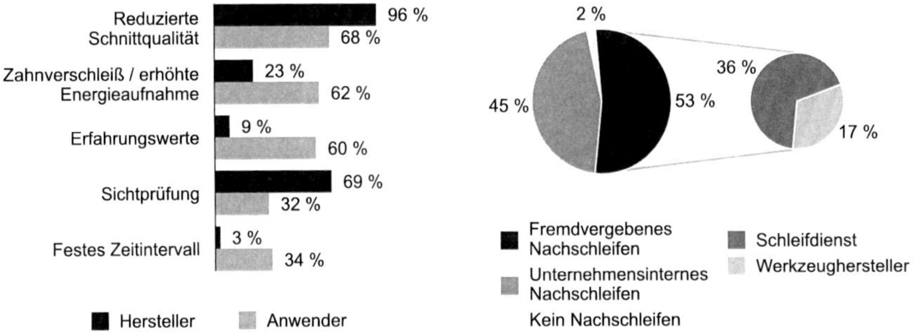

Abbildung 28: Kriterien für den Austausch von Kreissägeblättern (links) und Optionen zum Nachschleifen der Sägezähne des Kreissägeblattes (rechts)

Auf Grundlage der in diesem Unterabschnitt gewonnenen Erkenntnisse wird Hartmetall als Schneidstoff der Sägezähne für die weiteren Untersuchungen ausgewählt. Der zu untersuchende Kreissägeblattdurchmesser wird auf einen Bereich zwischen 500 mm und 550 mm festgelegt, mit einer Zahnteilung von 18 Sägezähnen, da diese Teilung für die Bearbeitung von Fichtenholz bestens geeignet ist. Die Vergleichsdrehzahl wird auf 3000 min^{-1} und die Vergleichsvorschubgeschwindigkeit auf 40 m/min festgelegt. Kriterien für die Entwicklung und den Austausch der Kreissägeblätter sind Zahnverschleiß, elektrische Leistungsaufnahme und Schnittqualität. Die Einsatzdauer eines Kreissägeblattes umfasst 8 h und es kann bis zu drei Nachschliffe erhalten. Der Wechselprozess von Kreissägeblättern wird mit einer Dauer von 30 min festgesetzt.

3.3.3 Anforderungen und Verbesserungsbedarf

Um einen Überblick über zentrale Anforderungen bei der Optimierung von Kreissägeblättern zu erhalten, wurden die Hersteller gebeten, die Relevanz vordefinierter Zieldimensionen aus Sicht ihrer Kunden zu bewerten. Die Ergebnisse wurden mit den Einschätzungen der Anwender verglichen.

Die Ergebnisse sind in Abbildung 29 dargestellt und zeigen, dass die Verschleißfestigkeit von Kreissägeblättern sowohl für Anwender als auch für Hersteller das wichtigste Kriterium darstellt. 96 % der Hersteller und 91 % der Anwender stufen dieses Merkmal als „sehr hohes“ oder „hohes“ Bedürfnis ein. Es zeigt sich eine nahezu vollständige Übereinstimmung zwischen beiden Gruppen. Auch die Schnittkraft wird von beiden Gruppen als deutlich positiv bewertete Zieldimension eingestuft. Hinsichtlich der Schnittqualität bewerten 89 % der Hersteller diese Zieldimension als bedeutsam, jedoch nur 64 % der Anwender. Eine deutliche Diskrepanz zeigt sich zudem bei der Zieldimension Schallemission, die 58 % der Hersteller aber nur 29 % der Anwender als Zieldimension mit „sehr hohem“ oder „hohem“ Bedürfnis einstufen.

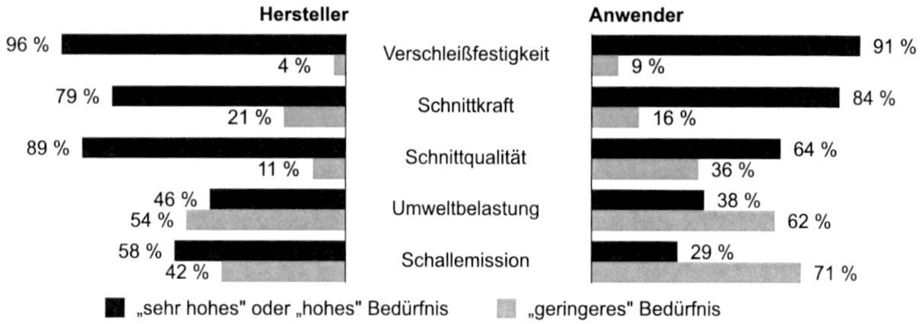

Abbildung 29: Zieldimensionen bei der Optimierung von Kreissägeblättern

Die Unterschiede in der Bewertung von Schnittqualität und Schallemission sind durch die unterschiedlichen Perspektiven der beiden Gruppen erklärbar. Hersteller streben an, Produkte zu entwickeln, die sich im Allgemeinen durch eine hohe Qualität in den Zieldimensionen auszeichnet, um sich bei der Vielzahl an den am Markt angebotenen Produkten behaupten zu können. Dabei wird außer Acht gelassen, dass für Anwender unter anderem eine sehr hohe Schnittqualität weniger entscheidend ist, da das Schnittholz in der Regel in nachgelagerten Hobel- oder Schleifprozessen weiterbearbeitet wird. Hierbei genügt den Anwendern eine durchschnittliche Schnittqualität, sofern diese nicht dazu führt, dass die nachgelagerten Prozessschritte umfassender durchgeführt werden müssen. Auch die verursachten Schallemissionen spielen für die Anwender eine untergeordnete Rolle, da sich während des Betriebs aus Sicherheitsgründen keine Personen in der Nähe der Kreissägemaschinen aufhalten dürfen.

Eine detailliertere Fragestellung nach der Bewertung des Verbesserungsbedarfs von Kreissägeblättern ergab größere Unterschiede zwischen den befragten Herstellern und Anwendern. Das Vorgehen erfolgte dabei analog zu den allgemeinen Zieldimensionen. Abbildung 30 zeigt die Unterschiede zwischen Herstellern und Anwendern auf. Während Anwender einen Fokus auf praktische Aspekte legen, die den täglichen Betrieb betreffen wie bspw. Sägezahnbreite (42 %) und Wartungsfreundlichkeit (43 %) neigen Hersteller zu technischen Verbesserungen hinsichtlich der Sägezahngeometrie (44 %) und Beschichtungen (39 %). Eine enge Zusammenarbeit zwischen Herstellern und Anwendern ist somit für die Entwicklung von Kreissägeblättern von essenzieller Bedeutung, um ein Produkt zu entwickeln, das sowohl technologisch fortschrittlich als auch praxisorientiert und wartungsfreundlich ausgestaltet ist.

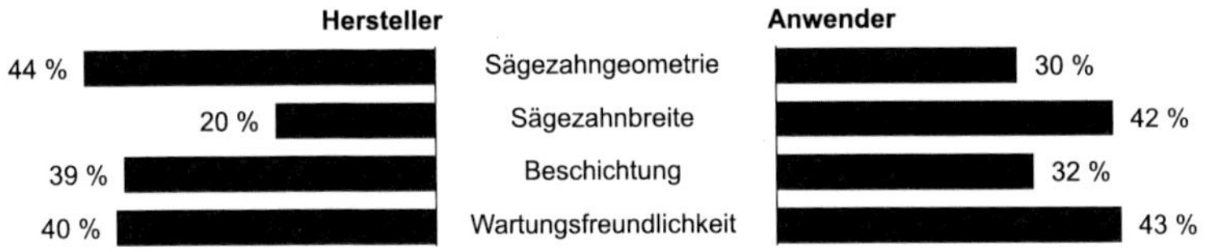

Abbildung 30: Verbesserungsbedarf von Kreissägeblättern

Aufgrund der in diesem Unterabschnitt vorgestellten Ergebnisse lassen sich weitere Erkenntnisse ableiten. Demnach sind die Zieldimensionen Verschleißfestigkeit, Schnittkraft und Schnittqualität sowohl aus Hersteller- als auch aus Anwendersicht am höchsten bewertet. Daraus können die Steigerung der Verschleißfestigkeit, die Verringerung der Schnittkraft sowie die Verbesserung der Oberflächenqualität des Schnittholzes als Hauptziele für die vorliegende Arbeit definiert werden.

4 Analyse werkstückseitiger Einflussgrößen von Holz auf den Sägeprozess

Das Sägen von Holz ist ein komplexer Prozess, der von zahlreichen Einflussgrößen bestimmt wird. Diese wirken sich auf die Zielgrößen Werkzeugverschleiß, Schnittkraft und Oberflächenqualität des Schnittholzes aus. Es gibt dabei drei Kategorien von Einflussgrößen, die unterschieden werden können: das Werkstück aus Holz mit seiner anisotropen und inhomogenen Materialstruktur, der Prozess mit seinen Betriebsparametern und das Werkzeug mit seiner geometrischen Konfiguration [SIN09, S. 197]. In Tabelle 2 sind für jede Kategorie die entsprechenden Einflussgrößen aufgeführt.[21]

Tabelle 2: Einflussgrößen auf Werkzeugverschleiß, Schnittkraft und Oberflächenqualität des Schnittholzes [SIN09, S. 197; THI16, S. 175; NAS18, S. 1–8; GOT23, S. 155]

Werkstück	Prozess	Werkzeug
Feuchtigkeitsgehalt des Holzes	Vorschubgeschwindigkeit	Winkel am Schneidkeil
Holztemperatur	Drehzahl	Schneidstoff und Beschichtung
Schnittrichtung des Holzes	Schnittgeschwindigkeit	Werkzeugdurchmesser
Baumstammposition	Laufrichtung	Schnittweg und Standzeit
Anatomie und Struktur des Holzes (Holzart)	Schnittführung (Überstand, Eingriffswinkel, Spanungsdicke)	Geometrische Elemente (bspw. Flankenführungsfase)

In diesem Kapitel werden die Einflussgrößen des Werkstücks näher untersucht. In Kapitel 5 und Kapitel 6 werden die Einflussgrößen des Schneidwerkzeugs umfassend untersucht. In Abschnitt 5.2 werden zudem die Einflussgrößen des Bearbeitungsprozesses näher betrachtet.

4.1 Versuchsaufbau zur Untersuchung werkstückseitiger Einflussgrößen

Zur Untersuchung der werkstückseitigen Einflussgrößen von Holz auf den Kreissägeprozess wurde ein Versuchsaufbau entwickelt. Im Folgenden werden zunächst die verwendete Werkzeugmaschine, die eingesetzten Werkzeuge sowie die bearbeiteten Holzproben vorgestellt. Anschließend werden die Mess- und Analysemethoden detailliert beschrieben.

4.1.1 Werkzeugmaschine, Zweizahn-Sägeblatt und Holzproben

Werkzeugmaschine

Als Werkzeugmaschine dient das 5-Achs-CNC-Bearbeitungszentrum DMU 50 eVolution des Herstellers Deckel Maho Gildemeister (DMG), welches mit einer Sinumerik 840D-Steuerung ausgestattet ist und über eine Werkzeugaufnahme in der Ausführung Hohlschaftkegel 63 (HSK 63) verfügt. Dank der verbauten Linearantriebe ermöglicht das 5-Achs-CNC-Bearbeitungs-

[21] Für eine detaillierte Darstellung der Auswirkungen der einzelnen Einflussgrößen wird auf die Übersichtsarbeiten von Sinn et al., Thibaut et al. und Nasir et al. verwiesen [SIN09; THI16; NAS18].

zentrum hohe Verfahr- und Positioniergenauigkeiten, während der frequenzgesteuerte Servospindelantrieb das Einstellen konstanter Drehzahlen erlaubt. Somit werden auch bei Schwankungen der Schnittkräfte die definierten Prozessparameter am Spanwerkzeug eingehalten. Die nachfolgende Abbildung 31 zeigt das für die Laboruntersuchung eingesetzte 5-Achs-CNC-Bearbeitungszentrum inklusive dessen relevanter Maschinenmerkmale und Ausprägungen.[22]

5-Achs-CNC-Bearbeitungszentrum

Maschinenmerkmal	Ausprägung
Steuerung	Sinumerik 840 D
Werkzeugaufnahme	HSK 63
Verfahrwege (X/Y/Z) / mm	500/420/380
Vorschubgeschwindigkeit / mm/min	1–50.000
Spindeldrehzahl / min^{-1}	20–18.000
Spindeldrehmoment bei 40 %/100 % Antriebsleistung / Nm	130/87
Leistungsaufnahme der Hauptspindel bei 40 %/100 % Antriebsleistung / kW	25/35
Masse / kg	ca. 6.500

Abbildung 31: Spezifikation und Ansicht des eingesetzten 5-Achs-CNC-Bearbeitungszentrums

Zweizahn-Sägeblatt mit Sägezahnhalter

Die Laboruntersuchungen der werkstückseitigen Einflussgrößen erfolgten durch Einsatz eines Zweizahn-Sägeblattes als Laborwerkzeug. Dieses besteht aus einem Grundkörper und verfügt über zwei gegenüberliegende Steckverbindungen zur Aufnahme der Sägezahnhalter. Durch das Einsetzen und anschließende Verschrauben der Sägezahnhalter entsteht eine form- und kraftschlüssige Verbindung mit dem Grundkörper. Auf jedem Sägezahnhalter ist ein Sägezahnrohling aus Hartmetall aufgelötet. Die Sägezahnhalter können beim Werkzeughersteller in die in Unterabschnitt 5.4.1 genannten CNC-Schleifmaschinen eingespannt werden, um die Sägezahngeometrien auf die Sägezahnrohlinge zu schleifen. Der angeflanschte Werkzeugträger erhöht, genau wie die Verwendung eines abgesetzten Grundkörpers, die Steifigkeit des Zweizahn-Sägeblattes und stabilisiert dessen Laufeigenschaften [ETT04, S. 164 f.]. Der Grundkörper des Zweizahn-Sägeblattes ist mit einem Schaft verschraubt, der die kraftschlüssige Einspannung in einem Werkzeughalter ermöglicht. Zur Reduzierung von Rundlauffehlern ist das Zweizahn-Sägeblatt bei 1.200 min^{-1} mit einer Wuchtgüte von 0,2 g ausgewuchtet – diese Parameter werden ebenfalls für industrielle Kreissägeblätter gewählt. Die nachfolgende Abbildung 32 zeigt das

[22] Weitere technische Parameter können dem Datenblatt des Herstellers entnommen werden.

Zweizahn-Sägeblatt mit den genannten Einzelkomponenten in der Explosionsdarstellung. Die Konstruktion und Herstellung erfolgte durch den Werkzeughersteller.

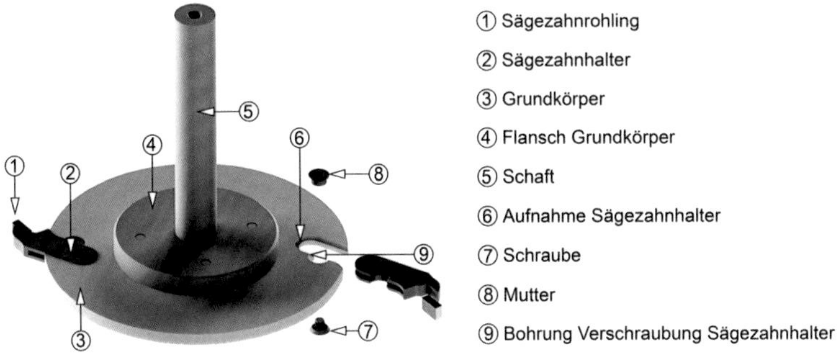

Abbildung 32: Zweizahn-Sägeblatt mit Einzelkomponenten in der Explosionszeichnung

Holzproben

Die Holzproben für die Untersuchungen bestanden aus waldfrischem Fichtenholz und wurden aus dem Baumstammbereich des Kernholzes gesägt, um die Spannweite der Festigkeitswerte über die Holzproben zu minimieren. Hierzu wurde aus dem Baumstamm zunächst ein Balken in Längsrichtung gesägt und daraus im nächsten Schritt kleinere Holzproben mit den Abmessungen 180 mm · 80 mm · 80 mm (Länge · Breite · Höhe) zugeschnitten.

4.1.2 Messtechnik

Prozesskraftmessung

Zur Messung der während des Prozesses auftretenden Kräfte und Momente kam in dieser Arbeit ein sensorischer Werkzeughalter des Typs SPIKE® des Herstellers pro-micron zum Einsatz. Die von dem sensorischen Werkzeughalter aufgenommenen Kräfte und Momente sind die Axialkraft in Richtung der Werkzeugachse, das Torsionsmoment und das Biegemoment in X- sowie in Y-Richtung [PRO15, S. 7]. Abbildung 33 zeigt den sensorischen Werkzeughalter mit Darstellung der Prozesskräfte und -momente sowie eine schematische Darstellung des verwendeten Messsystems.

Der sensorische Werkzeughalter ist mit einer Hochpräzisionsspannzange ausgestattet, sodass der beschriebene Schaft des Zweizahn-Sägeblattes eingespannt werden kann. Zudem verfügt das Messgerät über eine Werkzeugschnittstelle in der Ausführung HSK 63, sodass die Einspannung im 5-Achs-CNC-Bearbeitungszentrum ermöglicht wird.

Mittels der Software SPIKE® BTKaBlue können die Daten auf einer mit der Sende- und Empfangseinheit verbunden Recheneinheit echtzeitnah mitgeloggt werden. Die im Spanprozess direkt am Werkzeug auftretenden Zug- und Druckkräfte sowie das Biege- und Torsionsmoment werden visualisiert und als numerische Werte für eine spätere Auswertung gespeichert.

[PRO15, S. 7] Die Messfrequenz lag dabei bei den maximal verfügbaren 1.600 Hz. Die Mindestdrehzahl des sensorischen Werkzeughalters während eines Messvorgangs beträgt 300 min^{-1}.[23]

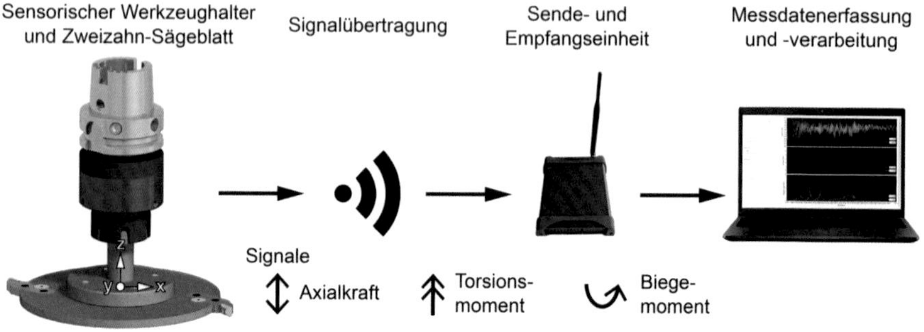

Abbildung 33: Darstellung des eingesetzten Messsystems zur Erfassung der Prozesskräfte und -momente

Mit der Software SPIKE® Tool-Analyser wird ein Datenvergleich und die statistische Analyse der Messdaten ermöglicht. Durch die Erfassung der auf das Werkzeug wirkenden Prozesskräfte, kann das Werkzeugverhalten über einen längeren Zeitraum fortlaufend erfasst und analysiert werden [MÜC22, S. 2].

Rauheitsmessung

Die Messung und Bestimmung der Oberflächenqualität von Holz ist aufgrund seiner komplexen inhärenten Eigenschaften wie Inhomogenität, Anisotropie und Porosität herausfordernd. Dadurch liegt zusätzlich zur Bearbeitungs- und kinematischen Rauheit eine natürliche Strukturrauheit vor, der bei der Messdurchführung Rechnung getragen werden muss. [SIN09, S. 198; GOL16, S. 867; GOT23, S. 106]

Die Rauheit von Werkstücken kann anhand einer Vielzahl von Oberflächenkennwerten quantifiziert werden, die in verschiedenen Normen beschrieben sind[24]. Den genannten Normen ist gemein, dass diese in erster Linie für homogene und isotrope Materialien ausgelegt sind und somit keinen ausreichenden Standard für die Beurteilung von Holzoberflächen bieten. Dies führte zum uneinheitlichen Einsatz einer Vielzahl von Messgeräten sowie Mess- und Bewertungsparametern. [GUR17, S. 119 f.] 2019 wurde mit der VDI-Richtlinie 3414 ein standardisiertes Vorgehen zur Beurteilung von Holzoberflächen geschaffen. Nach VDI 3414 Blatt 2 sind folgende zweidimensionale Oberflächenkennwerte empfohlen [VDI19b, S. 30 f.]: Kernrautiefe *Rk*, reduzierte Spitzenhöhe *Rpk* und reduzierte Riefentiefe *Rvk*, vgl. Abbildung 34.

---

[23] Weitere technische Parameter können dem Datenblatt des Herstellers entnommen werden.

[24] Vgl. DIN EN ISO 13565-1, DIN EN ISO 21920-2, DIN EN ISO 21920-2; DIN EN ISO 21920-3; DIN EN ISO 25178-2 [DIN98; DIN22a; DIN22b; DIN22c; DIN23].

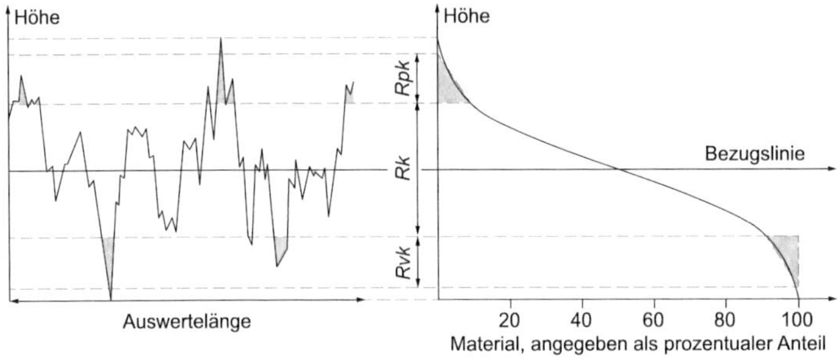

Abbildung 34: Darstellung der Kernrautiefe *Rk*, der reduzierten Spitzenhöhe *Rpk* und der reduzierten Riefentiefe *Rvk*, in Anlehnung an [DIN22a, S. 44]

Diese zweidimensionalen Oberflächenkennwerte quantifizieren komplexe, strukturierte Oberflächen nur unzureichend. Laut GOLI & SANDAK ist die 3D-Rauheitsmessung eine geeignete Methode zur Bewertung der Qualität von Holzoberflächen anhand ihrer Höhenprofile. Dreidimensionale Oberflächenkennwerte ermöglichen es, die gesamte Struktur von Holzoberflächen zu erfassen und somit eine realitätsnahe Charakterisierung mit hoher Genauigkeit zu ermöglichen. Sie bieten eine höhere Messgenauigkeit und verbessern die Reproduzierbarkeit der Messung. [GOL16, S. 867; EIF19, S. 90] Die dreidimensionalen Entsprechungen der oben genannten zweidimensionalen Oberflächenkennwerte sind die Kernhöhe *Sk*, die reduzierte Spitzenhöhe *Spk* und die reduzierte Riefentiefe *Svk* [SEE03, S. 40]. In Anlehnung an DIN EN ISO 25178-2 sind die Oberflächenkennwerte wie folgt definiert [DIN23, S. 31 f.]:

- *Sk*: Abstand zwischen der höchsten und der niedrigsten Ebene der Kernoberfläche
- *Spk*: Höhe der Spitzen, die nach dem Reduziervorgang über die Kernoberfläche ragen
- *Svk*: Tiefe der Täler, die nach dem Reduziervorgang unter die Kernoberfläche ragen

Der Oberflächenkennwert *Rk* bzw. *Sk* steht für die Bearbeitungsrauheit, der Oberflächenkennwert *Rpk* bzw. *Spk* für die überstehenden Fasern und der Oberflächenkennwert *Rvk* bzw. *Svk* für die Strukturrauheit und Porentiefe [DEK21, S. 13; GOT23, S. 113]. Je niedriger die gemessenen Oberflächenkennwerte ausfallen, desto besser ist die resultierende Oberflächenqualität der Holzoberfläche.

Zur Untersuchung der Oberflächenqualität der Holzproben eignet sich bspw. ein optisches Messgerät, das mithilfe von Streifenlichtprojektion und Triangulation die Oberflächen präzise erfasst. [SCH21b, S. 460–464] Dabei kommt die Phasenverschiebungstechnik zum Einsatz, bei der das Messobjekt aus einer Richtung mit einem periodischen Lichtmuster beleuchtet und aus einer anderen Perspektive beobachtet wird [KOC98, S. 23–25]. Die 3D-Koordinaten werden daraus mittels Triangulation berechnet [PFE10, S. 215]. Hierfür kam ein 3D-Profilometer VR-5200 des Herstellers Keyence zum Einsatz. Eine zentral angeordnete Kamera, ausgestattet mit CMOS-Sensorik, erfasst die Verformung des äquidistanten Streifenmusters, das die Objektgeometrie widerspiegelt. Um den Einfluss von Form und Ausrichtung des Objektes zu minimieren, wird das strukturierte Licht von zwei seitlich angeordneten Projektoreinheiten ausgestrahlt. [KEY18b, S. 1.2] In Abbildung 35 (links) ist das entsprechende Funktionsprinzip schematisch dargestellt. Die Messgenauigkeit beträgt ±2 µm für Breiten- und ±2,5 µm für Höhenmessungen, während die Wiederholgenauigkeit bei ±0,5 µm (Breite) und ±0,4 µm (Höhe) liegt. [KEY18a, S. 1 f.] Aufgrund dieser hohen Mess- und Wiederholgenauigkeit eignet sich dieses Messgerät für die durchzuführenden Rauheitsmessungen.[25] Abbildung 35 (rechts) zeigt den Messaufbau, bestehend aus dem 3D-Profilometer und einem Messrechner zur Analyse der Holzproben.

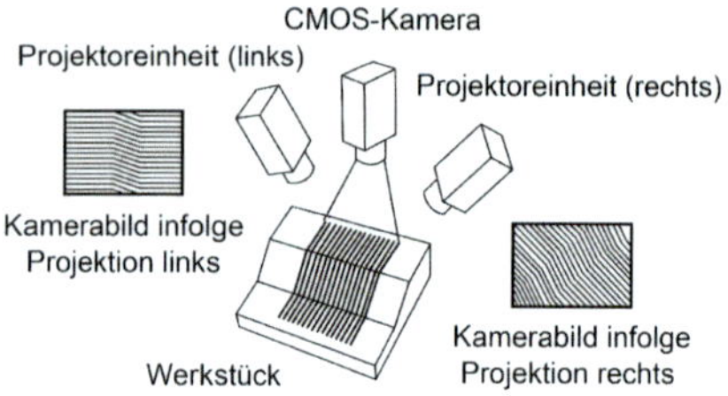

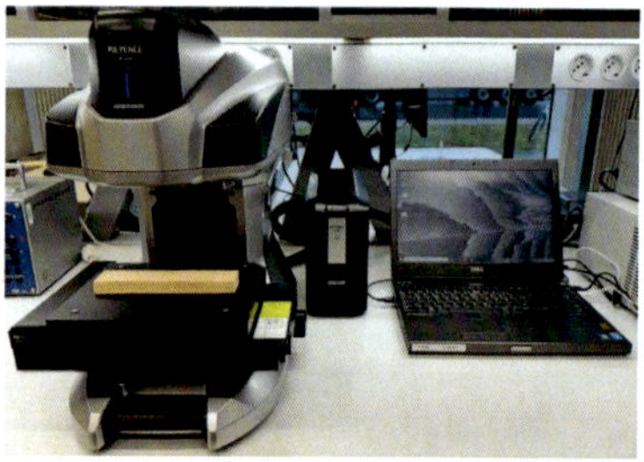

Abbildung 35: Schematisches Funktionsprinzip (links), in Anlehnung an [MAR21, S. 274] und eingesetztes 3D-Profilometer VR-5200 des Herstellers Keyence (rechts)

Nach Westkämper & Riegel ist neben der Wahl eines geeigneten Verfahrens die Datenaufbereitung bzw. Filterung und Kennwertedefinition eine integrale Komponente der Rauheitsmessung [WES92, S. 477]. Daher werden im Folgenden die Datenverarbeitung und -filterung beschrieben und alle relevanten Parameter angegeben, um die Vergleichbarkeit zu gewährleisten. In Anlehnung an DIN EN ISO 25178-3 wird ein quadratisches Messfeld sowie ein Gauß-Filter als Filtertyp gewählt, vgl. [DIN12b, S. 10]. Das Messfeld besitzt dabei die Dimension des Wertes der entsprechenden Grenzwellenlänge (hier 8 mm), die mindestens fünfmal so groß ist wie die größte interessierende Struktur (Werkzeugmarken). Die Parameter sind in Tabelle 3 aufgeführt.

Tabelle 3: Parametereinstellungen zur Durchführung von Rauheitsmessungen am Schnittholz

Parameter	Wert	Parameter	Wert
Vergrößerung	40-fach (Mikrokamera)	S-Filter (Tiefpassfilter)	Kein
Messfeld	8 mm · 8 mm	L-Filter (Hochpassfilter)	8 mm
Filtertyp	Gauß-Filter	F-Vorgang (Formkorrektur)	Sekundär gekrümmte Oberfläche
Endeffekt-Korrektur	Ein		

Die Messungen werden nach VDI 3414 Blatt 2 in Bereichen durchgeführt, in denen die höchsten Werte zu erwarten sind. Diese Bereiche werden visuell bestimmt. Dabei wird auch darauf

[25] Weitere technische Parameter können dem Datenblatt des Herstellers übernommen werden.

geachtet, dass in diesen Bereichen keine für die Oberfläche nicht repräsentativen Merkmale wie Äste, reflektierende Stellen oder Reaktionsholz auftreten. [VDI19b, S. 33]

4.2 Versuchsdurchführung

Die Holzproben wurden bei 13 verschiedenen Temperaturstufen jeweils trocken, feucht und nass in den drei Hauptschnittrichtungen A, B und C im Gleichlauf gesägt. Alle Holzproben wurden bei gleichen Bearbeitungsparametern gesägt.

Die Aufspannung der Holzproben erfolgte mithilfe von Spannelementen direkt auf dem Maschinentisch. In der HSK 63 Werkzeugaufnahme kam der sensorischer Werkzeughalter zum Einsatz, in den der Schaft des Zweizahn-Sägeblattes mit einer Ausspannlänge von 72,5 mm und einem Anzugsmoment von 135 Nm eingespannt wurde, vgl. Abbildung 36.

Abbildung 36: Darstellung des Versuchsaufbaus für die empirischen Laboruntersuchungen

Die Prozessparameter wurden über die CNC-Steuerung festgelegt, während der sensorische Werkzeughalter die entstehenden Torsions- und Biegemomente am Zweizahn-Sägeblatt dokumentierte. Das Zweizahn-Sägeblatt wurde mit einer Drehzahl von $n = 330\ \text{min}^{-1}$ in Rotation versetzt, wodurch sich eine Schnittgeschwindigkeit von 186 m/min ergab. Bei einer konstanten Vorschubgeschwindigkeit von $v_\text{f} = 1.067$ mm/min wurden drei aufeinanderfolgende Schnittfugen mit einem Arbeitseingriff von $a_\text{e} = 40$ mm eingebracht.

Die untersuchten Temperaturen erstrecken sich von -40 °C bis 0 °C für gefrorenes Holz und von 0 °C bis 20 °C für ungefrorenes Holz. Die Untersuchung erfolgte in 5 °C Schritten, somit ergaben sich insgesamt 13 verschiedene Temperaturstufen, wobei die Untersuchung für die Temperaturstufe 0 °C sowohl in gefrorenem als auch in ungefrorenem Zustand erfasst wurde. Die Holzproben wurden mit einem regelbaren Laborgefrierschrank des Unternehmens GRAM vom Typ BioMidi EF425 auf die geforderte Temperatur heruntergekühlt. Die Temperatur der Holzproben konnte kontinuierlich mittels eines Temperatursensors, der in eine Vergleichsholzprobe eingebracht wurde, überwacht werden.

Zur Untersuchung des Einflusses der Holzfeuchte ist ein Teil der Holzproben bei warmtrockener Umgebung luftgetrocknet und ein anderer Teil in Wasser gelagert worden, bis jeweils stationäre Zustände erreicht worden sind. Innerhalb der Feuchtestufe weisen alle Holzproben ungefähr gleiche Feuchtegehalte auf. Die trockenen Holzproben (luftgetrocknet) besitzen durchschnittlich eine Feuchte von 4 %, die waldfrischen („feuchten") Holzproben eine Feuchte von 35 % und die nassen Holzproben (in Wasser gelagert) eine Feuchte von 200 %. Die feuchten Holzproben zeigen mit einem Feuchtegehalt von 35 % einen Wert, der knapp oberhalb des Fasersättigungsbereichs von Fichteholz liegt [TRE39, S. 15]. Oberhalb dieses Punktes ist zu erwarten, dass die elastomechanischen Eigenschaften des Holzes weitgehend konstant bleiben [PAH66c, S. 591]. Zur Überprüfung der Holzfeuchten wurde das Darrverfahren eingesetzt, welches als Referenzverfahren gilt [TRÜ09, S. 34]. Dabei erfolgte die Entnahme zur Durchführung der Darrproben, der Trocknungsvorgang sowie die Bestimmung der Holzfeuchte u nach DIN EN 13183-1 [DIN02a]. Die Trocknung der Darrproben wurde mittels Trocknungsofen des Herstellers Memmert vom Typ UF-55 und das Wiegen mit einer Hochpräzisionswaage des Herstellers KERN & SOHN vom Typ ALJ durchgeführt. Holzproben mit klar erkennbaren Astlöchern oder Defekten wurden bereits nach ihrem Zuschnitt aussortiert [DIN12a, S. 7].

Pro Untersuchungseinstellung wurden drei Holzproben gesägt. In den Hauptschnittrichtungen B und C war die Einbringung von drei Schnitten pro Holzprobe möglich. Demgegenüber konnte in Hauptschnittrichtung A, um einen konstanten Arbeitseingriff zu gewährleisten, aufgrund starker Ausbrüche nur ein Schnitt pro Holzprobe eingebracht werden. Für eine zusätzliche Untersuchung der Schnittkraft an verschiedenen Baumstammhöhen wurde sich in dieser Arbeit auf die Hauptschnittrichtung B bei einer Temperatur von 20 °C beschränkt. Pro Baumstammposition wurden zehn Holzproben, in die jeweils drei Schnitte einbracht wurden, gesägt.

4.3 Auswertung werkstückseitiger Einflüsse

4.3.1 Prozesskraftmessung

Ergebnisse bei Variation von Schnittrichtung, Feuchtegehalt und Temperatur

In Abbildung 37 sind die ermittelten Ausgleichsgeraden der Schnittkraftmessungen über die Temperatur von -40 °C bis 0 °C für gefrorenes Holz und von 0 °C bis 20 °C für ungefrorenes Holz in Schnittrichtung A, B und C bei den drei Feuchtestufen nass, feucht und trocken dargestellt.

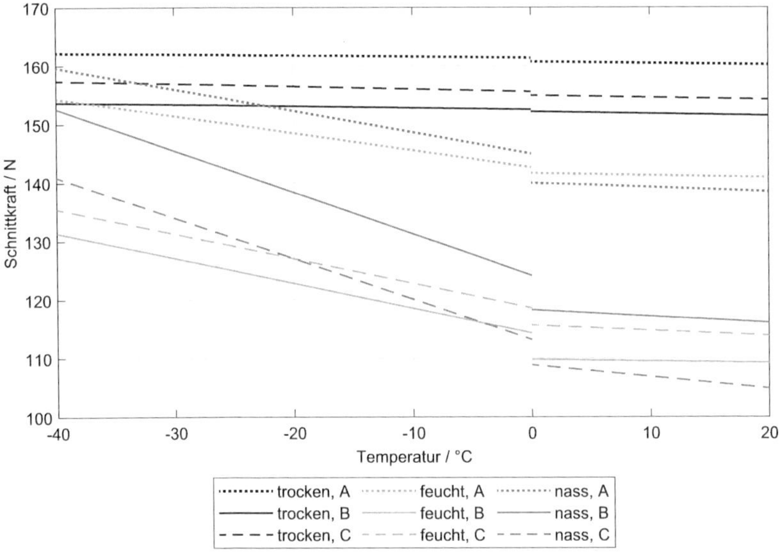

Abbildung 37: Ergebnisse der Schnittkraftversuche der Schnittrichtung A, B und C bei Variation des Feuchtegehalts und der Temperatur

Anhand der Ergebnisse ist eine Zunahme der Schnittkraft mit abnehmender Temperatur bei der Bearbeitung der feuchten bzw. nassen Holzproben – unabhängig von der Schnittrichtung – deutlich erkennbar. Im Gegensatz dazu ist bei der Bearbeitung der trockenen Holzproben ein annähernd kontanter Verlauf der Schnittkraft erkennbar – alle drei Schnittrichtungen weisen annähernd gleiche Schnittkräfte auf. Dies stimmt mit den Ergebnissen verschiedener Untersuchungen zu den mechanischen Eigenschaften von Holz überein. Bei einem geringem Feuchtegehalt hat die Temperatur nur einen geringen Einfluss auf das Ergebnis der Schnittkraft, vgl. bspw. [NOA76, S. 60 f.; WIM11, S. 43].

Mit zunehmender Feuchte nehmen die Auswirkungen der Temperatur auf die Schnittkraft in Schnittrichtung B und C zu, wobei dieser Effekt bei Temperaturen unter 0 °C im Vergleich zu Temperaturen über 0 °C stärker ausgeprägt ist. Diese Erkenntnisse decken sich mit den Ergebnissen von GERHARDS, vgl. [GER82, S. 22]. Somit fallen die Ausgleichsgeraden in Schnittrichtung B und C mit zunehmender Feuchte stärker.

Auffällig ist, dass die Schnittkraft in Schnittrichtung A für feuchte und nasse Holzproben deutlich höher ausfällt als in den Schnittrichtungen B und C. Dabei sei anzumerken, dass die Streuung der Messwerte in Schnittrichtung A im Vergleich zu B und C sehr hoch ist. Dies führt zu großen Konfidenzintervallen, die einen gewissen Spielraum für die Verläufe der Ausgleichsgeraden lassen. Diese Erkenntnisse stimmen mit den Resultaten von WAGENFÜHR & SCHOLZ überein.

Die Spannweite der Schnittkraft in Schnittrichtung A ist bekannt und beträgt bei Fichtenholz um ±30 %. Im Gegensatz dazu ist die Spannweite der Schnittkraft in Schnittrichtung B bzw. C mit ±4 % bzw. ±6 % gering. [WAG18a, S. 282]

In Schnittrichtungen A und B zeigt sich für gefrorenes Holz, dass die feuchten Holzproben eine geringere Schnittkraft aufweisen als die Nassen, welche wiederum leichter zu bearbeiten sind als die trockenen Holzproben. In Schnittrichtung C liegen die Schnittkräfte der feuchten und nassen gefrorenen Holzproben dicht beieinander. Zudem weisen die nassen Holzproben in Schnittrichtung C eine geringere Schnittkraft als in Schnittrichtung B auf. Generell zeigen die Ergebnisse, dass die Schnittkraft der trockenen Holzproben durchschnittlich am höchsten ausfällt.

Bei den trockenen Holzproben zeigen die Schnittkräfte während des Übergangs in den gefrorenen Zustand nur sehr kleine Sprünge. Dies deckt sich mit den Erwartungen, da in den trockenen Holzproben nur wenig Eis gebildet und somit die Holzstruktur nicht zusätzlich gestützt wird. Bei den feuchten und nassen Holzproben können größere Sprünge in der Schnittkraft beim Übergang von ungefrorenem zu gefrorenem Holz festgestellt werden. Dieser Sprung fällt bei den nassen Holzproben größer als bei den feuchten Holzproben aus. In Schnittrichtung B ist der Sprung deutlicher ausgeprägt als in Schnittrichtung C.

Ergebnisse bei Variation der Baumstammposition in Schnittrichtung B

Für die Untersuchung des Einflusses der Baumstammposition wurden die Holzproben aus insgesamt fünf Fichtenstämmen entnommen. Die Baumstämme wiesen eine Länge von 12 m auf und waren zwischen 200 und 250 Jahre alt. Die Holzproben wurden aus dem unteren, mittleren und oberen Abschnitt eines jeden Baumstammes entnommen. Der untere Abschnitt wurde im Bereich von 30 cm bis 131 cm festgelegt und hatte einen durchschnittlichen Baumstammdurchmesser von 49 cm, der mittlere Abschnitt lag im Bereich zwischen 549,5 cm und 650,5 cm mit einem durchschnittlichen Baumstammdurchmesser von 46 cm und der obere Abschnitt lag im Bereich zwischen 1.069 cm und 1.170 cm mit einem durchschnittlichen Baumstammdurchmesser von 43 cm. In Abbildung 38 (links) sind die Entnahmepositionen der Holzproben sowie die Baumstammdurchmesser an den jeweiligen Entnahmepositionen dargestellt. Der mittlere Feuchtegehalt aller Holzproben betrug 18 %. Eine Abhängigkeit der Holzfeuchte von der Probenentnahmeposition konnte nicht nachgewiesen werden. Die gemessenen Feuchtegehalte liegen unter den Erwartungen aus der Literatur, vgl. [TRE55b, S. 260; LIE86, S. 401]. Dieser Umstand kann darauf zurückzuführen sein, dass die Bäume im Spätherbst gefällt wurden und somit einen geringeren Feuchtegehalt als im Frühjahr oder Sommer aufwiesen, vgl. [NIE17, S. 128].

Abbildung 38 (rechts) zeigt die Ergebnisse der Schnittkraftuntersuchungen in Schnittrichtung B je nach Entnahmeort der Holzproben. Es wird ersichtlich, dass die Schnittkraft je nach

Entnahmeposition der Holzprobe einen Trend aufweist. Während die mittleren Schnittkräfte für Holzproben aus dem unteren Baumstammabschnitt mit 91,74 N am höchsten sind, liegen sie bei Holzproben aus dem oberen Baumstammabschnitt mit 82,97 N am niedrigsten. Somit nimmt die Schnittfestigkeit eines Baumstammes von unten nach oben ab, was typischerweise auf Unterschiede in der Materialdichte, dem Faserverlauf oder der Belastung im natürlichen Wachstum zurückzuführen ist.

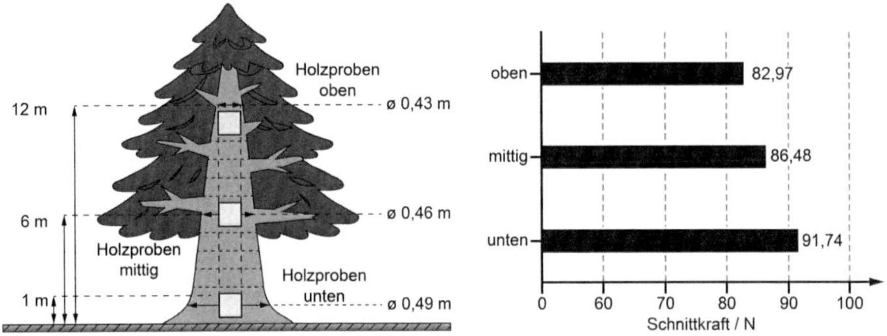

Abbildung 38: Baumstammabmessungen und Lage der entnommenen Holzproben (links) sowie Schnittkraft je nach Entnahmeposition der Holzproben (rechts)

4.3.2 Rauheitsmessung

Höhenprofil bei Schnittrichtungen A, B und C

Nachfolgend werden die Höhenprofile der Schnittrichtungen A, B und C beleuchtet. Aus diesen lassen sich im weiteren Verlauf die Oberflächenkennwerte Kernhöhe *Sk*, reduzierte Spitzenhöhe *Spk* und reduzierte Riefentiefe *Svk* ermitteln. In Abbildung 39 sind für die Schnittrichtungen A, B und C je ein Ausschnitt von 11,8 mm · 10,0 mm (Länge · Breite) dargestellt. Die entsprechenden Holzproben wurden unter identischen werkstück- und prozessseitigen Bedingungen bearbeitet. Aus den Höhenprofilen sind in Schnittrichtung A in den beiden rechten Quadranten lange Fasern anhand der roten Bereiche deutlich erkennbar. Diese wurden im Schnitt nur unvollständig durch die senkrechte Bewegung der Schneiden zu den Fasern abgetrennt. Zusätzlich entstehen durch die im Profil stark variierenden Höhen Bereiche (weiße Flächen), die messtechnisch nicht erfasst werden können. In den beiden linken Quadranten wurden die Holzfasern unsauber abgetrennt. Diese sogenannten Herausrupfungen hinterlassen eine stark fragmentierte Holzoberfläche.

In Schnittrichtung B sind die durch den Sägeprozess verursachten Messerschläge deutlich als Riefen anhand der radial vom linken unteren Quadranten zum rechten oberen Quadranten verlaufenden Linien sichtbar. Die Riefentiefe beträgt bis zu 0,054 µm. Die Riefen werden durch die parallel zu den Holzfasern verlaufende Bewegung der oberflächenformenden Nebenschneiden verursacht. Durch die parallele Schnittbewegung kommt es zu einer Abdrängung der Fasern, ohne diese dabei zu beschädigen. In Schnittrichtung B ist der gesamte Bereich durch eine gleichmäßige Oberflächenqualität mit schwach ausgeprägten Höhenschwankungen gekennzeichnet. In Schnittrichtung B wurde die höchste Oberflächenqualität ermittelt.

Das Höhenprofil der Schnittrichtung C ist geprägt vom Verlauf der Jahrringe, dargestellt durch senkrecht durch das Höhenprofil verlaufende Linien. Die Unterschiede zwischen Früh- und Spätholz sind durch verschiedenfarbige Bereiche im Höhenprofil gekennzeichnet. Das weichere Frühholz ist durch die gelben Flächen dargestellt, es wird im Vergleich zum festeren Spätholz durch den Sägeprozess weggedrückt und relaxiert teilweise wieder in Richtung des Ursprungszustandes. Besonders deutlich tritt dieses Phänomen in Bereichen der anfänglichen Wachstumsphase des Frühholzes auf. Durch die senkrechte Bewegung der Nebenschneiden werden die Holzfasern beschädigt und geringe Faserteile abgeschabt. Diese sind durch die roten Bereiche im Höhenprofil gekennzeichnet. In Schnittrichtung C treten moderate Höhenschwankungen auf. Die Oberflächenqualität in Schnittrichtung C ist verglichen mit Schnittrichtung B reduziert.

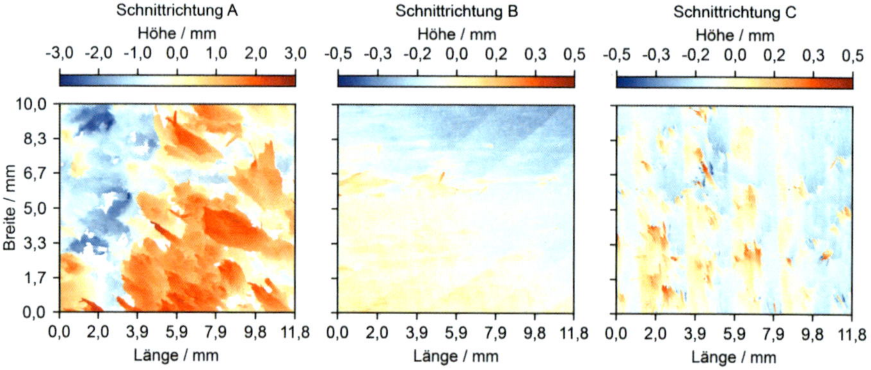

Abbildung 39: Darstellung der Höhenprofile der Schnittrichtungen A, B und C

Ergebnisse bei Variation von Schnittrichtung, Feuchtegehalt und Temperatur

Abbildung 40 zeigt die gesägten Holzoberflächen mit unterschiedlichen Feuchtegehalten, Temperaturen und Schnittrichtungen. Grundsätzlich wird zwischen den Schnittrichtungen A, B und C unterschieden.

In Schnittrichtung A sind unabhängig von dem Feuchtegehalt und der Temperatur durchgehend großen Abplatzungen erkennbar. Die Oberflächen sind durch mikroskopische Schädigungen, Faser- und Spanabbrüche, Ausbrüche und aufgestellte Fasern gekennzeichnet. Bei niedrigen Temperaturen und bestehender Feuchtigkeit tritt eine deutlichere Mikrostruktur in Erscheinung. Niedrige Temperaturen begünstigen dabei das Bruchverhalten der Abplatzungen. Die Abplatzungen sind u. a. auf die niedrige Schnittgeschwindigkeit in der Versuchsdurchführung zurückzuführen. Bei den niedrigen Schnittgeschwindigkeiten werden die Holzfasern teilweise im

Schnitt abgedrängt und brechen somit erst in einigem Abstand zur Schneide, sobald die kritischen Spannungen überschritten werden.

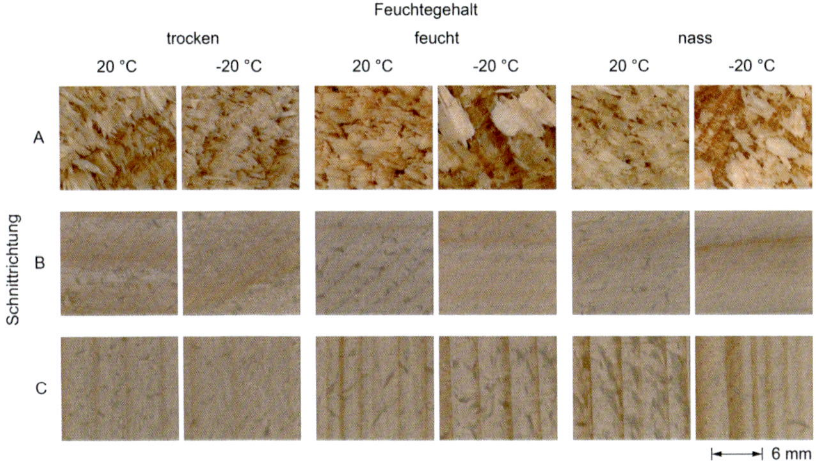

Abbildung 40: Gesägte Holzoberflächen mit unterschiedlichen Feuchtegehalten, Temperaturen und Schnittrichtungen, Bildausschnitte: 11,8 mm · 10,0 mm (Länge · Breite)

Die Schnittrichtungen B und C weisen im Vergleich zu Schnittrichtung A eine durchgehend bessere Oberflächenqualität auf. Bei Schnittrichtung B treten typische Oberflächenmerkmale wie Schnittspuren und Faserigkeit auf. Diese durch das Werkzeug bzw. den Sägevorgang hervorgerufenen Riefen entstehen durch die Bewegung der sekundären Schneidkanten und -ecken der Sägezähne. Schwingungen der Sägeblätter können die Riefenbildung verstärken. Außerdem verursachen Kreissägeblattschwingungen ein Ausfransen und Absplittern während des Sägevorgangs. Abbildung 40 zeigt, dass beide Oberflächenmerkmale bei zunehmendem Feuchtegehalt und abnehmender Temperatur eine geringere Ausprägung besitzen.

In Schnittrichtung C ist neben einer deutlich erkennbaren Faserigkeit auch die wachstumsbedingte Abfolge von Spätholz und Frühholz erkennbar. Im Vergleich zur Schnittrichtung B ist zu sehen, dass die Oberflächen der trockenen und nassen Holzproben mit sinkender Temperatur glatter werden.

Die Temperatur und der Feuchtegehalt des Holzes beeinflussen die Qualität der gesägten Holzoberflächen. Abbildung 41 zeigt die Ausgleichsgeraden über die Temperatur für die gemessenen Oberflächenkennwerte Kernhöhe *Sk*, reduzierte Spitzenhöhe *Spk* und reduzierte Riefentiefe *Svk* in den Feuchtestufen trocken, feucht und nass sowie in den Schnittrichtungen A, B und C. Die Ausgleichsgeraden wurden über den gesamten Temperaturbereich gebildet; eine sprunghafte Änderung der Oberflächenparameter beim Übergang von gefrorenem zu ungefrorenem Holz konnte nicht festgestellt werden.

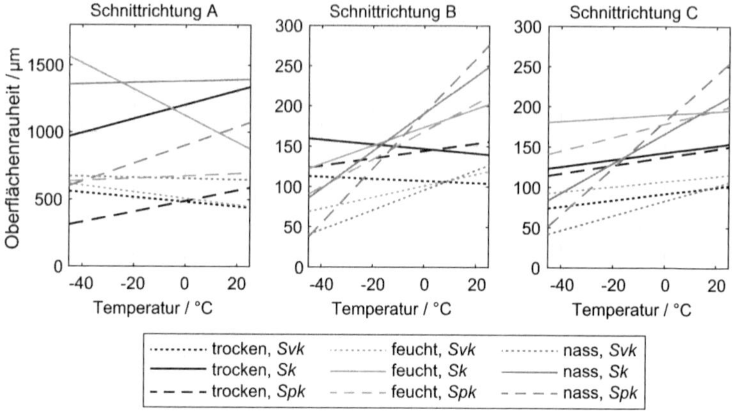

Abbildung 41: Darstellung der Oberflächenqualität in Schnittrichtung A, B und C bei Variation des Feuchtegehalts und der Temperatur

Schnittrichtung A zeigt eine geringe Oberflächenqualität und eine hohe Streuung der Oberflächenkennwerte. Grundsätzlich zeigt der Oberflächenkennwert Kernhöhe *Sk* die höchsten Werte, gefolgt von der reduzierten Spitzenhöhe *Spk* und der reduzierten Riefentiefe *Svk*.

In Schnittrichtung B ist zu erkennen, dass sich bei steigendem Feuchtegehalt alle Oberflächenparameter stärker mit der Temperatur verändern. Dies ist durch eine zunehmende Steigung der Ausgleichsgeraden in der Abfolge trocken < feucht < nass in Abbildung 41 (mittig) angezeigt. Während sich die Oberflächenqualität der trockenen Holzproben nur unwesentlich über die Temperatur ändern, ist bei einer Änderung der Temperatur eine signifikante Veränderung der Oberflächenqualität bei den feuchten und nassen Holzproben erkennbar. Sinken die Temperaturen für feuchten und insbesondere nasse Holzproben, ergibt sich eine Verbesserung der Oberflächenqualität.

Aus Abbildung 41 lassen sich unterschiedliche Tendenzen zwischen ungefrorenem und gefrorenem Holz hinsichtlich der Oberflächenqualität erkennen. Dabei gilt für ungefrorenes Holz, dass bei zunehmendem Feuchtegehalt der Holzproben deren Oberflächenqualität abnimmt. Dies liegt an der zunehmenden Plastifizierung der Holzstruktur, die einen sauberen Trennprozess der Holzfasern erschweren. Gefrorenes Holz zeigt bei Temperaturen unterhalb -20 °C ein konträres Verhalten – hier nimmt die Oberflächenqualität der Holzproben bei zunehmendem Feuchtehalt zu. Dieses Verhalten ist bei gefrorenem Holz auf den Eis-Holz-Verbund aufgrund der inneren Stabilisierung der Holzstruktur zurückzuführen. Je weiter die Temperatur unter den Gefrierpunkt sinkt, desto mehr Eis bildet sich in der Holzstruktur, das diese zunehmend stabilisiert und versteift.

Ein Vergleich der Oberflächenkennwerte zeigt die höchsten Werte für die reduzierte Spitzenhöhe *Spk* und die Kernhöhe *Sk*. Daraus kann abgeleitet werden, dass in Schnittrichtung B die Oberflächenqualität der Holzproben vorwiegend über die Bearbeitungsrauheit und überstehende Fasern bestimmt wird. Die Strukturrauheit hat nur einen geringen Einfluss. Bei Temperaturen > 10 °C weist die reduzierte Spitzenhöhe *Spk* die höchsten Werte auf. Fällt die Temperatur unter den Gefrierpunkt zeigt die Kernhöhe *Sk* die höchsten Werte. Grundsätzlich verhält sich in Schnittrichtung B die Bearbeitungsrauheit für trocken, feucht und nass bei gefrorenem Holz dominanter als die überstehenden Fasern und die Strukturrauheit.

Analog zur Schnittrichtung B zeigt Schnittrichtung C eine ähnliche Charakteristik. Die Oberflächenparameter bei 20 °C sind nahezu identisch mit denen aus Schnittrichtung B, einzig hinsichtlich der nassen Holzproben kann ein niedrigerer Wert der Kernhöhe *Sk* festgestellt werden. Die Oberflächenqualität der feuchten Holzproben ändert sich in Schnittrichtung C nur unwesentlich über die Temperatur und differieren gegenüber Schnittrichtung B. Grundsätzlich verhält sich in Schnittrichtung C die Bearbeitungsrauheit für die Feuchtestufen trocken und feucht dominanter als die überstehenden Fasern und die Strukturrauheit.

5 Entwicklung eines Sägezahns für die industrielle Weichholzbearbeitung

Teil der Zielsetzung der vorliegenden Arbeit ist es, Einfluss und Wechselwirkung verschiedener Winkel, Geometrieelemente und Beschichtungen am Sägezahn hinsichtlich der Zielgrößen Werkzeugverschleiß, Schnittkraft und Oberflächenqualität des Schnittholzes zu analysieren und optimale Werte zu identifizieren. Dazu wurden in diesem Kapitel im ersten Schritt Winkel und Geometrieelemente getrennt von den Beschichtungen im Rahmen verschiedener Versuchspläne experimentell untersucht und die Zielgrößen messtechnisch erfasst. Im zweiten Schritt erfolgte die Untersuchung der Kombination aus Winkel, Geometrieelementen und Beschichtungen. Die Laboruntersuchungen erfolgten auf einem hierfür entwickelten Prüfstand. Dessen Auslegung und Aufbau wird folgend nachvollziehbar erläutert.

5.1 Versuchsaufbau zur empirischen Untersuchung

5.1.1 Auslegung der Schnittdaten für die Laboruntersuchungen

Nachfolgend wird die Auslegung einzelner Komponenten des Prüfstandes zur Durchführung der Laboruntersuchungen beschrieben. Dabei werden die Schnittdaten aus dem Industrieprozess gemäß Tabelle 4 berücksichtigt. Zudem werden die Parameter definiert, die während des Sägeprozesses überwacht und aufgezeichnet werden. Als Grundlage für die strukturierte Auslegung dient die Einteilung der Einflussgrößen gemäß Tabelle 2.

Die Einflüsse hinsichtlich des Werkstücks resultieren aus der Wahl des Werkstückmaterials. Aufgrund der weit verbreiteten Nutzung von Fichtenholz in den Sägewerken Deutschlands, vgl. Unterabschnitt 3.3.1, wurde waldfrisches Fichtenholz für die Versuchsdurchführung genutzt. Die Laboruntersuchungen wurden bei Raumtemperatur (20 °C) durchgeführt. Die Holzfeuchte wurde konstant gehalten und durch regelmäßige Stichproben mittels Darrverfahren überprüft. Die Schnittrichtung ist durch den Aufbau des Prüfstandes vorgegeben und wird ebenfalls konstant gehalten. Diese entspricht der Schnittrichtung zum Abtrennen von Brettware in Sägewerken. So erfolgen alle Schnitte längs des Baumstammes in Hauptschnittrichtung B. Die Holzproben wurden aus mittlerer Baumstammhöhe entnommen, um eine gleichbleibende Entnahmestelle zu gewährleisten. Dieses Vorgehen stellte sicher, dass die Einflüsse des Werkstücks auf die Untersuchungsergebnisse minimiert wurden.

Die Einflüsse hinsichtlich des Schneidwerkzeugs resultieren aus den geometrischen Einflussgrößen (Winkel und Geometrieelemente am Schneidteil), dem Schneidstoff bzw. der Beschichtung, dem Werkzeugdurchmesser und dem Schnittweg. Die geometrischen Einflussgrößen beeinflussen die Winkelkonfigurationen an der Werkzeugschneide und werden im Rahmen der Laboruntersuchung variiert. Während der Laboruntersuchung kommt ein Schneidstoff zum Einsatz, die Beschichtung wird variiert. Der Werkzeugdurchmesser wird auf einen konstanten

Wert festgelegt. Der Schnittweg ist vom jeweils genutzten Werkzeug bzw. der durchgeführten Versuchsreihe abhängig.

Zur quantitativen Auslegung des Prüfstandes wird der Fokus auf Einflüsse des Bearbeitungsprozesses und den Durchmesser bzw. die Zähnezahl des Sägeblattes gerichtet. Als Ausgangspunkt dienen die Schnittdaten aus dem Sägewerk der GELO Holzwerke GmbH. Neben dem Zahnvorschub f_z und der Schnittgeschwindigkeit v_c müssen der Eingriffswinkel φ_e und die mittlere Spanungsdicke h_m betrachtet werden. Ziel ist es, die Schnittdaten des Prüfstandes an die Schnittdaten aus dem Sägewerk anzupassen. In Tabelle 4 sind die Schnittdaten aus dem Sägewerk sowie die im Folgenden errechneten Schnittdaten des Prüfstandes dargestellt.

Tabelle 4: Schnittdaten aus dem Industrieprozess (Sägewerk) und dem Laborprozess (Prüfstand)

Parameter	Industrieprozess (Sägewerk)	Laborprozess (Prüfstand)
Arbeitseingriff a_e / mm	100	60
Sägeblattdurchmesser d / mm	523	400
Drehzahl n / min^{-1}	3.000	4.000
Überstand $ü$ / mm	1	4
Vorschubgeschwindigkeit v_f / m/min	40	5,5
Zähnezahl z	18	2

Die Schnittgeschwindigkeit ist nach Gleichung (3) eine Funktion der Drehzahl und des Sägeblattdurchmessers. Im Sägewerk ergibt sich eine Schnittgeschwindigkeit von 82,15 m/s. Die für die Auslegung des Prüfstandes mögliche Drehzahl ist durch die Drehzahlstufen der im Labor verwendeten Formatkreissäge (3.000-4.000-5.000 min^{-1}) vorgegeben. Der Durchmesser für Kreissägeblätter an der Formatkreissäge beträgt maximal 400 mm.

Neben der Schnittgeschwindigkeit wird die Vorschubgeschwindigkeit v_f bzw. der Zahnvorschub f_z näher betrachtet. Der Wert für den Zahnvorschub f_z im Sägewerk, unter Berücksichtigung der Schnittdaten nach Tabelle 4, liegt nach Gleichung (11) bei 0,74 mm. Der Zahnvorschub ist eine Funktion der Vorschubgeschwindigkeit v_f, der Drehzahl n des Sägeblattes und der Zähnezahl z. Die für die Auslegung des Prüfstandes mögliche Vorschubgeschwindigkeit v_f ist bereits durch die Stufen des Vorschubapparats (2-4-5,5-6,7-11-13-16,5-33 m/min) vorgegeben, vgl. Unterabschnitt 5.1.2. Zur effizienten Ressourcennutzung und Gewährleistung eines präzisen Schnitts ohne Unwuchten wird für die Untersuchungen ein Sägeblatt mit zwei auswechselbaren Sägezähnen verwendet.

Die Festlegung der Drehzahl n auf 4.000 min^{-1} ergibt eine Schnittgeschwindigkeit von 83,78 m/s. Nach GOTTLÖBER ist für die Bearbeitung von Weichholz im Kreissägeprozess eine Schnittgeschwindigkeit v_c zwischen 40 m/s und 100 m/s zu wählen [GOT23, S. 56]. Der durch den Prüfstand abgebildete Wert liegt damit innerhalb des vorgegebenen Rahmens und stellt keinen Grenzwert dar. Durch die Festlegung der Drehzahl n kann die Einstellung der Vorschubgeschwindigkeit des Vorschubapparates definiert werden. Diese wird auf 5,5 m/min festgelegt, was einem Zahnvorschub f_z von 0,69 mm und damit einer entsprechenden Vorschubgeschwindigkeit v_f von ca. 38 m/min im Sägewerk entspricht. Nach GOTTLÖBER ist für die Bearbeitung von Weichholz im Kreissägeprozess ein Zahnvorschub f_z zwischen 0,20 mm und 0,90 mm zu wählen [GOT23, S. 56]. Auch hier liegt der durch den Prüfstand abgebildete Wert damit innerhalb des vorgegebenen Rahmens und stellt keinen Grenzwert dar. Als Holzproben werden Holzsparren mit einer Höhe von 60 mm verwendet und mit einem Überstand $ü$ von 4 mm bearbeitet. Somit beläuft sich der Eingriffswinkel im Prüfstand auf ca. 47,13°, vgl. Gleichung (4)

Nachdem der Zahnvorschub f_z, der Arbeitseingriff a_e und der Durchmesser d für den Prüfstand definiert sind, kann die mittlere Spanungsdicke h_m für den Prüfstand und im Sägewerk nach Gleichung (12) bestimmt werden. Unter Berücksichtigung des Zahnvorschubs f_z von 0,74 mm und der Schnittdaten nach Tabelle 4 ergibt sich für das Sägewerk eine mittlere Spanungsdicke h_m von 0,33 mm. Der durch den Prüfstand abgebildete Wert errechnet sich ebenfalls zu 0,33 mm und ist somit identisch.

5.1.2 Prüfstand, Zweizahn-Sägeblatt und Holzproben

Prüfstand

Für die Laboruntersuchungen wurde ein spezifisch auf die Anforderungen angepasster Prüfstand entwickelt und aufgebaut. Als Antriebsaggregat für die Sägeeinheit kam ein 5,5 kW Asynchronmotor zum Einsatz. Eine im Vorfeld durchgeführte rechnerische Überprüfung ergab, dass die Leistung des Asynchronmotor ausreichend ist, um die Laboruntersuchungen durchzuführen. Die Leistungsberechnung wurde unter der Annahme des ungünstigsten Szenarios durchgeführt, indem die Einflussfaktoren so gewählt wurden, dass diese eine möglichst hohe Leistungsaufnahme bedingen.[26] In Tabelle 5 sind die benötigten Parameter und deren Einstellungen zur Berechnung der benötigten Leistung hinterlegt.

Tabelle 5: Parametereinstellungen zur Durchführung der Laboruntersuchungen

Parameter	Wert	Parameter	Wert
Dicke der Holzproben a_h / mm	60	Schnittkraftkonstante $k_{c0,5}$ / N/mm^{1,5}	9
Zahnbreite b_z / mm	6	Einstellwinkel κ_r / °	90

Die Schnittkraft F_c kann mit der Schnittkraftkonstante $k_{c0,5}$, der Zahnbreite b_z und der mittleren Spanungsdicke h_m errechnet werden [KRE14, S. 41 f.].

$$F_c = k_{c0,5} \cdot b_z \cdot \sqrt{h_m} = 31{,}08 \text{ N} \tag{23}$$

Die Schnittleistung P_c wird aus der Schnittkraft F_c, dem Radius r, dem Zahneingriffsverhältnis z_e und der Kreisfrequenz ω berechnet.

$$P_c = F_c \cdot r \cdot z_e \cdot \omega = 2{,}60 \text{ kW} \tag{24}$$

[26] Eine ausführliche Leistungsberechnung ist dem Anhang 14.1 zu entnehmen.

Die Leistungsberechnung ergibt einen Sicherheitsfaktor (SF) von 2,12. Somit ist trotz der vorherrschenden Anisotropie und Inhomogenität der Holzproben eine konstante Drehzahl n (3.000, 4.000, 5.000 min^{-1}) des Sägeblattes mit der gewählten Leistungskonfiguration des Prüfstandes sichergestellt.

Abbildung 42 zeigt die Frontalansicht des aufgebauten Prüfstandes.

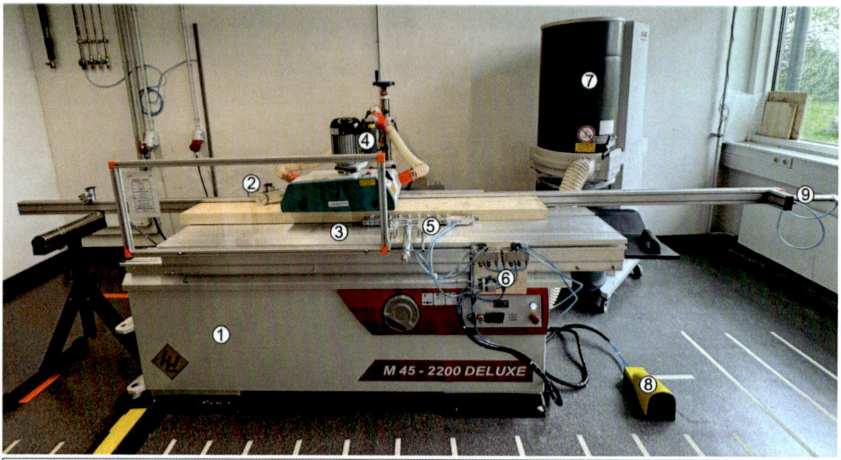

① Formatkreissäge ③ Schutzabdeckung ⑤ Rollschienen ⑦ Entstauber ⑨ Pneumatikzylinder
② Drehgeber ④ Vorschubapparat ⑥ Schaltung ⑧ Fußschalter

Abbildung 42: Prüfstand zur Durchführung experimenteller Laboruntersuchungen

Der Prüfstand wurde für den Einsatz von Sägeblättern mit einem maximalen Durchmesser von 400 mm, einer maximalen Schnittlänge von 2.200 mm und einer maximalen Schnitthöhe von 80 mm ausgelegt. Die Vorschubgeschwindigkeit v_f konnte mittels Vorschubapparat stufenweise zwischen 2 m/min und 33 m/min angepasst werden. Der im Betrieb des Prüfstandes entstehende Sägestaub wurde gemäß geltender Richtlinie (TRGS 553) mithilfe eines Entstaubers (H3 Prüfung) aus der Luft gefiltert.

Eine präzise Führung der Holzproben erfolgte mittels einer pneumatischen Vorrichtung, die eine konstante Bewegung in Hauptschnittrichtung B sicherstellte und ein Verlaufen der Schnitte verhinderte. Somit ist die Vergleichbarkeit der Laboruntersuchungen bezüglich Schnittrichtung untereinander und gegenüber dem Industrieprozess gewährleistet. Dazu wurde mit Pneumatikventilen (Rollenhebel- und Stößelventile) eine logische Schaltung aufgebaut, die ein sicheres Einlegen und Sägen der Holzproben ermöglichte. Nach dem Einlegen der Holzprobe wurde diese durch Betätigung eines Fußschalters mittels Pneumatikzylinder in den Vorschubapparat gefördert. Befand sich die Holzprobe im Eingriffsbereich des Vorschubapparats, fuhr eine pneumatisch gesteuerte Rollschiene gegen die Längsseite der Holzprobe und verhinderte ein laterales Abgleiten. Der Anpressdruck der Rollschiene wurde auf ein minimales Maß reduziert, um eine konstante Vorschubgeschwindigkeit sicherzustellen und eine Veränderung der werkstoffphysikalischen Eigenschaften der Holzproben auszuschließen. Durch den Einsatz geriffelter Stahlrollen, die die Holzproben durch den Sägeprozess fördern, konnte ein Durchdrehen der Rollen vermieden und eine konstante Vorschubgeschwindigkeit sichergestellt werden.

Während der Laboruntersuchungen herrschten konstante klimatische Bedingungen mit einer Raumtemperatur von 20 °C.

Zweizahn-Sägeblatt mit Sägezahnhalter

Die Laboruntersuchungen erfolgten durch Einsatz eines Zweizahn-Sägeblattes als Laborwerkzeug. Dieses besteht aus einem Grundkörper mit zwei gegenüberliegenden Steckverbindungen zur Aufnahme der Sägezahnhalter. In jede dieser Verbindungen wurde ein Sägezahnhalter eingesetzt, anschließend mit einer Innensechskantschraube fixiert und dementsprechend kraft- und formschlüssig verbunden. Für die Lötstelle zwischen Sägezahnplättchen und Sägezahnhalter wurde ein spezielles beschichtungsfähiges Lot ausgewählt, das den Umgebungsbedingungen im Beschichtungsprozess standhält. Der Sägezahnhalter kann beim Werkzeughersteller in die in Unterabschnitt 5.4.1 genannten CNC-Schleifmaschinen eingespannt werden, um die Sägezahngeometrien auf die Sägezahnrohlinge zu schleifen. Das eingesetzte Zweizahn-Sägeblatt ist kraftschlüssig auf der Sägewelle zwischen einem innen- und einem außenliegenden Flansch montiert. Die Fixierung erfolgt mittels Schraubverbindung, bestehend aus einem Gewinde an der Sägewelle und einer zugehörigen Wellenmutter. Zur Reduzierung von Rundlauffehlern ist das Zweizahn-Sägeblatt bei 1.200 min^{-1} mit einer Wuchtgüte von 0,2 g ausgewuchtet.

Holzproben

Als Referenzwerkstück wurden Holzsparren aus waldfrischem Fichtenholz (Baumstammbereich Kernholz) mit den Abmessungen 2.000 mm · 200 mm · 60 mm (Länge · Breite · Höhe) gewählt, da diese die Durchführung der Laboruntersuchungen mit industrienahen Parametereinstellungen erlaubten. Die Länge von 2.000 mm stellte sicher, dass zwischen der Eintritts- und Austrittsphase des Sägeblattes ausreichend Schnitte bzw. Messwerte zur Auswertung erzeugt wurden. Es sind nur Messwerte geeignet, bei denen sich das Sägeblatt vollständig im Eingriff befand. Die Breite von 200 mm erlaubte das Einbringen von mindestens zwölf parallelen Schnitten. Hierdurch konnten durch den Vergleich mehrerer Schnitte einer Holzprobe, fehlerhafte Werte (bspw. durch Risse oder Äste) identifiziert und gegebenenfalls aussortiert werden. Die Höhe von 60 mm ermöglichte es, im Einklang mit der Motorleistung des Prüfstandes, die Prozessparameter Drehzahl und Vorschubgeschwindigkeit konstant zu halten.

Um eine bestmögliche Vergleichbarkeit der Ergebnisse zu gewährleisten, wurden die Laboruntersuchungen unter Verwendung identischer Holzproben innerhalb jeder Versuchsreihe durchgeführt. Dies war insbesondere aufgrund der vorherrschenden Anisotropie und Inhomogenität der unterschiedlichen Holzproben erforderlich. Für jede Versuchsreihe kamen somit dieselben Holzproben zum Einsatz. Im konkreten Fall einer Versuchsreihe mit drei unterschiedlichen Sägezahngeometrien bedeutete dies, dass jede Sägezahngeometrien vier Schnitte in dieselbe Holzprobe einbrachte, sodass ein direkter Vergleich unter konstanten Materialbedingungen[27] möglich war.

Eine Ausnahme bildeten die Laboruntersuchungen im Rahmen des definitiven Screening Versuchsplans und des zentral zusammengesetzten Versuchsplans. In diesen Fällen überstieg die Anzahl der zu testenden Sägezahngeometrien die maximale Anzahl an Schnitten, die pro Holzprobe eingebracht werden konnten. Um materialbedingte Messabweichungen dennoch weitestgehend auszuschließen, wurde darauf geachtet, dass die hierfür benötigten Holzproben (insgesamt drei Stück) aus derselben Baumstammposition entnommen wurden.

Aufgrund der, während der Laboruntersuchungen vorherrschenden, konstanten klimatischen Bedingungen mit einer Raumtemperatur von 20 °C, wurde eine konstante Holztemperatur von 20 °C eingehalten.

5.1.3 Messkonzept

Aufbau des Messsystems

Zur Datenerfassung wurden Messkarten des Herstellers National Instruments vom Typ NI 9215, NI 9423 und NI 9205 eingesetzt. Diese verarbeiten die digitalen und analogen Signale der einzelnen Sensoren und wandeln diese in Daten um, welche vom Messrechner verarbeitet wurden. Sie stellten somit die Schnittstelle zwischen den eigentlichen Sensoren und dem letztendlichen Messprogramm dar und ermöglichten die echtzeitnahe Verarbeitung und Synchronisation der Messdaten. Der generelle Aufbau des Datenerfassungssystems ist in Abbildung 43 dargestellt.

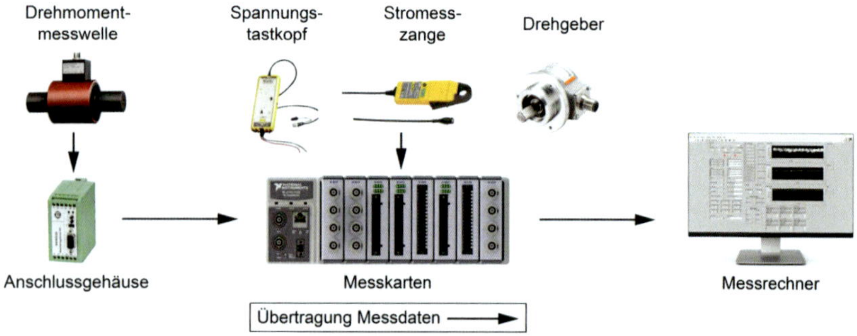

Abbildung 43: Schematischer Aufbau des Messsystems

[27] Die Holzfeuchte lag konstant im Bereich der Fasersättigung bei etwa 35 %. Eine Überprüfung der Holzfeuchte wurde dazu mittels Darrmethode durchgeführt (vgl. Abschnitt 4.2).

Die Drehzahl des Sägeblattes und die Vorschubgeschwindigkeit der Holzproben wurden mittels zwei installierter inkrementaler Drehgeber des Typs Sendix 5000 des Herstellers Fritz Kübler in der Ausführung 8.5000.8354.0360 konstant überwacht. Aus einer Impulszahl von 360 ergibt sich eine Auflösung von 0,25°, vgl. [BER14, S. 303–305].

Die von den Messkarten erfassten Prozessdaten Drehzahl, Vorschubgeschwindigkeit, mechanische und elektrische Leistung wurden mittels NI LabVIEW (Version 20.0.1f1) gespeichert und auf dem Messrechner in Echtzeit angezeigt. Mittels der Programmiersprache Python (Version 3.11.9) erfolgte die Erstellung eines Algorithmus zur Auswertung der für die Laboruntersuchungen aufgenommenen Daten hinsichtlich elektrischer Leistungsaufnahme und Schnittkraft.

Prozesskraftmessung

Das Messkonzept umfasste einerseits den Einsatz einer Drehmomentmesswelle der Bauart DATAFLEX® 32/100 zur Erfassung des Drehmoments aus der die mechanische Leistung P_m bzw. die Schnittkraft F_c errechnet wurde, vgl. Anhang 14.2. Andererseits diente der Einsatz diverser NI-Module (NI 9205, NI 9215, NI 9234, NI 9423) in Verbindung mit Strommesszangen (Fluke i310s) und Spannungstastköpfen (Testec TT-SI 9001) der Erfassung der elektrischen Leistung P_{el}, aus der ebenfalls die Schnittkraft F_c berechnet werden konnte, vgl. Anhang 14.3. Die Drehmomentmesswelle gibt mehrere Werte simultan aus, wobei diese im Gegensatz zu den übrigen Sensoren, nicht direkt am Sensor, sondern über das zusätzliche Anschlussgehäuse DF2 der KTR Systems GmbH abgegriffen werden. Nachfolgende Abbildung 44 zeigt die Drehmomentmesswelle (links), die verbaute Messtechnik inklusive der Strommesszangen (Fluke i310s) sowie Spannungstastköpfen (Testec TT-SI 9001) (mittig) und die Überwachung der Vorschubgeschwindigkeit (rechts).

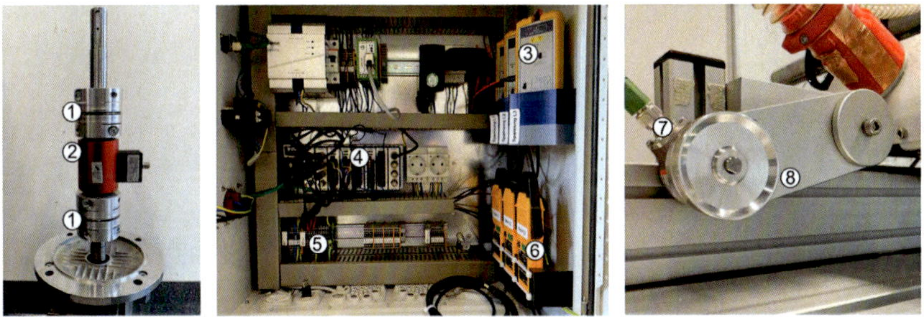

① Kupplung	③ Spannungstastkopf	⑤ Spannungsabgriff	⑦ Drehgeber
② Drehmomentmesswelle	④ Messkarten	⑥ Strommesszange	⑧ Messrad

Abbildung 44: Ansicht Drehmomentmesswelle (links), Messtechnik (mittig), Vorschubgeschwindigkeitsüberwachung (rechts)

Für eine verlässliche Analyse der Schnittkräfte wurden lediglich Messwerte unter stabilen Prozessbedingungen in die Auswertung übernommen. Insbesondere Schwankungen in Drehzahl und Vorschubgeschwindigkeit beeinflussen die Schnittkräfte und verfälschen somit die Ergebnisse. Daher ist eine gezielte Identifikation geeigneter Messwerte mittels Auswertealgorithmus erforderlich. Es wurden einzig die Messdaten der Schnittkraft in der Auswertung erfasst, die mit einer Vorschubgeschwindigkeit von (5,25 ± 0,25) m/min und einer Drehzahl von (4.000 ± 50) min^{-1} gemessen wurden[28]. Der Prüfstand erfasste kontinuierlich Drehzahl, Vorschubgeschwindigkeit, mechanische Leistung (Schnittkraft) und elektrische Leistung mit einer Abtastrate von 100 kHz. Über alle Messreihen hinweg wurden ca. 4,5 % der Messdaten durch den Auswertealgorithmus als ungültig klassifiziert. Die Hauptursachen hierfür lagen zum einen in einer Abnahme der Drehzahl und zum anderen in einem Absinken der Vorschubgeschwindigkeit. Die Abnahme der Drehzahl erfolgte bspw. durch die hohe Astigkeit einzelner Holzproben. Ein Absinken der Vorschubgeschwindigkeit trat bei blockierten Holzproben bzw. einem aufgrund von Astlöchern oder starker Verschmutzung unzureichenden Kontakt zwischen dem Messrad des Drehgebers und der Oberfläche der Holzprobe auf.

Für jeden gültigen Schnitt wurde eine mittlere Schnittkraft $F_{c,m}$ bestimmt. Diese Einzelwerte bilden die Grundlage für die weiteren Auswertung und ergeben, durch Aneinanderreihung über die Versuchsstrecke, den vollständigen Verlauf der Schnittkraftentwicklung, vgl. Abschnitt 5.4.

Rauheitsmessung

Eine präzise Charakterisierung wird durch die empfohlenen 3D-Oberflächenkennwerte Kernhöhe *Sk*, reduzierte Spitzenhöhe *Spk* und reduzierte Riefentiefe *Svk* vorgenommen, vgl. [VDI19a].[29] Die Oberflächenmessungen erfolgten dazu in Abständen von jeweils einer Vorschubstrecke von 80 m, wobei pro Holzprobe eine Messung durchgeführt wurde. Dabei wurden jeweils fünf Holzproben vor und fünf Holzproben nach dem jeweiligen 80 m-Abschnitt sowie zusätzlich die ersten zehn Holzproben des Versuchsbeginns (0 m bis 20 m) und die letzten zehn Holzproben des Endbereichs (bspw. 220 m bis 240 m) berücksichtigt. Mehrere Holzproben erhöhen die Aussagekraft der Oberflächenmessungen und wirken potenziellen Ausreißern, etwa infolge lokaler Inhomogenitäten der Holzproben, entgegen.

Verschleißmessung am Sägezahn

Festlegung der zu messenden und auszuwertenden Verschleißerscheinungen

Angesichts der Vielfalt an Verschleißformen und zur Verfügung stehenden Messmethoden, bedarf es einer gezielten Auswahl zu messender Kennwerte und anzuwendender Messmethoden. Für die Laboruntersuchungen wurde die Messung des Schneidenversatzes *SV*, bezogen auf die theoretische Schneide, und die Messung des Durchmessers der Schneidkante bzw. des Rundungsverschleißes *RV* als Verschleißkennwerte eins und zwei gewählt, da hier eine präzise Verschleißmessung auch bei geringem Verschleiß möglich ist. Nach PAHLITZSCH gelten der

[28] Eine grafische Darstellung des Auswertealgorithmus ist Anhang 14.4 zu entnehmen.

[29] Eine ausführliche Beschreibung des Vorgehens zur Rauheitsmessung sowie eine vollständige Auflistung der Parametereinstellungen am 3D-Profilometer ist Unterabschnitt 4.1.2 zu entnehmen.

Schneidenversatz *SV* und der Rundungsverschleißes *RV* als die wesentlichsten Indikatoren für Verschleiß [PAH62, S. 389] und wurden bspw. von CRISTÓVÃO et al. angewandt [CRI11]. Aufgrund von Verschleißwerten im Mikrometerbereich sind Verschleißmarkenbreite, Schneidkantenversatz und Verschleißmaß zur Beurteilung ungeeignet, da diese bei schwach ausgeprägtem Verschleiß schwer erkennbar und unzuverlässig zu messen sind [GOT23, S. 133]. Ergänzend wurden die Flächen der Ausbrüche entlang der Schneidkante auf Span- und Freifläche als dritter Verschleißkennwert herangezogen, da diese sich als aussagekräftige Vergleichswerte für verschiedene Sägezahngeometrien eignen und Rückschlüsse auf das Design der Sägezähne zulassen [KLA79, S. 265; ETT04, S. 113].

Messtechnische Erfassung

Die messtechnische Erfassung der Verschleißerscheinungen an Sägezähnen wird analog zur Rauheitsmessung mittels 3D-Profilometer durchgeführt, vgl. Unterabschnitt 4.1.2. Die Wahl stützt sich auf eine wissenschaftlich verbreitete Anwendung dieser Technik zur Verschleißbestimmung, vgl. [BOR61; BAR69; MCK75; JAM97; NOR01; CRI09].

Ein entscheidender Aspekt ist, ob die Untersuchungen bis zu einem bestimmten Verschleißkriterium durchgeführt werden oder ob jede Sägezahngeometrie eine festgelegte Dauer bzw. Vorschubstrecke gesägt wird. Aufgrund der Bearbeitung von wenig abrasivem Fichtenholz ist die Verwendung eines aussagekräftigen Abbruchkriteriums wie bspw. das von MAIER vorgeschlagene Kriterium SV_{krit} von 0,2 mm Schneidenversatz ungeeignet [BAR69, S. 148; MAI00, S. 67]. Die Vielzahl an Sägezahngeometrien sowie der notwendige Umfang an Vorschubstrecke und damit an Holzmenge ist in dem für die Verschleißerzeugung benötigten Umfang unpraktikabel. Daher wird eine bestimmte und festgelegte Vorschubstrecke gesägt, statt ein verschleißbasiertes Abbruchkriterium zu wählen.

Zur präzisen Vermessung der Sägezähne mittels 3D-Profilometer wurden diese von allen Seiten an den definierten Messpunkten einzeln gemessen. Dies beinhaltete die detaillierte Erfassung der Spanfläche, der Freifläche sowie der beiden Nebenfreiflächen. Für jede dieser Seiten wurde sowohl eine Detailmessung als auch eine Gesamtaufnahme des Sägezahns durchgeführt. Die Detailaufnahmen erfolgten mit 80-facher Vergrößerung und die Gesamtaufnahmen mit einer 25-fachen Vergrößerung. Vor jeder Messung erfolgte eine sorgfältige und schädigungsfreie Reinigung der Sägezähne, um eine wiederholgenaue Durchführung der Vermessung sicherzustellen.

Abbildung 45 stellt bspw. einen verschleißbehafteten (links) und einen ausgebrochenen Sägezahn (rechts) im Rahmen der Verschleißuntersuchung dar. Die roten Linien repräsentieren den Schneidkeil des Sägezahns. Der Schnittpunkt der roten Linien definiert die Spitze der theoretischen Schneide, von welcher aus der Schneidenversatz *SV* gemessen wird. Schneidenversatz ist der messbare Abstand der theoretischen Schneide von der senkrecht auf der Spanfläche stehenden Tangente an die Schneidenkontur, gemessen in der Schneidennormalebene [MAI00,

S. 65 f.]. An der realen Schneidenspitze wird ein Kreis angelegt, welcher sowohl der Bestimmung des Durchmessers der Schneidkantenverrundung als auch der Messung des Rundungsverschleißes *RV* dient. Der Rundungsverschleiß *RV* entspricht dabei einer Abrundung der Schneide mit etwa konstantem Rundungsradius [MAI00, S. 65].

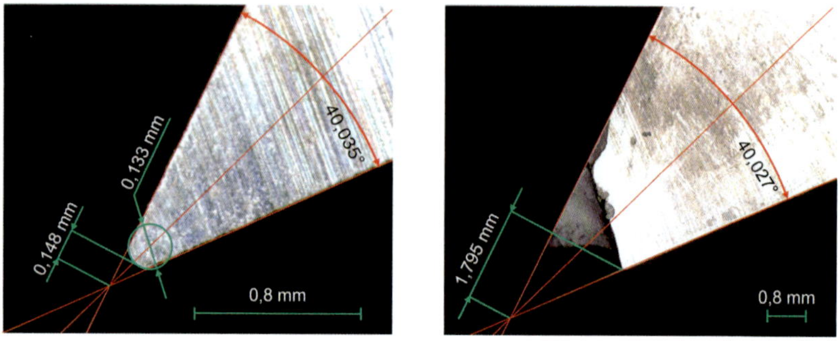

Abbildung 45: Vermessung der Verschleißerscheinungen – Zahnverschleiß (links) und -bruch (rechts)

Diese Herangehensweise ermöglicht eine präzise Erfassung des Schneidenversatzes *SV* und des Rundungsverschleißes *RV*, um anschließend mittels eines Vorher-Nachher-Vergleichs die entsprechenden Verschleißgrößen zu ermitteln.

Bei der quantitativen Analyse der Ausbruchsflächen *AF* entlang der Schneidkante werden wie in Abbildung 46 dargestellt sowohl auf der Span- als auch auf der Freifläche sämtliche Ausbrüche als Flächenwerte in mm^2 erfasst.

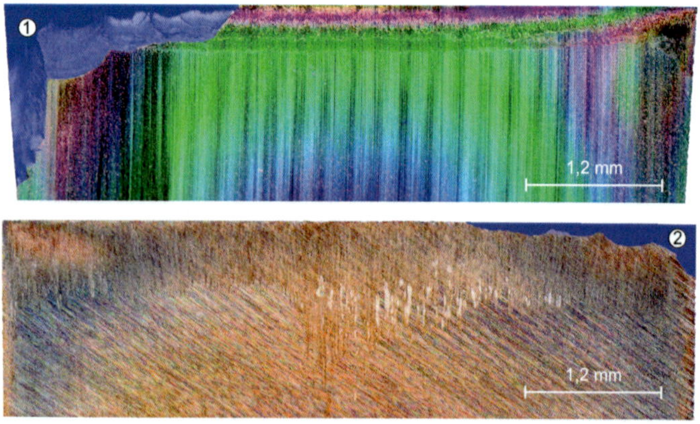

① Ausbrüche der Freifläche am Sägezahn ② Ausbrüche der Spanfläche am Sägezahn

Abbildung 46: Vermessung der Ausbrüche der Span- und Freifläche des Sägezahns mittels 3D-Profilometer

Es erfolgt die Addition der Ausbruchsflächen von Span- und Freifläche, um eine Gesamtausbruchsfläche zu erhalten. Diese aggregierten Daten ermöglichen es, die Ausbruchsflächen verschiedener Sägezahngeometrien miteinander zu vergleichen.

Durchführung der Auswertung

Zur Errechnung des Schneidenversatzes *SV* wurde die Differenz des gemessenen Versatzwerts vor und nach dem Sägen einer definierten Vorschubstrecke gebildet. Dies erfolgte getrennt für die linke und rechte Nebenfreifläche. Anschließend wurden die beiden Werte zum Schneidenversatz gemittelt. Die Berechnung des Rundungsverschleißes *RV* erfolgte analog zum Schneidenversatz, basierend auf der Differenz des gemessenen Verschleißwerts vor und nach dem Sägen einer definierten Vorschubstrecke. Anschließend wurden die beiden Werte zum Rundungsverschleiß gemittelt. Bei der Auswertung der Ausbruchsflächen *AF* wurden die Flächen der Ausbrüche der Span- und Freifläche summiert. Zur Beurteilung der Ausbruchsflächen dient die Differenz der Ausbruchsflächen vor und nach dem Sägen einer definierten Vorschubstrecke. Ein Zahnbruch wurde ab einem Schneidenversatz von 0,2 mm festgelegt. Ab diesem Wert gilt im Allgemeinen eine Schneide als verschlissen [MAI00, S. 67]. Zur Berücksichtigung in der Gesamtbewertung erhält der betroffene Sägezahn die Bewertung des am stärksten verschlissenen, nicht gebrochenen Sägezahns in den jeweiligen Verschleißkennwerten.

Ermittlung der Vorschubstrecke zur reproduzierbaren Verschleißquantifizierung

Im Rahmen einer vorgelagerten Versuchsreihe wurde die erforderliche Vorschubstrecke ermittelt, die notwendig ist, um einen mess- und bewertbaren Verschleiß an den Sägezähnen hervorzurufen. Zu diesem Zweck wurden mit einem marktüblichen Sägezahn mehrere Sägeprozesse mit jeweils einer Vorschubstrecke vom 40 m durchgeführt. Nach jedem Sägeprozess erfolgte eine Messung, um die Verschleißentwicklung zu dokumentieren. Insgesamt wurden drei aufeinanderfolgende Verschleißmessungen durchgeführt, sodass am Ende eine kumulierte Vorschubstrecke von 120 m erreicht wurde. Ab dieser Vorschubstrecke traten bei allen Sägezahnen mess- und bewertbarer Verschleißzustände auf.

5.1.4 Messtechnische Untersuchung

Die Gegenüberstellung der Werte der mechanischen Leistung P_m und der elektrischen Leistung P_{el} zeigt eine annähernd konstante Differenz.[30] Daraus ergab sich ein durchschnittlicher Wirkungsgrad η von 85 %. Die maximale absolute Abweichung des Wirkungsgrads η lag bei den durchgeführten Messreihen bei 0,5 %. Somit wurde gezeigt, dass sich sowohl P_m als auch P_{el} zur Aufnahme der Schnittkräfte eignen. Abbildung 47 (oben) zeigt die jeweils über einen Schnitt berechneten arithmetischen Mittel von P_{el} und P_m während des Sägeprozesses. Abbildung 47 (unten) stellt den zeitlichen Verlauf der beiden Leistungen dar. Die beispielhafte Markierung (unten) kennzeichnet den im Auswertealgorithmus als gültig bestimmten Zeitbereich eines

[30] Das Vorgehen zur Ermittlung der mechanischen Leistung ist Anhang 14.1 zu entnehmen.

Schnittes, über den die Leistungswerte (oben) durch arithmetische Mittelung berechnet wurden. Deutlich erkennbar sind zyklische Leistungsanstiege, die mit den einzelnen Schnitten korrelieren. Während sich der Sägezahn im Eingriff befindet, steigt die Leistung an, befindet er sich nicht im Eingriff, sinkt die Leistung wieder auf die Leerlaufleistung ab.

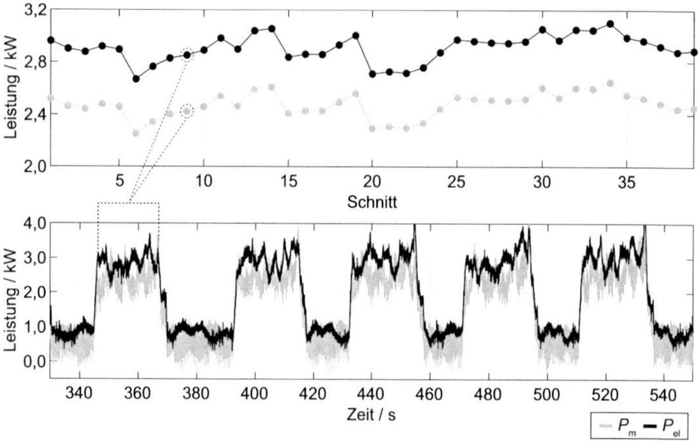

Abbildung 47: Vergleich der mechanischen Leistung P_m und elektrischen Leistung P_{el} während des Sägeprozesses

Aufgrund der räumlichen Nähe zum Entstehungsort der Schnittkraft F_c und der dadurch geringeren Anzahl an Einflüssen auf das Messergebnis wurde für die Laboruntersuchungen ausschließlich die mechanische Leistung zur Berechnung der Schnittkraft herangezogen.

Eine wesentliche Eigenschaft des Prüfstandes ist seine Fähigkeit, die industriellen Bedingungen möglichst präzise nachzubilden. Dafür ist eine vergleichbare Messung der Leistung notwendig. Die Leistungsaufnahme am Prüfstand wurde wie in Unterabschnitt 5.1.3 beschrieben mechanisch mittels Drehmomentmesswelle und elektrisch mittels Stromzangen und Spannungstastköpfen erfasst. Für die Validierung im Industrieprozess hingegen erfolgt die Leistungsmessung durch den Einsatz von Netzanalysatoren.

In Abbildung 48 sind die elektrischen Leistungswerte aus Prüfstand und Netzanalysator gegenübergestellt, um die Messergebnisse direkt zu vergleichen und deren Übereinstimmung zu analysieren. Der Netzanalysator arbeitet mit einer Abtastrate von 256 Hz und ermittelt pro Sekunde einen gemittelten Messwert aus den vergangenen 256 Einzelmessungen, dargestellt durch die schwarz gepunktete Linie. In Abbildung 48 (oben) sind die Rohdaten des Prüfstandes (grün) im Zeitverlauf abgebildet. Die Leistung wurde hierbei aus den erfassten Strom- und Spannungswerten berechnet. In Abbildung 48 (unten) sind die Daten desselben zeitlichen Verlaufs mit dem Netzanalysator jeweils eine Sekunde gemittelt dargestellt. Dies ermöglicht eine direktere Vergleichbarkeit der Werte. Die durchgeführte Vergleichsmessung zeigt eine maximale relative Abweichung von 2 % und somit eine hohe Übereinstimmung zwischen den beiden Messmethoden, wodurch eine Vergleichbarkeit der Messdaten gewährleistet ist.

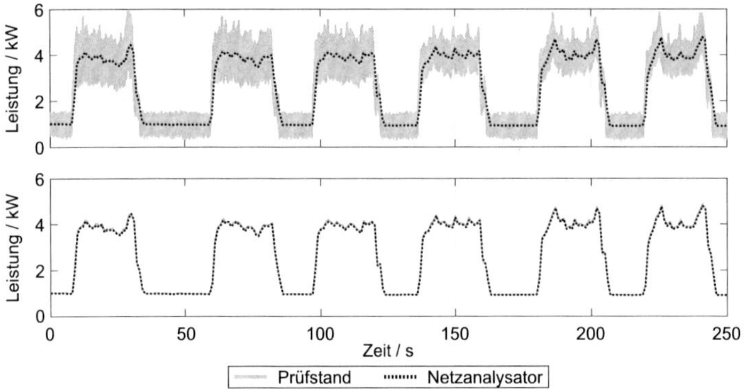

Abbildung 48: Gegenüberstellung der elektrischen Leistungswerte aus Prüfstand und Netzanalysator

5.2 Laboruntersuchung der Prozessparameter

Im Rahmen der Laboruntersuchung der Prozessparameter Vorschubgeschwindigkeit v_f und Drehzahl n wurden pro Kombination eine Vorschubstrecke von 40 m bzw. insgesamt 360 m gesägt. Der Versuchsablauf und die Umgebungsbedingungen sind Abschnitt 5.1 zu entnehmen. Der Verschleiß wurde im Rahmen dieser Untersuchung nicht erfasst. Es kamen marktübliche Kreissägeblätter zum Einsatz.

Prozesskraftmessung

Die Prozessparameter Vorschubgeschwindigkeit v_f und Drehzahl n stellen wichtige Einflussfaktoren aus der Kategorie Prozess dar, vgl. Tabelle 2. Als solche haben diese einen erheblichen Einfluss auf Schnittkraft und Oberflächenqualität des Schnittholzes.

Der Vorschub f bzw. der Zahnvorschub f_z ist indirekt proportional zur Drehzahl n und direkt proportional zur Vorschubgeschwindigkeit v_f, vgl. Gleichung (11). Aus Gleichung (13) ergibt sich eine direkte Proportionalität zwischen der mittleren Spanungsdicke h_m und dem Zahnvorschub f_z. Gleichung (18) zeigt eine Proportionalität zwischen der Schnittkraft F_c und der mittleren Spanungsdicke h_m. Aus diesen Beziehungen ergibt sich eine Schnittkraftzunahme bei einer Erhöhung der Vorschubgeschwindigkeit v_f bzw. einer Abnahme der Drehzahl n. Eine durchgeführte Schnittkraftuntersuchung unter Variation der Drehzahl n (3.000-4.000-5.000 min^{-1}) und der Vorschubgeschwindigkeit v_f (2,0-6,7-13,0 m/min) bestätigt den oben beschriebenen Zusammenhang, vgl. Tabelle 6.

Tabelle 6: Ergebnisse der Schnittkraftuntersuchung bei Variation von Drehzahl und Vorschubgeschwindigkeit

		Vorschubgeschwindigkeit		
		2,0 m/min	6,7 m/min	13,0 m/min
Drehzahl	3.000 min^{-1}	39,17 N	58,32 N	81,32 N
	4.000 min^{-1}	24,62 N	42,97 N	64,24 N
	5.000 min^{-1}	21,37 N	31,25 N	52,59 N

Rauheitsmessung

Im Folgenden werden die bei den Schnittkraftuntersuchung mit variierenden Prozessparametern erzeugten Holzoberflächen diskutiert. Die Ergebnisse der Oberflächenmessungen sind in Abbildung 49 dargestellt. Eine hohe Drehzahl in Kombination mit einer geringen Vorschubgeschwindigkeit begünstigt eine gute Oberflächenqualität.

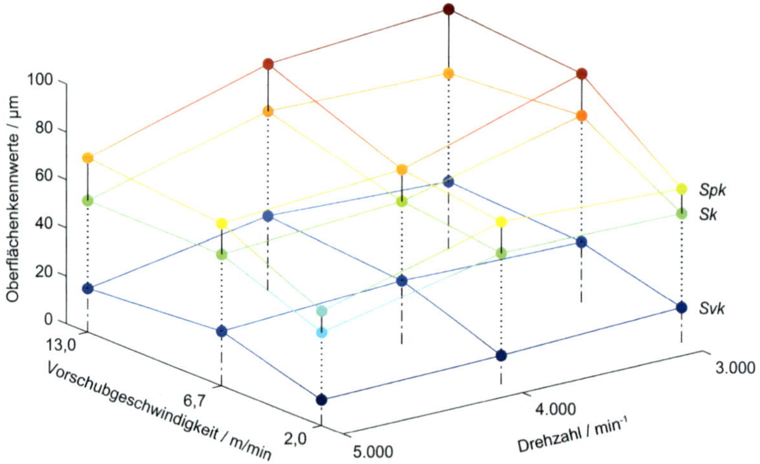

Abbildung 49: Ergebnisse der Untersuchung der Oberflächenqualität der Schnittrichtung B bei Variation von Drehzahl und Vorschubgeschwindigkeit

Eine Reduktion der Drehzahl als auch eine Erhöhung der Vorschubgeschwindigkeit führt zu einer Verschlechterung der Oberflächenqualität. In beiden Fällen nimmt die durch das Werkzeug abgetragene Spanmenge zu. Die mittlere Spanungsdicke ist proportional zur Vorschubgeschwindigkeit und umgekehrt proportional zur Drehzahl. Die geringsten Werte für alle Oberflächenkennwerte werden bei einer Vorschubgeschwindigkeit von 2 m/min und einer Drehzahl von 5.000 min^{-1} erzielt. Während sich hohe Vorschubgeschwindigkeiten besonders nachteilig auf die Kernhöhe *Sk* und reduzierte Spitzenhöhe *Spk* auswirken, ist eine niedrige Drehzahl primär für eine Verschlechterung der Kernhöhe *Sk* verantwortlich. Die Zusammenfassung aller drei Oberflächenkennwerte ergibt die in Abbildung 49 dargestellte geneigte Ebene, deren Maximum bei hoher Vorschubgeschwindigkeit und niedriger Drehzahl liegt.

5.3 Quantifizierung des Begriffs sägerau

Der Begriff *sägerau* wird in der industriellen Holzbearbeitung zur Beschreibung der Oberflächenqualität von gesägtem Holz benutzt, das noch keine Behandlung durch nachgelagerte Bearbeitungsverfahren wie bspw. Hobeln oder Schleifen durchlaufen hat. Obwohl der Begriff weit verbreitet ist, existiert in der Literatur keine gängige, auf messbaren Zahlenwerten basierende Definition. Die Verwendung in wissenschaftlichen Untersuchungen wie in der vorliegenden Arbeit als Bewertungskriterium ergibt jedoch die Notwendigkeit der Quantifizierung des Begriffs.

Dazu wurden im Rahmen einer umfassenden Untersuchung Holzproben von verschiedenen Sägewerken aus Deutschland gesammelt. Entsprechend der Zielsetzung der vorliegenden Arbeit wurde Fichtenholz als Holzart gewählt. Die Holzproben wurden mittels dem Sägeverfahren Kreissägen hergestellt und ihre Oberflächenqualität wurde in den Sägewerken als sägerau eingestuft. Insgesamt wurden 1.000 Oberflächenproben vermessen. Vermessen und ausgewertet wurden die Oberflächenkennwerte Kernhöhe *Sk*, reduzierte Spitzenhöhe *Spk* und reduzierte Riefentiefe *Svk* sowie die mittlere arithmetische Höhe *Sa*, die mittlere quadratische Höhe *Sq* und die maximale Höhe *Sz*. Abbildung 50 zeigt die logarithmisch transformierten Oberflächenkennwerte der Holzproben.

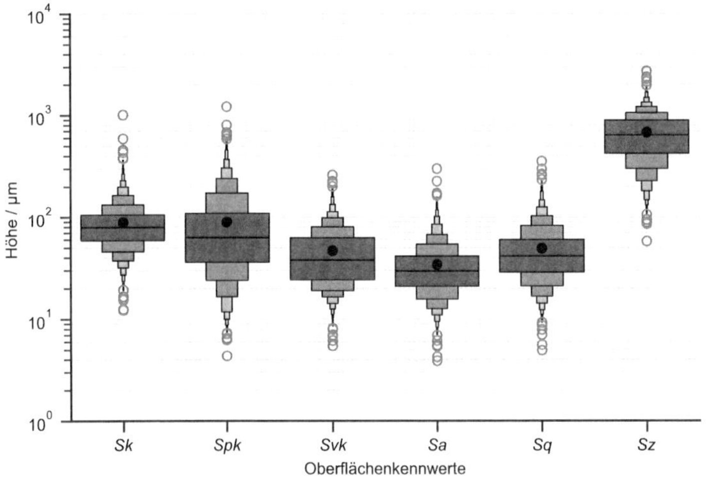

Abbildung 50: Ergebnisse der Oberflächenmessungen als Letter-Value-Plots

Für die Darstellung der Ergebnisse werden Letter-Value-Plots nach HOFMANN et al. als eine verfeinerte Form der Box-Plots verwendet, um die Verteilungsstruktur über die üblichen Quantile hinaus darstellen zu können, vgl. [HOF17]. Der Letter-Value-Plot setzt sich aus paarweise verschieden breiten Boxen zusammen. Die Anzahl der Datenpunkte halbiert sich von einer Box zur Nächsten. So enthalten die beiden zentralen Boxen zusammen ca. 50 % der Daten (getrennt durch den Medianstrich) und die daran angrenzenden Boxen zusammen ca. 25 % der Daten.

Bei der Betrachtung der Oberflächenkennwerte Kernhöhe *Sk*, reduzierte Spitzenhöhe *Spk* und reduzierte Riefentiefe *Svk* ist zu erkennen, dass alle Werte einer logarithmischen Normalverteilung folgen. Die Kernhöhe *Sk* (79,2 µm) weist im Vergleich zur reduzierten Spitzenhöhe *Spk* (62,8 µm) und zur reduzierten Riefentiefe *Svk* (38,0 µm) den höchsten Median auf. Der Mittelwert der Kernhöhe *Sk* (89,0 µm) und der der reduzierten Spitzenhöhe *Spk* (89,7 µm) ist annähernd gleich, wohingegen die reduzierte Riefentiefe *Svk* (46,8 µm) deutlich geringer ausfällt. Während für die Kernhöhe *Sk* 50 % aller Werte zwischen 59 µm und 105 µm liegen, sind diese für die reduzierten Spitzenhöhe *Spk* zwischen 36 µm und 108 µm und für die reduzierte Riefentiefe *Svk* zwischen 24 µm und 63 µm angesiedelt. Es wird ersichtlich, dass die reduzierte Riefentiefe *Svk* die geringsten Werte annimmt und die reduzierte Spitzenhöhe *Spk* eine deutlich stärkere Streuung der Oberflächenkennwerte aufweist.

Während die mittlere arithmetische Höhe *Sa* den Betrag des Höhenunterschieds jeden Punkts im Vergleich zum arithmetischen Mittel der Oberfläche und die mittlere quadratische Höhe *Sq* den quadratischen Mittelwert bzw. die Standardabweichung der Höhen wiedergibt, definiert die maximale Höhe *Sz* die Summe aus dem Höhenwert der höchsten Spitzen und dem Höhenwert der stärksten Vertiefungen [DIN23]. Folglich ergeben sich für die maximale Höhe *Sz* die höchsten Werte.

Durch die Auswertung einer umfangreichen Stichprobe in der vorliegenden Arbeit wird ein belastbarer Referenzrahmen geschaffen, der als Grundlage für eine standardisierte Bewertung der Oberflächenqualität von gesägtem Fichtenholz dient. Die Ergebnisse liefern damit nicht nur wissenschaftliche Erkenntnisse zur Einordnung sägerauer Oberflächenqualität und dienen als Vergleichsbasis für künftige Untersuchungen, sondern tragen auch in einem Markt, in dem Erfahrung häufig über objektive Messwerte dominiert, zur besseren Abstimmung zwischen Sägewerken und deren Kunden bei. In den nachfolgenden Abschnitten wird die Qualität von gesägten Oberflächen anhand von sägerau eingeordnet.

5.4 Entwicklung von Sägezahngeometrien

In diesem Abschnitt wird die Entwicklung optimierter Sägezahngeometrien beschrieben. Die Grundlage bildete eine statistische Versuchsplanung bestehend aus einem definitiven Screening Versuchsplan und einem zentral zusammengesetzten Versuchsplan. Auf Basis experimenteller Laboruntersuchungen werden leistungsfähige Sägezahngeometrien identifiziert und unter Laborbedingungen validiert. Mit diesen erfolgt im weiteren Verlauf der Vergleich mit einem marktüblichen Sägezahn (Referenzzahn) sowie die Untersuchung von Kombinationen aus

Geometrie und Beschichtung hinsichtlich der Zielgrößen Verschleiß, Schnittkraft und Oberflächenqualität.

5.4.1 Fertigungstechnische Grenzparameter im Herstellungsprozess

Der zulässige Parameterbereich für die Winkel und Geometrieelemente eines Sägezahns ist durch fertigungstechnische Grenzparameter definiert. Der für den Herstellungsprozess ausgewählte Werkzeughersteller war in der Lage, Sägezähne und Sägeblätter sowohl für den Einsatz im Labor- als auch für den Industrieprozess zu produzieren. Hierfür kamen CNC-Schleifmaschinen des Typs CHD270 und CHF270 der Vollmer Werke Maschinenfabrik GmbH zum Einsatz, siehe Abbildung 51. Auf diesen Maschinen werden Grundkörper geladen, die bereits in einem vorgelagerten Schritt mit Sägezahnrohlingen aus Hartmetall verlötet worden sind. Die fertigungstechnischen Grenzparameter ergeben sich aus der jeweiligen Maschinenkinematik wie bspw. aus der Anzahl der Schleifachsen und Verfahrwege den verfügbaren Schleifwerkzeugen sowie den Programmier- und Bedienschnittstellen.

Durch die Einhaltung der fertigungstechnischen Grenzen kann bspw. eine Überschneidung der Verfahrachsen bei simultaner Erreichung mehrerer Endanschläge (Minimal- oder Maximalparameter) vermieden und somit Kollisionen mit dem Werkstück oder den Anbauteilen der Maschine während des Schleifprozesses verhindert werden.

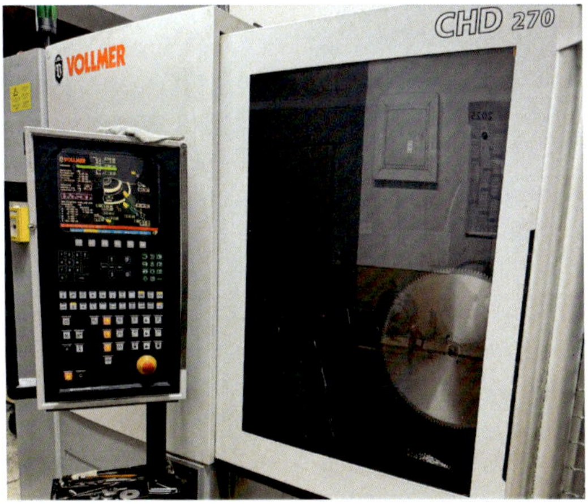

Abbildung 51: 5-Achs-CNC-Schleifmaschine Typ CHD 270 des Herstellers Vollmer Werke Maschinenfabrik

Die fertigungstechnischen Grenzparameter der beiden Schleifmaschinen sind Tabelle 7 zu entnehmen. Eine grafische Darstellung der Winkel und Geometrieelemente am Sägezahn sind Abbildung 9 und Abbildung 19 zu entnehmen.

Tabelle 7: Fertigungstechnische Grenzparameter ausgewählter Schleifanlagen

Parameter	CHD 270		CHF 270	
	Minimal	Maximal	Minimal	Maximal
Neigungswinkel λ_s / °	0	30	–	–
Nebenfreiwinkel α_n / °	–	–	0	8
Einstellwinkel κ_r / °	90	150	–	–
Eckenwinkel ε_r / °	Abhängig von κ_r und κ_r'	–	–	–
Einstellwinkel der Nebenschneide κ_r' / °	–	–	-20	6
Freiwinkel α / °	5	45	–	–
Keilwinkel β / °	Abhängig von α und γ		–	–
Spanwinkel γ / °	-30	60	–	–
Flankenführungsfase FFF	–	–	nein	ja
Spanleitstufe SLS	nein	ja	–	–
Spanteilerrille STR	nein	ja	–	–
Strukturierung ST	nein	ja	–	–

Die vier Geometrieelemente Flankenführungsfase, Spanleitstufe, Spanteilerrille und Strukturierung haben binäre Ausprägungen, also vorhanden oder nicht vorhanden und können nicht beliebig verändert werden.

5.4.2 Statistische Versuchsplanung

Für eine systematische Planung, Durchführung und anschließende Auswertung der experimentellen Untersuchungen wurde im Rahmen dieser Arbeit die statistischen Versuchsplanung herangezogen. Diese wird auch als Design of Experiments (DoE) bezeichnet und umfasst eine Reihe von Versuchsläufen, in denen gezielte Änderungen an den Eingangsgrößen eines Prozesses oder Systems vorgenommen werden [ISO11, S. 2; MON17, S. 1]. Durch die Auswahl geeigneter Versuchspläne kann dabei eine multikriterielle Optimierung der Zielgrößen erreicht werden [SIE17, S. 7]. Gleichzeitig erlaubt der methodische Ansatz eine hohe Genauigkeit und statistische Absicherung der Ergebnisse bei minimalem Aufwand [EHL20, S. 46]. Die Versuchsläufe können dabei aus Simulationen an physikalischen Modellen oder wie in der vorliegenden Arbeit aus realen Versuchen stammen [KLE14, S. 5]. Die in der Ausgabeantwort beobachtbaren Änderungen werden identifiziert, um Rückschlüsse auf die für die jeweilige Änderung verantwortliche Eingangsgröße zu ziehen [BRO17, S. 207]. Anschließend wird ein Modell entwickelt, das die Antwort auf die jeweilige Eingangsgröße prognostiziert. Im Rahmen einer gewissen Ungenauigkeit kann das Modell ein Produkt- oder Prozessverhalten vorhersagen [WIE09, S. 185 f.].

Die Anwendung der statistischen Versuchsplanung bietet somit nicht nur eine fundierte Grundlage für die Untersuchung komplexer Systeme, sondern auch vielfältige Potenziale zur gezielten Prozessoptimierung [MAG04, S. 83]. Gerade im Kontext des Sägeprozesses, der durch eine hohe Anzahl an interagierenden Variablen gekennzeichnet ist, erweist sich der Einsatz dieser Methodik als besonders zweckmäßig.

Grundlagen und Begriffe der statistischen Versuchsplanung

Existierende Eingangsgrößen können entweder innerhalb oder außerhalb der Systemgrenzen liegen. Eingangsgrößen, die innerhalb des Systems liegen, werden Steuergrößen genannt und können dieses beeinflussen. Für die Steuergrößen kann im Verlauf der Untersuchung eine optimale Einstellung gefunden werden. Im Gegensatz dazu gibt es Eingangsgrößen, die außerhalb der Systemgrenzen liegen. Diese werden als Störgrößen bezeichnet und sind entweder unbekannt oder nicht gezielt veränderbar. [SIE17, S. 3] Die Ausgangsgrößen ergeben sich aus dem durch die Eingangsgrößen geänderten Systemzustand und werden nachfolgend als Zielgrößen bezeichnet [GAM09, S. 306].

Um einen zielführenden Versuchsplan ausarbeiten zu können, muss das betrachtete System und dessen Grenzen klar abgegrenzt werden. Abbildung 52 zeigt exemplarisch eine schematische Darstellung der Eingangsgrößen (Steuer- und Störgrößen) und Zielgrößen für den Sägeprozess.

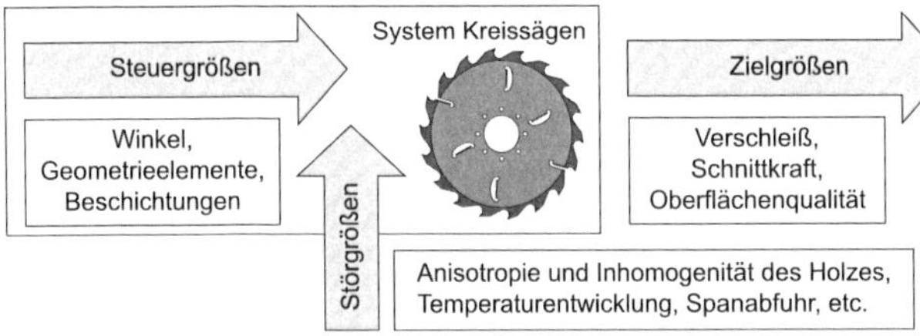

Abbildung 52: Schematische Darstellung des Sägeprozesses, in Anlehnung an [GAM09, S. 326]

Mit statistischen Versuchsplänen kann darüber hinaus die Empfindlichkeit der Zielgrößen auf Veränderungen des Systems sowie dessen Robustheit gegenüber Störungen bestimmt werden [KLE16, S. 20 f.].

Eine möglichst vollständige Auflistung der Steuer- und Störgrößen bildet die Grundlage eines Versuchsplans. Experimentelle Untersuchungen beinhalten immer eine Selektion der Steuer- und Störgrößen auf Grundlage deren Priorität. [SIE17, S. 5]

Die für den Versuchsplan ausgewählte Teilmenge an Steuer- und Störgrößen heißen Faktoren [WIR14, S. 87]. Die Wahl der Faktoren erfolgt auf Basis der verfügbaren Informationen sowie in Abhängigkeit der Größe ihres Einflusses auf das System. Mit einer steigenden Faktorzahl steigt der Versuchsaufwand. Daher wird die Anzahl der Faktoren für eine erfolgreiche Umsetzung so klein wie möglich gehalten. Durch geschickte Auswahl der Faktoren kann der Versuchsaufwand minimiert werden. [SIE17, S. 6]

Die Faktoren können im Versuch verschiedene Werte annehmen, wobei die Werte als Faktorstufen zu bezeichnen sind. Für die einzelnen Faktoren wird die Anzahl der jeweiligen Faktorstufen festgelegt. [FLA95, S. 81] Es kann je nach Art der Faktorstufen zwischen quantitativen (numerischen) und qualitativen (kategorischen) Faktoren[31] unterschieden werden [KLE16, S. 14 f.]. In standardisierten Versuchsplänen werden die Faktorstufen üblicherweise kodiert angegeben. Als Kodierung stehen verschiedene Konventionen zur Auswahl. Einige Beispiele für eine Kodierung sind -1/1, 1/2 und -/+, wobei jeder Faktor auf mindestens zwei Faktorstufen getestet wird. Die Kodierung ermöglicht es, Versuchspläne sehr kompakt darzustellen. [SIE17, S. 6]

Effekte beschreiben die Wirkung eines Faktors auf das System. Sie quantifizieren die prognostizierte Änderung des Mittelwerts der Zielgrößen beim Wechsel der Faktoreinstellungen zwischen seiner tiefen und seiner hohen Stufe. Der Effekt ergibt sich aus dem Delta der Mittelwerte der Einstellungen -/+. [BAC14, S. 249] Grundsätzlich ist bei den Effekten eine Unterscheidung nach Haupteffekten und Wechselwirkungen zu treffen. Ein Effekt, der einzig von der Variation der Einstellung eines Faktors abhängt, wird als Haupteffekt bezeichnet. Wird durch die kombinierte Variation zweier Faktoreinstellungen ein Effekt erzielt, liegt eine Wechselwirkung vor. [GUN04, S. 39]

Das Delta zwischen zwei Stufeneinstellungen wird als Stufenabstand bezeichnet. Zu Beginn werden die Grenzen der Stufenabstände festgelegt und aufeinander abgestimmt. Hierbei ist insbesondere darauf zu achten, dass die Größe des Effekts maßgeblich von der Einstellungsvariation abhängt. Ist der Stufenabstand zu gering gehalten, sind die beobachtbaren Effekte sehr klein und können von der Zufallsstreuung verdeckt werden. [SIE17, S. 6] Liegen die Faktorstufen dagegen zu weit auseinander, kann dies zu einer inakzeptablen Abweichung der Ergebnisse von der Linearität führen. Der Zusammenhang der Faktorstufen ist in diesem Fall nicht ausreichend beschreibbar. [KLE16, S. 27]

Zielsetzung und Faktorenbestimmung

Als Zielgrößen für die statistische Versuchsplanung wurde der Verschleiß, die Schnittkraft und die Oberflächenqualität aufgrund der in der Marktstudie ermittelten Ergebnisse bestimmt, vgl. Abschnitt 3.3. Demnach ist für Anwender insbesondere eine hohe Verschleißfestigkeit der Sägeblätter von großer Bedeutung. Zur Beurteilung des Verschleißes wurden wie bereits in Unterabschnitt 5.1.3 ausgeführt die Verschleißkennwerte Schneidenversatz *SV*, Rundungsverschleiß *RV* und Ausbruchsfläche *AF* herangezogen. Die Verschleißbewertung basiert auf den zwischen 0 und 1 skalierten Einzelwerten dieser drei Kennwerte, die zunächst normiert und anschließend gleichgewichtet mit einem Drittelanteil pro Kennwert zu einem Gesamtverschleißwert zusammengeführt wurden. Als zweitwichtigste Zielgröße ist die Schnittkraft F_c zu nennen. Die Oberflächenqualität des Schnittholzes ist ebenfalls von hoher Bedeutung und bildet

[31] Sind die Faktorstufen mit Zahlenwerten auf einer Messskala beschreibbar, werden sie als quantitative Faktoren bezeichnet. Qualitative Faktoren sind im Gegensatz dazu Faktorstufen, die lediglich Namen, Beschreibungen oder Bezeichnungen enthalten. Qualitative Faktoren können im Gegensatz zu quantitativen Faktoren keine Zwischenwerte besitzen. [KLE16, S. 14 f.].

die abschließende dritte Zielgröße der statistischen Versuchsplanung. Zur Beurteilung der Oberflächenqualität wurden wie bereits in Unterabschnitt 5.1.3 ausgeführt die Oberflächenkennwerte Kernhöhe Sk, reduzierte Spitzenhöhe Spk und reduzierte Riefentiefe Svk herangezogen. Dazu wurde die Oberflächenqualität basierend auf der Summe dieser drei Oberflächenkennwerte ermittelt.

Nach Bestimmung der Zielgrößen wurden die auf die Zielgrößen statistisch signifikanten Faktoren[32] identifiziert und darauf aufbauend optimierte Faktoreinstellungen ermittelt. Der Fokus lag dabei auf der Minimierung des Verschleißes und der Schnittkraft sowie auf der Maximierung der Oberflächenqualität. Bei der Faktorenauswahl wurden sowohl etablierte theoretische Zusammenhänge als auch die Ergebnisse der Marktstudie berücksichtigt. Ergänzend flossen Erkenntnisse aus Expertenbefragungen von Werkzeugschleifern sowie die Auswertung einschlägiger Produktkataloge in die Entscheidungsfindung ein.

Dazu wurden anfänglich alle Winkel am Sägezahn gemäß der Einteilung nach SALJÉ[33] einbezogen [SAL83, S. 20–23]. Diese sind: Neigungswinkel λ_s, Nebenfreiwinkel α_n, Einstellwinkel κ_r, Eckenwinkel ε_r, Einstellwinkel der Nebenschneide κ_r', Freiwinkel α, Keilwinkel β und Spanwinkel γ. Anschließend erfolgte eine gezielte Reduktion der Winkel. So ergeben sich Keil- und Eckenwinkel aus der Kombination anderer Winkel und sind dadurch nicht unabhängig variierbar.[34] Auch eine Variation des Einstellwinkels wurde ausgeschlossen. Zum einen geht aus der Marktstudie hervor, dass 86 % der Anwender einen Flachzahn bevorzugen, da Wechselzähne[35] insbesondere eine erhöhte Verschleißanfälligkeit und Schnittkraft unter den im Sägewerk herrschenden extremen Bedingungen aufweisen. Zum anderen ist der Einstellwinkel gestalterisch nicht mit den Geometrieelementen Spanteilerrille und Flankenführungsfase kombinierbar.

Aus den Geometrieelementen bombierte Nebenschneide BNS, Flankenführungsfase FFF, Hohlbrust HB, Spanleitstufe SLS, Spanteilerrille STR und Strukturierung ST, die grundsätzlich in Betracht gezogen werden können, wurden Hohlbrust und bombierte Nebenschneide für die weitere Untersuchung ausgeschlossen. Die Hohlbrust ist aufgrund ihrer negativen Auswirkung auf das Verschleißverhalten des Sägezahns nicht für den industriellen Sägewerksbetrieb anwendbar. Zudem ist die Hohlbrust gestalterisch nicht kombinierbar mit Neigungswinkel, Spanleitstufe, Spanteilerrille und Strukturierung. Die bombierte Nebenschneide wurde ausgeschlossen, da diese sich gestalterisch nicht mit den Winkeln Nebenfrei- und Einstellwinkel der Nebenschneide sowie den Geometrieelementen Flankenführungsfase und Spanleitstufe kombinieren

[32] Statistische Signifikanz bedeutet, dass ein gemessener Zusammenhang zwischen Faktoren nicht zufällig auftritt, sondern auch für die Grundgesamtheit gilt. Somit gilt ein Einflussfaktor als signifikant, wenn dessen gemessener Effekt größer ist als seine Zufallsstreuung. [KLE16, S. 40].

[33] Die Benennung der Winkel erfolgt gemäß DIN 6581. Auf das bei den Winkeln vorangestellte Wort „Werkzeug" kann gemäß DIN 6581 verzichtet werden, alle genannten Winkel dieser Arbeit beziehen sich auf das Werkzeug-Bezugssystem. [DIN85b, S. 20].

[34] Die ausgewählten Faktoren müssen unabhängig voneinander variierbar sein. [KLE20, S. 26].

[35] Durch einen Einstellwinkel ≠ 90° wird der Flachzahn zu einem Wechselzahn, vgl. Unterabschnitt 2.2.1.

lässt. Weiterhin ist ein Nachschleifen der beiden genannten Geometrieelemente nur bedingt möglich.

Somit konnten insgesamt die neun Faktoren Neigungswinkel λ_s, Nebenfreiwinkel α_n, Einstellwinkel der Nebenschneide κ_r', Freiwinkel α, Spanwinkel γ, Flankenführungsfase FFF, Spanleitstufe SLS, Spanteilerrille STR und Strukturierung ST zur weiteren Untersuchung identifiziert werden. Bei der Festlegung der Faktorstufenabstände musste neben den in diesem Unterabschnitt beschriebenen Rahmenbedingungen auch auf die praktische Umsetzbarkeit der jeweiligen geometrischen Ausprägung beachtet werden. Ergänzend flossen Erkenntnisse aus Expertenbefragungen der Werkzeugschleifer und Richtwerte aus der Literatur in die Festlegung ein. Für die zu fertigenden Sägezahngeometrien ergaben sich dabei Faktorstufen, die in quantitative und qualitative Einstellungen unterteilt werden konnten. Die Hoch- und Tiefwerte der Stufeneinstellungen sind in Tabelle 8 aufgelistet.

Tabelle 8: Faktoren der Sägezahngeometrie mit minimalen und maximalen Faktorstufenwerten

Faktor	Faktoreinstellungen minimal und maximal		Faktor	Faktoreinstellungen Ausprägung vorhanden?
Neigungswinkel λ_s / °	0,00	15,00	Flankenführungsfase FFF	nein/ ja
Nebenfreiwinkel α_n / °	1,00	7,00	Spanleitstufe SLS	nein/ ja
Einstellwinkel der Nebenschneide κ_r' / °	1,00	3,50	Spanteilerrille STR	nein/ ja
Freiwinkel α / °	10,00	20,00	Strukturierung ST	nein/ ja
Spanwinkel γ / °	10,00	30,00	–	–

Die Faktoren Flankenführungsfase, Spanleitstufe, Spanteilerrille und Strukturierung stellen qualitative Faktoren dar, da die Ausprägungen eine Qualität und kein Ausmaß widerspiegeln. Es wird nur zwischen den Stufen „vorhanden" und „nicht vorhanden" unterschieden. Zur Einbringung der Flankenführungsfase wird das obere Drittel der Nebenfreiflächen am Sägezahn angeschliffen. Die Spanleitstufe wird bei 2/3 der Spanfläche, ausgehend von der Schneidkante in Richtung des Zahngrunds mit einem Radius von 1,0 mm eingebracht. Bei der Spanteilerrille wird abwechselnd ein einfacher Spanteiler in den ersten und ein doppelter Spanteiler in den zweiten Sägezahn eingebracht, um den Span über die komplette Spanungsbreite trennen zu können. Die Strukturierung mit einer Breite und Tiefe von 0,2 mm wird mittels Schleifscheibe in die gesamte Spanfläche des Sägezahns eingebracht.

Die verbleibenden Faktoren sind quantitative Faktoren, deren Stufen als numerische Werte angeben sind.

Versuchspläne

Die nachfolgende Abbildung 53 beschreibt die statistische Versuchsplanung im Gesamtkontext der vorliegenden Arbeit.

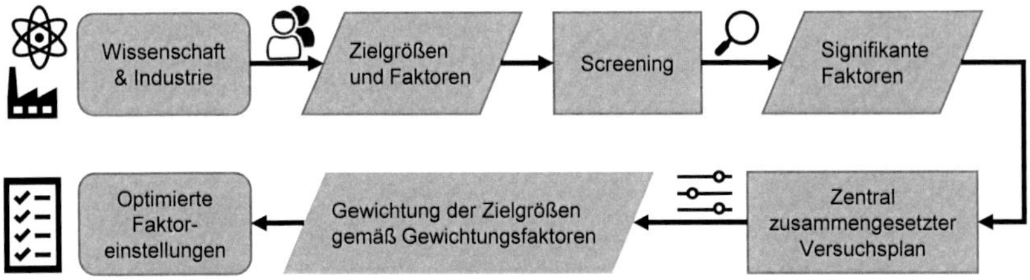

Abbildung 53: Anwendung und methodische Verknüpfung der statistischen Versuchsplanung

Nach der Definition der Zielgrößen und Faktoren werden in diesem Unterabschnitt der Screening Versuchsplan sowie der zentral zusammengesetzte Versuchsplan vorgestellt. Diese dienen der Analyse der Effekte und der anschließenden multikriteriellen Zielgrößenoptimierung. Für die Erstellung und Analyse der Versuchspläne kommt die Statistiksoftware Minitab® 22.2.2 der Minitab LLC. zur Anwendung.

Screening Versuchsplan

Screening Versuchspläne sind Versuchspläne erster Ordnung. Die Einflüsse aller Faktoren und einiger Wechselwirkungen können damit betrachtet und geschätzt werden. Das Ziel eines Screening Versuchsplans besteht darin, mit einer möglichst geringen Versuchsanzahl die wichtigsten Faktoren aus einer großen Anzahl von Einflussgrößen auszuwählen. Um alle relevanten Effekte zu finden, werden üblicherweise extreme Faktorstufen verwendet. [GAM09, S. 364]

In der vorliegenden Arbeit wird ein definitiver Screening-Versuchsplan mit Auflösung IV zur Ermittlung verwendet. Dieser umfasst zusätzliche Zentralpunkte. [KLE20, S. 162 f.] Die in einem Versuchsplan der Auflösung IV enthaltenen Haupteffekte weisen keine Vermengung mit Zwei-Faktor-Wechselwirkungen auf. Zum Teil sind Zwei-Faktor-Wechselwirkungen miteinander und mit quadratischen Termen vermengt. Einige Zwei-Faktor-Wechselwirkungen und quadratische Terme lassen sich schätzen. [SIE17, S. 31] Die Faktoreinstellungen der höchsten und niedrigsten Stufe werden durch Zentralpunkte in der Mitte des untersuchten Bereichs ergänzt. Die Zentralpunkte dienen der Erkennung möglicher Abweichungen von der Linearität [KLE16, S. 277]. Im vorliegenden Fall werden 22 Einzelversuche mit dem definitiven Screening Versuchsplan benötigt, um neun Faktoren mit zwei Zentralpunkten auf Größe und Richtung der Effekte zu untersuchen – im vollständigen 2^k-Versuchsplan entspräche dies insgesamt 512 Einzelversuchen [KLE11, S. 141]. Der zugrundliegende definitive Screening Versuchsplan mit Auflistung der randomisierten Versuchsdurchläufe ist aus Tabelle 17 in Anhang 14.5 zu entnehmen.

Zentral zusammengesetzter Versuchsplan

Zentral zusammengesetzte Versuchspläne dienen der präzisen Modellierung der Wirkzusammenhänge zwischen Faktoren und der Zielgrößen [MON17, S. 502]. Im Gegensatz zu Screening Versuchsplänen, deren primäres Ziel in der Identifikation signifikanter Faktoren innerhalb einer Vielzahl potenzieller Einflussgrößen liegt, ermöglichen zentral zusammengesetzte Versuchspläne den Aufbau eines mathematischen Modells, das den Verlauf der Zielgröße als Funktion der Faktoren beschreibt. Der zentrale Unterschied liegt in der Berücksichtigung nichtlinearer Effekte. Bei faktoriellen Versuchsplänen werden typischerweise Faktoren auf zwei Stufen variiert und somit lediglich lineare Zusammenhänge erkannt. Im Gegensatz dazu erlauben zentral zusammengesetzte Versuchspläne – durch die Einbeziehung zusätzlicher Stufen – die Identifikation und Quantifizierung quadratischer Terme sowie Wechselwirkungen höherer Ordnung. [KRE21, S. 31] Dadurch wird eine realitätsnahe Abbildung komplexer Ursache-Wirkungs-Beziehungen und somit eine zielgerichtete Optimierung des Untersuchungsobjekts ermöglicht [BRU10, S. 258].

Ein zentral zusammengesetzter Versuchsplan setzt sich aus drei strukturell aufeinander abgestimmten Komponenten zusammen. Die erste Komponente, der sogenannte Würfel, bildet ein vollständiger Versuchsplan oder Teilfaktorversuchsplan des Typs 2^k mit einer Auflösungsstufe IV oder V [SIE17, S. 40].[36] Dieser dient der Erhebung der Haupteffekte sowie der Wechselwirkungen erster Ordnung [KRE21, S. 32]. Ergänzt wird der Würfel durch einen oder mehrere Punkte, welche sich im Zentrum des Versuchsraums befinden und die zweite Komponente darstellen. Diese Zentralpunkte liefern bei Versuchsplänen ohne Wiederholung zum einen ein Maß für die Zufallsstreuung, zum anderen Hinweise auf das Vorliegen möglicher Nichtlinearitäten. [WAP23, S. 255] Dabei werden bei Zentralpunkten alle numerischen Faktoren auf die Mitte zwischen ihrer tiefen und ihrer hohen Stufe festgelegt. Ihre Anzahl beeinflusst unmittelbar die Präzision der Modellanpassung und erlaubt eine zuverlässigere Schätzung des Modellfehlers. Eine Mindestmenge von zwei bis drei Zentralpunkten wird für eine ausreichend hohe Genauigkeit des Modells benötigt. [MON17, S. 285] Die dritte Komponente bilden die sogenannten Sternpunkte, welche entlang der Achsen außerhalb des faktoriellen Bereichs angeordnet sind. Sie erweitern den Versuchsraum systematisch in axialer Richtung und gestatten somit die Erfassung quadratischer Terme in der Regressionsmodellierung. [WAP23, S. 255] Die Kombination dieser drei Elemente erlaubt eine robuste und effiziente Abschätzung komplexer Zusammenhänge innerhalb des experimentellen Raumes bei vergleichsweise geringem Versuchsaufwand [SIE17, S. 42].

Die einzelnen Faktoren werden dabei auf fünf Faktorstufen untersucht. Die Faktorstufen der faktoriellen Würfelpunkte sind dabei mit den normierten Werten ±1, die der Zentralpunkte des Versuchsraums mit 0, und die der axialen Sternpunkte mit $\pm\alpha$ bezeichnet, vgl. Abbildung 54 (links). [GUN04, S. 70 f.] Der Abstand α der Sternpunkte vom Zentralpunkt wird in Abhängigkeit von der Anzahl der einbezogenen Faktoren gewählt, um sicherzustellen, dass die statistischen Eigenschaften Orthogonalität und symmetrische Rotierbarkeit des Versuchsplans

[36] Der Begriff Auflösung bewertet in diesem Kontext die Vermengungsstruktur und dient der Bewertung der Güte des Versuchsplans [BRU10, S. 253]. Die möglichen Auflösungen von Versuchsplänen können der Norm ISO 3534-3 entnommen werden [ISO13, S. 31 f.].

gewährleistet sind [HIN07, S. 506; ISO13, S. 23]. Der zugrundliegende zentral zusammengesetzte Versuchsplan mit Auflistung der randomisierten Versuchsdurchläufe ist aus Tabelle 18 in Anhang 14.5 zu entnehmen.

Auf Grundlage eines zentral zusammengesetzten Versuchsplans können Wirkungsflächen erstellt werden, die den funktionalen Zusammenhang zwischen Faktoren und Zielgrößen abbilden. Basierend darauf lassen sich optimale Faktoreinstellungen für eine gewünschte Zielgrößenausprägung ableiten, vgl. Abbildung 54 (rechts).

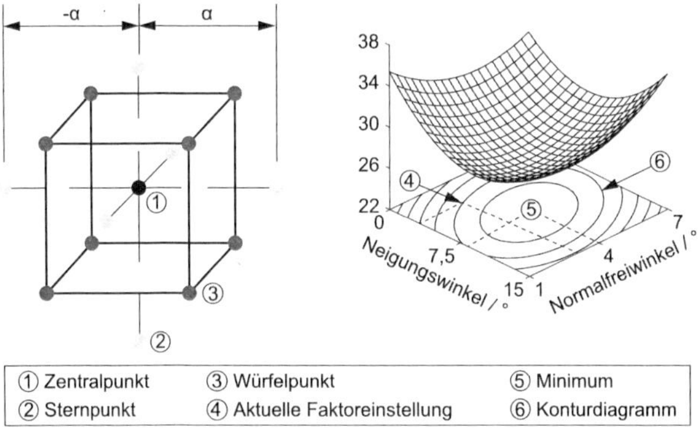

Abbildung 54: Schematische Darstellung eines zentral zusammengesetzten Versuchsplans für drei Faktoren mit Würfel-, Stern- und Zentralpunkten (links) [SIE17, S. 41] sowie einer beispielhaften Wirkungsfläche zur Veranschaulichung nichtlinearer Zusammenhänge (rechts) [MON17, S. 496]

5.4.3 Durchführung und Auswertung

Im Rahmen der systematischen Laboruntersuchungen wurde für jede Sägezahngeometrie insgesamt eine Vorschubstrecke von 480 m gesägt. Der Versuchsaufbau entsprach dem aus Abschnitt 5.1. Die Durchführung der Versuche erfolgte randomisiert. Eine Normalverteilung der Daten wurde mittels Anderson Darling Test bestätigt [GAM09, S. 259]. Die Auswertung der Ergebnisse wird für den definitiven Screening Versuchsplan und den zentral zusammengesetzten Versuchsplan nachfolgend beschrieben. Anschließend wurden drei optimierte Sägezahngeometrien abgeleitet.

Definitiver Screening Versuchsplan

Das Ziel des definitiven Screening Versuchsplans besteht darin, die statistische Signifikanz der betrachteten Faktoren zu bestimmen. Dadurch wird der Versuchsraum effizient reduziert, um im nachfolgenden zentral zusammengesetzten Versuchsplan die relevanten Faktoren vertieft untersuchen zu können. Zur Analyse werden Pareto-Diagramme der standardisierten Effekte herangezogen, um statistisch signifikante Einflussfaktoren für die drei betrachteten Zielgrößen zu identifizieren. Der standardisierte Effekt ergibt sich aus dem Quotienten des beobachteten

Effekts und seiner Standardabweichung und dient als Maß für die Signifikanz des jeweiligen Faktors. Berücksichtigt wurden dabei sowohl lineare und quadratische Haupteffekte als auch alle zweifachen Wechselwirkungen. Das Signifikanzniveau wurde mit $\alpha = 0{,}05$ festgelegt.

Abbildung 55 zeigt die entsprechenden Pareto-Diagramme für die Zielgrößen Verschleiß, Schnittkraft und Oberflächenqualität. Die gestrichelte vertikale Referenzlinie ist vom Signifikanzniveau $\alpha = 0{,}05$ abhängig und markiert die Schwelle der statistischen Signifikanz. Für den Verschleiß und die Oberflächenqualität liegt diese bei 4,303 und für die Schnittkraft bei 3,182.

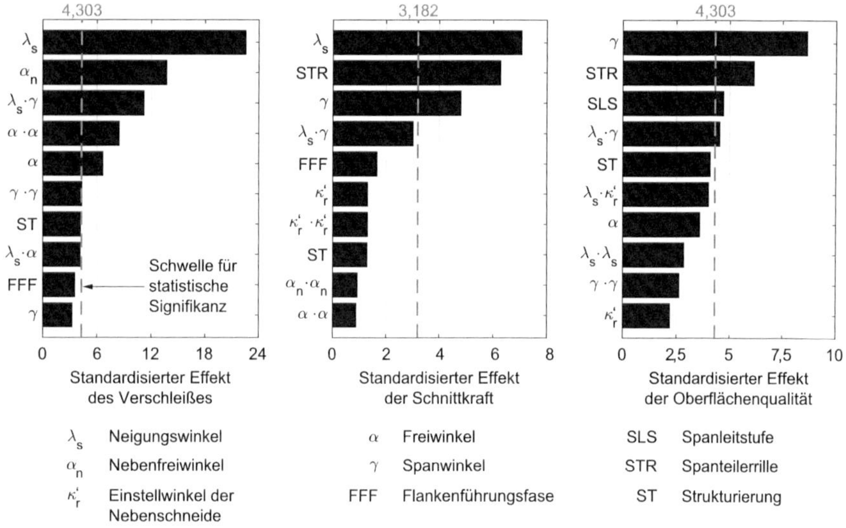

Abbildung 55: Zielgrößenübergreifende Pareto-Diagramme der standardisierten Effekte für den definitiven Screening Versuchsplan

Grundsätzlich variieren die statistisch signifikanten Faktoren je nach Zielgröße. Die stetigen Faktoren Neigungs- und Spanwinkel sind dabei für alle Zielgrößen entweder als Haupteffekt oder als Teil einer Wechselwirkung statistisch signifikant.

Die Zielgröße Verschleiß wird durch vier statistisch signifikante Faktoren bestimmt. Dabei ist der Neigungswinkel der dominierende Einflussfaktor. Die weiteren signifikanten Faktoren sind der Nebenfreiwinkel, die Wechselwirkung zwischen Neigungs- und Spanwinkel, der quadratische Effekt des Freiwinkels sowie der Freiwinkel. Hinsichtlich der Zielgröße Schnittkraft werden drei Faktoren als statistisch signifikant bestimmt. Der Neigungswinkel ist hier ebenfalls der dominierende Faktor, gefolgt von dem Geometrieelement Spanteilerrille und dem Spanwinkel. Für die Zielgröße Oberflächenqualität sind insgesamt vier Faktoren statistisch signifikant. Der dominierende Faktor ist in diesem Fall der Spanwinkel, gefolgt von den Geometrieelementen

Spanteilerrille und Spanleitstufe sowie der zweifach-Wechselwirkung zwischen Neigungs- und Spanwinkel.

Für die weitere Betrachtung sind somit die stetigen Faktoren Neigungs-, Nebenfrei-, Frei- und Spanwinkel sowie die kategorialen Faktoren Spanleitstufe und Spanteilerrille einzubeziehen. Alle anderen Effekte streuen nur zufällig und normalverteilt um den Wert 0 und sind somit als nicht signifikant einzuordnen.

Das Pareto-Diagramm standardisierter Effekte besitzt nur begrenzte Aussagekraft, da es keine Informationen darüber liefert, in welcher Weise sich ein einzelner Faktor auswirkt. Zur weiterführenden Analyse wird daher das Haupteffektdiagramm herangezogen. Dieses zeigt auf, welche Faktoreinstellungen sich förderlich oder nachteilig auf die jeweilige Zielgröße auswirken und ob zusätzlich quadratische Effekte berücksichtigt werden müssen. Zu beachten ist hierbei, dass die beiden Zentralpunkte lediglich eine Tendenz hinsichtlich möglicher quadratischer Zusammenhänge erkennen lassen, jedoch keine eindeutige Bestimmung des Effekts zulassen. Für eine eindeutige Bewertung sind weiterführende Untersuchungen erforderlich.

Die nachfolgende Abbildung 56 stellt das kombinierte Hauptwirkungsdiagramm für alle drei untersuchten Zielgrößen dar.

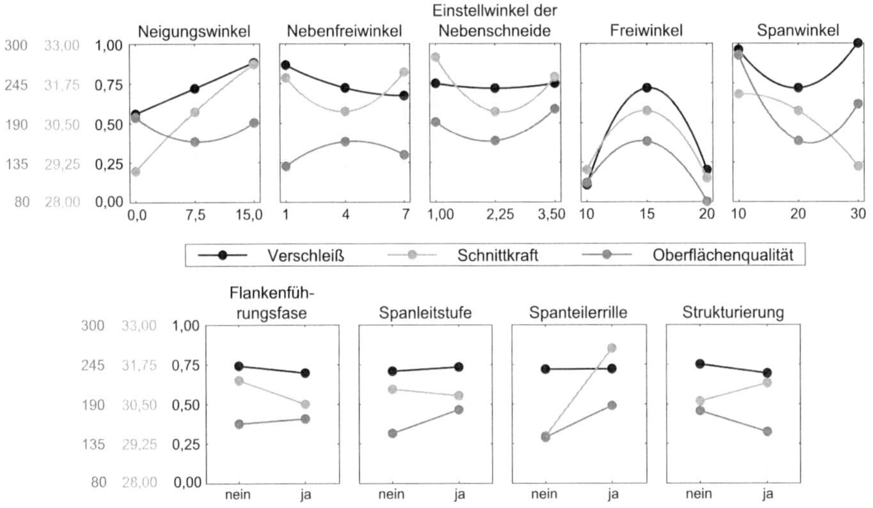

Abbildung 56: Zielgrößenübergreifendes Haupteffektdiagramm des definitiven Screening Versuchsplans

Das Diagramm der Haupteffekte ergänzt die in den Pareto-Diagrammen dargestellten Effekte um eine differenzierte Darstellung der Einflussrichtung der Faktoren auf die Zielgrößen. Wie bereits in den Pareto-Diagrammen ersichtlich, ist auch im Diagramm der Haupteffekte ein differenziertes Einflussverhalten der Faktoren auf die betrachteten Zielgrößen erkennbar. Auf

Grundlage dieser Auswertung lassen sich belastbare Aussagen zur optimalen Sägezahngeometrie durch Ableitung sinnvoller Faktorstufeneinstellungen treffen. Faktoren, deren Einflussrichtungen eindeutig sind, werden im weiteren Verlauf gezielt von der Analyse im zentral zusammengesetzten Versuchsplan ausgeschlossen. Dies trägt zur Reduktion des Modellumfangs bei. Nachfolgend werden die aus dem Pareto-Diagramme der standardisierten Effekte bestimmten signifikanten Faktoren analysiert.

Beim Neigungswinkel ist ein Anstieg des Verschleißes mit zunehmendem Winkel erkennbar, während für die Schnittkraft und die Oberflächenqualität ein quadratischer Effekt wahrscheinlich ist. Dies deutet auf eine optimale Einstellung des Neigungswinkels zwischen den äußeren Faktorstufen -1 und +1 hin und bedarf einer weiterführenden Untersuchung.

Der Nebenfreiwinkel weist für alle drei Zielgrößen einen wahrscheinlichen quadratischen Effekt auf. Daraus kann abgeleitet werden, dass sich die äußeren Faktorstufen negativ auf die Zielgrößen auswirken und somit eine weiterführende Untersuchung notwendig ist.

Der Freiwinkel weist ebenfalls deutliche quadratische Effekte für alle Zielgrößen auf. Dennoch ist die Festlegung der optimalen Faktoreinstellung bereits möglich, da der Freiwinkel lediglich für die Zielgröße Verschleiß signifikant ist. Aus dem Haupteffektdiagramm wird ersichtlich, dass trotz eines möglichen quadratischen Effekts der optimale Einstellwert auf dem minimalen Faktorstufenwert von 10° verbleibt.

Der Spanwinkel zeigt für alle drei Zielgrößen einen wahrscheinlichen quadratischen Effekt. Während für die Schnittkraft der Faktorstufenwert nahe der maximalen Faktorstufe zu vermuten ist, ist eine Prognose für den Verschleiß und die Oberflächenqualität nicht möglich. Der Spanwinkel bedarf somit einer weiterführenden Untersuchung.

Die Geometrieelemente Spanleitstufe und Spanteilerrille sind als kategorialer Faktor mit den Ausprägungen „vorhanden" und „nicht vorhanden" berücksichtigt. Auf dieser Basis ist eine Beurteilung optimaler Einstellungen bereits im Rahmen des definitiven Screening Versuchsplans möglich, zumal keine signifikanten Wechselwirkungen unter Beteiligung dieser Merkmale identifiziert wurden. Die Spanteilerrille zeigt einen signifikanten Einfluss auf die Zielgrößen Schnittkraft und Oberflächenqualität, während die Spanleitstufe ausschließlich die Oberflächenqualität signifikant beeinflusst. In beiden Fällen ergibt die Auswertung die optimale Ausprägung „nicht vorhanden".

Zentral zusammengesetzter Versuchsplan

Im zentral zusammengesetzten Versuchsplan werden die verbleibenden Faktoren Neigungswinkel, Nebenfreiwinkel und Spanwinkel auf jeweils fünf Faktorstufen untersucht. Die niedrigste, mittlere und höchste Stufe bilden dabei die Sternpunkte des Versuchsplans, vgl. Abbildung 54. Im vorliegenden Fall sind die statistischen Eigenschaften Orthogonalität und symmetrische Rotierbarkeit des Versuchsplans gewährleistet. Dies konnte mit einem $\alpha = 1{,}682$

erfüllt werden, vgl. Unterabschnitt 5.4.2. In Abbildung 57 bis Abbildung 59 werden die Einflüsse dieser Faktoren auf die drei Zielgrößen anhand von Wirkungsflächendiagrammen dargestellt. Jedes Diagramm visualisiert dabei den Zusammenhang zwischen jeweils zwei der drei untersuchten Faktoren in Bezug auf eine spezifische Zielgröße, wobei die Zielgröße über den Faktoren aufgetragen ist und sich dadurch eine geglättete Wirkungsfläche ergibt. Darüber hinaus sind die zugehörigen Regressionsgleichungen in nicht kodierten Einheiten zur mathematischen Modellierung für jede Zielgröße separat ausgewiesen. Diese bilden im weiteren Verlauf die Grundlage für die Zielgrößenoptimierung.

Zur Beurteilung der Modellgüte wurde das korrigierte Bestimmtheitsmaß R^2_{kor} und das prognostizierte Bestimmtheitsmaß R^2_{pro} herangezogen. R^2_{kor} berücksichtigt im Unterschied zum klassischen Bestimmtheitsmaß R^2, mit dem die Modellgüte anhand der vom Modell erklärten Streuung der Zielgröße beschrieben wird, die Anzahl der Faktoren und kann somit einer verzerrten Überschätzung der Modellgüte durch die Einbeziehung nicht signifikanter Faktoren entgegenwirken. Mittels R^2_{pro} kann bestimmt werden, wie genau das Modell Werte der Zielgrößen für neue Beobachtungen prognostiziert. Dabei zeichnen sich Modelle mit einem höheren R^2_{pro} durch eine bessere Prognosefähigkeit aus.

Mathematisches Modell des Verschleißes

Das resultierende Modell für den Verschleiß wird durch nachfolgende Gleichung (25) beschrieben. Dabei stellt λ_{s} den Neigungswinkel, α_{n} den Nebenfreiwinkel und γ den Spanwinkel dar.

$$\begin{aligned}&\text{Verschleiß} = 2{,}468 - 0{,}0887 \cdot \lambda_{\mathrm{s}} - 0{,}4431 \cdot \alpha_{\mathrm{n}} - 0{,}1669 \cdot \gamma + 0{,}009756 \cdot {\lambda_{\mathrm{s}}}^2 + \\ &0{,}04840 \cdot {\alpha_{\mathrm{n}}}^2 + 0{,}005183 \cdot \gamma^2 + 0{,}00352 \cdot \lambda_{\mathrm{s}} \cdot \alpha_{\mathrm{n}} - 0{,}002091 \cdot \lambda_{\mathrm{s}} \cdot \gamma + 0{,}00236 \cdot \alpha_{\mathrm{n}} \cdot \gamma\end{aligned} \tag{25}$$

Dabei konnte für dieses Modell eine sehr hohe Modellgüte mit einem korrigierten Bestimmtheitsmaß $R^2_{\mathrm{kor}} = 97{,}76\ \%$ und eine sehr gute Prognosefähigkeit $R^2_{\mathrm{pro}} = 96{,}53\ \%$ erreicht werden. In der nachfolgenden Abbildung 57 sind Wirkungsflächendiagramme der Zielgröße Verschleiß dargestellt.

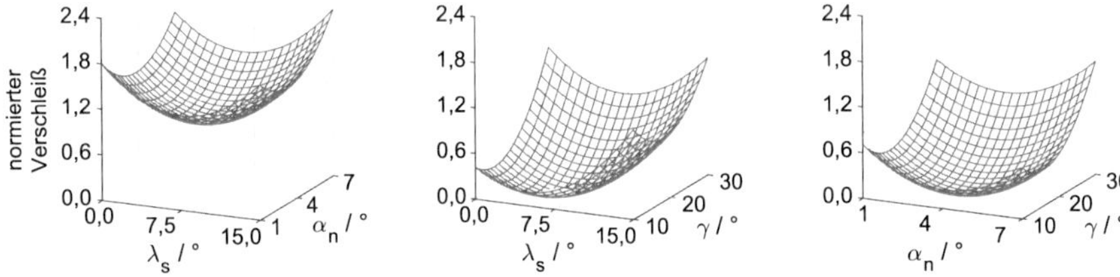

Abbildung 57: Wirkungsflächendiagramm der Zielgröße Verschleiß in Bezug auf die Zusammenhänge zwischen Neigungswinkel λ_{s}, Nebenfreiwinkel α_{n} und Spanwinkel γ

Die dargestellten Wirkungsflächendiagramme zeigen deutlich die im Modell vorhandenen quadratischen Effekte. So wird bspw. für den Zusammenhang zwischen dem Neigungs- und dem Spanwinkel ein starker quadratischer Effekt erkannt. Dadurch konnte die Wahl der Versuchspläne, die in Unterabschnitt 5.4.2 beschrieben sind, bestätigt werden, da vorhandene Nichtlinearitäten durch das Modell abgebildet und die Wirkzusammenhänge korrekt beschrieben werden. Dies zeigt sich auch am hohen korrigierten Bestimmtheitsmaß R^2_{kor}.

Mathematisches Modell der Schnittkraft

Das resultierende Modell für die Schnittkraft wird nach Gleichung (26) beschrieben. Dabei stellt λ_s den Neigungswinkel, α_n den Nebenfreiwinkel und γ den Spanwinkel dar.

$$\text{Schnittkraft} = 40{,}6 - 0{,}4874 \cdot \lambda_s - 2{,}026 \cdot \alpha_n - 0{,}4995 \cdot \gamma + 0{,}05998 \cdot {\lambda_s}^2 + 0{,}2171 \cdot {\alpha_n}^2 + 0{,}01015 \cdot \gamma^2 + 0{,}05421 \cdot \lambda_s \cdot \alpha_n - 0{,}02197 \cdot \lambda_s \cdot \gamma - 0{,}00235 \cdot \alpha_n \cdot \gamma \quad (26)$$

Das Modell weist mit einem korrigierten Bestimmtheitsmaß $R^2_{\mathrm{kor}} = 98{,}73\ \%$ ebenfalls eine exzellente Modellgüte und mit einer Prognosefähigkeit $R^2_{\mathrm{pro}} = 96{,}53\ \%$ eine sehr hohe Prognosequalität aus. In Abbildung 58 sind Wirkungsflächendiagramme der Zielgröße Schnittkraft dargestellt.

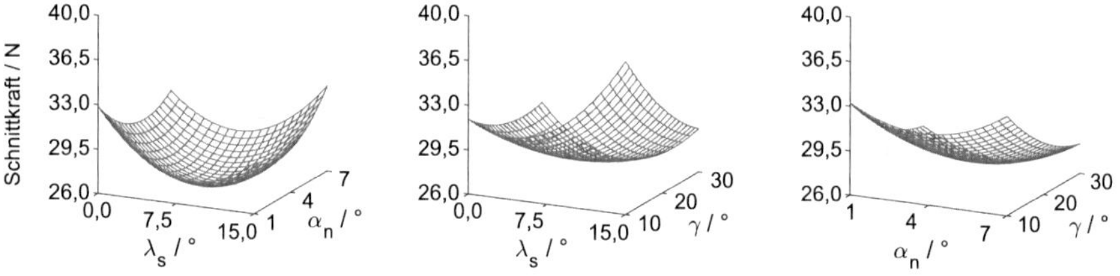

Abbildung 58: Wirkungsflächendiagramm der Zielgröße Schnittkraft in Bezug auf die Zusammenhänge zwischen Neigungswinkel λ_s, Nebenfreiwinkel α_n und Spanwinkel γ

Auch die Betrachtung der Wirkungsflächendiagramme zur Schnittkraft zeigt, dass der Einsatz eines quadratischen Modells sinnvoll war, um die Zusammenhänge zwischen Faktoren und Zielgrößen realistisch abzubilden.

Mathematisches Modell der Oberflächenqualität

Das resultierende Modell für die Oberflächenqualität wird durch nachfolgende Gleichung (27) beschrieben. Dabei stellt λ_s den Neigungswinkel, α_n den Nebenfreiwinkel und γ den Spanwinkel dar.

$$\text{Oberflächenqualität} = 244{,}3 - 2{,}761 \cdot \lambda_s + 15{,}11 \cdot \alpha_n - 5{,}287 \cdot \gamma + 0{,}2791 \cdot {\lambda_s}^2 - 1{,}96 \cdot {\alpha_n}^2 + 0{,}0575 \cdot \gamma^2 + 0{,}0793 \cdot \lambda_s \cdot \alpha_n - 0{,}0199 \cdot \lambda_s \cdot \gamma + 0{,}0058 \cdot \alpha_n \cdot \gamma \quad (27)$$

Das korrigierte Bestimmtheitsmaß $R^2_{\mathrm{kor}} = 90{,}37\ \%$ und die Prognosefähigkeit $R^2_{\mathrm{pro}} = 89{,}04\ \%$ beschreibt eine als sehr gut einzustufende Modellgüte und ein gutes Vorhersagepotenzial. In Abbildung 59 sind Wirkungsflächendiagramme der Zielgröße Oberflächenqualität dargestellt.

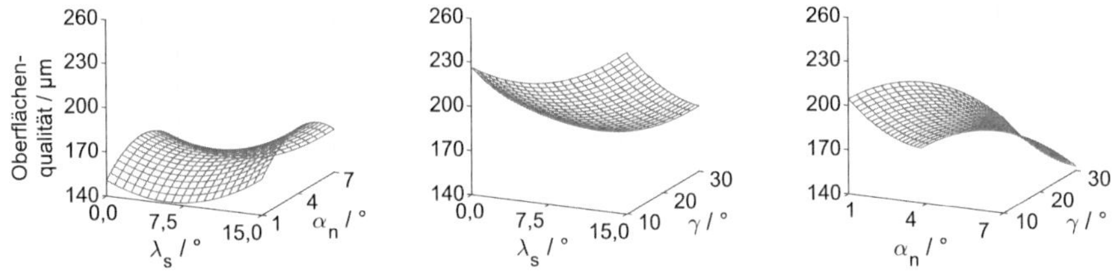

Abbildung 59: Wirkungsflächendiagramm der Zielgröße Oberflächenqualität in Bezug auf die Zusammenhänge zwischen Neigungswinkel λ_s, Nebenfreiwinkel α_n und Spanwinkel γ

Damit ist das Modell der Oberflächenqualität im Vergleich zu den zuvor beschriebenen Modellen mit den größten Ungenauigkeiten behaftet. Dies kann durch die in Unterabschnitt 2.1.1 beschriebene Inhomogenität und Anisotropie des Werkstoffs Holz begründet werden.

Optimale Faktoreinstellungen

Nachfolgende Tabelle 9 zeigt die allgemeinen Zusammenhänge der Einflüsse der untersuchten Faktoren auf die Zielgrößen anhand ihrer optimalen Einstellungen.

Tabelle 9: Zusammenhänge der Faktoren und Zielgrößen im zentral zusammengesetzten Versuchsplan

Faktor / **Zielgrößen**	Optimale Einstellung für Neigungswinkel λ_s	Nebenfreiwinkel α_n	Spanwinkel γ
Verschleiß			
Schnittkraft			
Oberflächenqualität			

 Optimale Einstellung bei hoher Faktorstufeneinstellung

 Optimale Einstellung liegt zwischen kleinster und größter Faktorstufe

 Fallabhängig ist niedrige oder hohe Faktorstufeneinstellung optimal

Der Zusammenhang zwischen der Zielgröße Verschleiß und den Faktoren ist in allen drei Fällen durch einen stark ausgeprägten quadratischen Effekt gegeben. Für den Neigungswinkel und den Spanwinkel liegen die optimalen Faktoreinstellungen im mittleren bis unteren Bereich, für den Nebenfreiwinkel im mittleren Bereich.

Für die Minimierung der Schnittkraft zeigt sich, dass ein großer Spanwinkel von Vorteil ist. Dies deckt sich mit bereits bekannten Erkenntnissen aus der Literatur, vgl. [GOT23, S. 173]. Sowohl für den Neigungs-, als auch für den Nebenfreiwinkel liegen stärkere quadratische Effekte vor, wobei diese insbesondere bei Betrachtung des Nebenfreiwinkels verglichen zu seinem Haupteffekt stark ausgeprägt sind. Für den Neigungswinkel sind tendenziell mittlere bis kleinere Faktoreinstellungen vorteilhaft.

Die Maximierung der Oberflächenqualität kann erreicht werden, indem für den Spanwinkel ein möglichst großer Wert gewählt wird. Eine Variation des Nebenfreiwinkels führt bei der Wahl sehr kleiner bzw. großer Werte zu einer Maximierung der Oberflächenqualität. Der Neigungswinkel ist tendenziell bei mittlerer bis kleinerer Faktoreinstellung vorteilhaft.

Ableitung optimierter Sägezahngeometrien

Zur experimentellen Validierung und anschließender Erprobung wurden insgesamt drei optimierte Sägezahngeometrien definiert. Grundlage hierfür bildeten die Erkenntnisse aus dem Screening sowie dem zentral zusammengesetzten Versuchsplan. Die Optimierung erfolgte mithilfe der Software Minitab® 22.2.2 der Minitab LLC., wobei die integrierte Funktion zur Zielgrößenoptimierung verwendet wurde. Zur Bewertung mehrerer Zielgrößen wurde die zusammengesetzte Erwünschtheit herangezogen, die als gewichteter geometrischer Mittelwert der individuellen Erwünschtheiten berechnet wird. Diese Größe erlaubt eine Beurteilung, inwieweit sich die betrachteten Zielgrößen mit den mögliche Faktoreinstellungen gleichzeitig optimieren lassen. Die Zielgrößen wurden dabei auf Basis der ermittelten Modellgleichungen und unter Berücksichtigung ihrer jeweiligen Gewichtung berechnet. Die Gewichtung der Faktoren erfolgte im Rahmen der Zielgrößenoptimierung gemäß den sich aus der Markstudie ergebenden Gewichtungsfaktoren, vgl. Unterabschnitt 3.3.3. Dazu wurden die angegebenen Zieldimensionen von Sägeprozessen analysiert und die drei von Anwendern am meisten favorisierten Zieldimensionen (Verschleiß, Schnittkraft und Oberflächenqualität) ausgewählt. Diese wurden im Anschluss durch Normierung in relative Anteile umgerechnet – es ergibt sich somit eine Gewichtung von 0,38 für den Verschleiß, von 0,35 für die Schnittkraft und von 0,27 für die Oberflächenqualität.

Die Optimierung der Sägezahngeometrie erfolgte differenziert nach dem verwendeten Versuchsplan. Neigungswinkel, Nebenfreiwinkel und Spanwinkel wurden anhand des zentral zusammengesetzten Versuchsplans optimiert. Die übrigen Faktoren wurden auf Grundlage des Screening Versuchsplans festgelegt. Dieses Vorgehen ist auf Basis der in Unterabschnitt 5.4.2 enthaltenen Ausführungen umsetzbar, da keine signifikanten Wechselwirkungen zwischen den optimierten Faktoren aus dem zentral zusammengesetzten Versuchsplan und dem Screening Versuchsplan bestehen und diese somit unabhängig voneinander sind.

Tabelle 10 zeigt die errechneten optimierten Zusammensetzungen der Sägezahngeometrien, die im nächsten Schritt validiert werden.

Tabelle 10: Optimierte Sägezahngeometrien für die weitere Untersuchungen[37]

Variante	Neigungswinkel / °	Nebenfreiwinkel / °	Einstellwinkel der Nebenschneide / °	Freiwinkel / °	Spanwinkel / °	Flankenführungsfase	Spanleitstufe	Spanteilerrille	Strukturierung
GN38	6,06	3,84	2,54	10,00	22,12	ja	nein	nein	nein
GN39	7,88	5,33	3,50	10,00	23,79	ja	nein	nein	ja
GN40	2,83	5,14	3,50	10,00	19,15	ja	nein	nein	ja

Validierung der optimierten Sägezahngeometrien

Im Anschluss wurden die optimierten Sägezahngeometrien unter praxisnahen Bedingungen validiert. Ziel der Untersuchungen war es, das prognostizierte Verbesserungspotenzial messtechnisch zu bestätigen. Hierzu wurden Laboruntersuchungen mit den drei optimierten Sägezahngeometrien durchgeführt und systematisch mit einem Referenzzahn (Referenz) verglichen. Der Referenzzahn besitzt die Sägezahngeometrie eines marktüblichen Sägezahns. Dessen Winkel und Geometrieelemente sind in Tabelle 11 aufgeführt.

Tabelle 11: Referenzgeometrie für die weiteren Untersuchungen

Geometrie-Nr.	Neigungswinkel / °	Nebenfreiwinkel / °	Einstellwinkel der Nebenschneide / °	Freiwinkel / °	Spanwinkel / °	Flankenführungsfase	Spanleitstufe	Spanteilerrille	Strukturierung
Referenz	0,00	5,00	1,00	15,00	20,00	nein	nein	nein	nein

Für jede Sägezahngeometrie wurde eine Vorschubstrecke von 480 m gesägt. Der Versuchsaufbau entsprach dem aus Abschnitt 5.1.

Abbildung 60 zeigt die Ergebnisse der Validierungsversuche für die Sägezahngeometrien GN38, GN39 und GN40 im Vergleich zur Referenz.[38] Im linken Diagramm sind die Verschleißkennwerte dargestellt. Das mittlere Diagramm stellt die gemessenen Schnittkräfte dar. Im rechten Diagramm sind die Oberflächenkennwerte dargestellt.

[37] Dabei steht die Abkürzung GN (Geometrienummer) für die Kennung der Sägezahngeometrie. Die fortlaufende Nummerierung wird vom Screening Versuchsplan (GN01-GN22) über den zentral zusammengesetzten Versuchsplan (GN23-GN37) bis hin zur Ableitung der optimalen Sägezahngeometrien (GN38-GN40) beibehalten.

[38] Eine tabellarische Darstellung der Ergebnisse kann Anhang 14.6 entnommen werden.

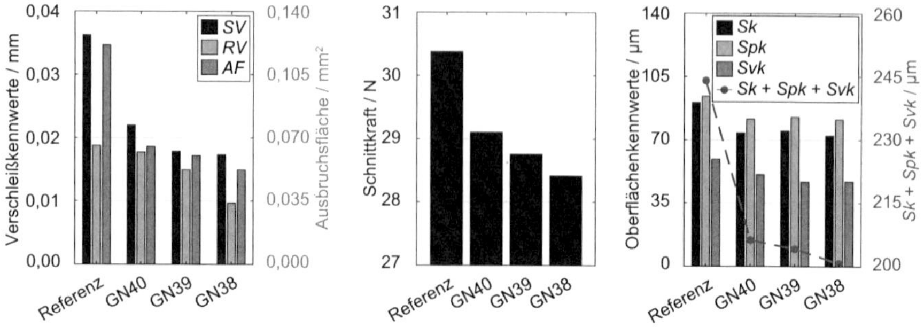

Abbildung 60: Zusammengefasste Darstellung der Validierungsergebnisse für die Kriterien Verschleißkennwerte, Schnittkraft und Oberflächenkennwerte

In den Zielgrößen ist eine Abstufung zwischen den drei optimierten Sägezahngeometrien erkennbar. GN38 erzielt als optimale Sägezahngeometrie in allen Kategorien die besten Werte, gefolgt von GN39 und schließlich GN40. Dieses Rangverhältnis zeigt sich über alle Einzelkennwerte hinweg und kann auch auf die Gesamtbewertung übertragen werden. Die Validierung bestätigt somit die zuvor im Rahmen der statistischen Versuchsplanung ermittelte Bewertungsreihenfolge. Nachfolgend werden verschiedene Beschichtungen untersucht, die potenziell für die drei optimierten Sägezahngeometrien geeignet sind.

5.5 Erprobung von Beschichtungen

5.5.1 Auswahl von Beschichtungen

Im Rahmen der Entwicklung einer Beschichtung zum Kreissägen von Weichholz wurden verschiedene Beschichtungen hinsichtlich ihres Potenzials zur Verbesserung des Verschleißverhaltens, der Schnittkraft und der erzeugten Oberflächenqualität systematisch untersucht.

Hierzu wurden acht verschiedene Beschichtungen analysiert, die sich hinsichtlich ihrer Materialsysteme (u. a. amorphe Kohlenstoffschichten (a-C), Titannitrid (TiN), Titanaluminiumnitrid (TiAlN)), Schichtdicke, plastischen Härte sowie ihrer Oberflächenrauheit unterscheiden. Die Schichtdicken variieren zwischen 0,5 µm und 2,6 µm, die Härtewerte reichen dabei von 2.300 HV (TiN) bis 7.200 HV (a-C). Die verschiedenen Varianten können aus Tabelle 20 in Anhang 14.7 entnommen werden.

TiN ist seit 1980 ein verbreitet eingesetzter Hartstoff zur Beschichtung von Spanwerkzeugen in der Metallbearbeitung und war die erste kommerziell erfolgreiche PVD-Beschichtung. Es handelt sich um eine Einlagerungsverbindung aus Titan und Stickstoff, die aufgrund der starken Metall-Stickstoff-Bindung eine hohe thermische Stabilität aufweist. TiN zeichnet sich durch seine goldene Farbe, eine etwa 50 % höhere Härte als Hartmetall und gute chemische Stabilität bis 500 °C aus. Die Schicht besitzt eine hohe Zähigkeit und ist besonders widerstandsfähig gegenüber Kolkverschleiß. [PAU08, S. 74; KLO18, S. 179]. TiN wird vor allem für Anwendungen mit abrasivem Verschleiß eingesetzt [VDI02, S. 8].

TiAlN ist eine Weiterentwicklung von TiN, bei der Titan zu 20–60 at.- % durch Aluminium substituiert wird. Abhängig von der Zusammensetzung weisen die Schichten eine Farbspanne von Braun bei geringem Aluminiumgehalt bis hin zu Schwarz-Violett bei hohem Aluminiumgehalt auf [VDI02, S. 11]. TiAlN zeichnet sich durch eine deutlich höhere Oxidationsbeständigkeit, Härte und Warmhärte aus, wodurch es insbesondere für Anwendungen mit hoher thermischer Belastung wie Trocken- oder Hochgeschwindigkeitsbearbeitung geeignet ist. Die hohe Oxidationsbeständigkeit wird damit erklärt, dass sich auf einer sich ständig erneuernden Aluminiumoxidschicht der Verschleiß verlangsamt. Mit steigendem Aluminiumgehalt verbessert sich die Oxidationsbeständigkeit weiter. Aufgrund des vergleichsweise hohen Reibwerts ist TiAlN für Hochtemperaturprozesse vorteilhafter als für Anwendungen bei niedrigen Temperaturen. Schichten mit einem Aluminiumanteil von über 50 % werden zur Abgrenzung von konventionellen TiAlN-Schichten als AlTiN-Schichten bezeichnet. [PAU08, S. 74; KLO18, S. 180 f.]

Ta-C Beschichtungen gehörten zur Gruppe der amorphen Kohlenstoffschichten. Diese werden auch als DLC-Schichten[39] bezeichnet und umfassen eine Vielzahl kohlenstoffbasierter Schichtsysteme mit unterschiedlichen Anteilen an sp^2- (Graphitbindung) und sp^3-Hybridisierungen (Diamantbindung) [ZHA22, S. 21]. Während die Kohlenstoffatome im Werkstoff Diamant tetraedrisch angeordnet sind und so feste Bindungen bilden, sind die Kohlenstoffatome im Graphit in ein hexagonales Schichtsystem eingebunden. Diamant wird daher wegen seiner hohen Härte eingesetzt, Graphit wegen seiner guten Gleiteigenschaften [CZI14, S. 32]. Diese Schichten können zusätzlich Wasserstoff enthalten. Die Klassifikation amorpher Kohlenstoffschichten gemäß VDI 2840 basiert auf dem Verhältnis der sp^2-/sp^3-Hybridisierungen sowie dem Wasserstoffgehalt [VDI23, S. 13]. Typische Eigenschaften listet VDI 3824 [VDI02, S. 10]

Dominieren in amorphen Kohlenstoffschichten sp^2-hybridisierte Bindungen, so weist die Schicht eine geringere Härte auf; bei einem höheren Anteil an sp^3-Hybridisierungen erhöht sich hingegen die Härte der Schicht deutlich [SEI12, S. 4]. Die Ausbildung der Hybridisierungszustände ist maßgeblich von der bei der Abscheidung eingebrachten Energie abhängig [WEI22, S. 30]. Niedrige Abscheideenergien begünstigen die Bildung von sp^2-hybridisierten Kohlenstoffatomen, wodurch weichere Schichten entstehen, die als „a-C" (amorpher Kohlenstoff) klassifiziert werden. Erhöhte Abscheideenergien führen hingegen zur bevorzugten Ausbildung von sp^3-Hybridisierungen in Tetraederanordnung. Diese sogenannten tetraedrischen amorphen Kohlenstoffschichten (ta-C) zeichnen sich durch eine höhere Härte und erhöhte Druckeigenspannungen aus. [KLO18, S. 183] Eine Klassifizierung amorpher Kohlenstoffschichten in Abhängigkeit des Wasserstoffgehalts enthält Abbildung 61.

[39] Diamantähnliche Kohlenstoffschichten (DLC-Schichten, engl. diamond-like carbon)

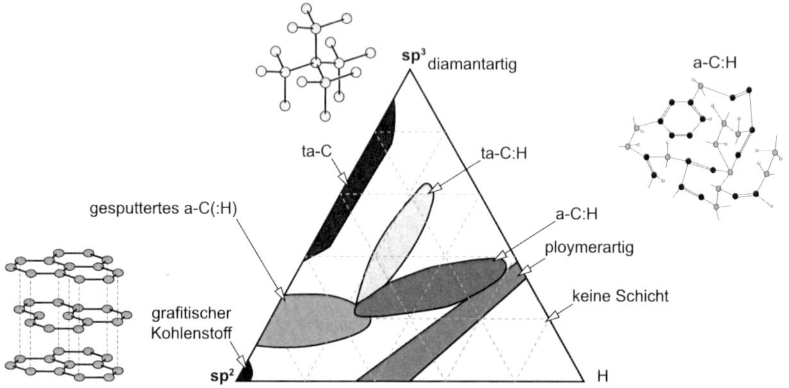

Abbildung 61: Ternäres Phasendiagramm zur Klassifizierung amorpher Kohlenstoffschichten in Abhängigkeit des Wasserstoffgehalts sowie der Anteile sp^2- und sp^3-hybridisierter Kohlenstoffatome (für a-C:H-Gitter gilt: schwarze Kreise: sp^2-koordiniert, graue Kreise: sp^3-koordiniert, offene Ringe: H-Atome) [JAC93, S. 1771; STA05, S. 25; WEI22, S. 30]

Zusätzlich können amorphe Kohlenstoffschichten Metallkarbide oder weitere Elemente enthalten, um spezifische tribologische Eigenschaften wie Reibungs- und Verschleißverhalten gezielt zu optimieren. [ROB08, S. 22 f.] Aufgrund dieser anpassbaren Eigenschaften finden DLC-Schichten breite Anwendung in Bereichen, in denen hohe mechanische Belastbarkeit und geringe Reibung erforderlich sind [FUß08, S. 457]. Kohlenstoffschichten nutzen üblicherweise ein oder mehrere Zwischenschichten. Aufbau und Funktonen sind in DIN 4855:2025 beschrieben. [DIN15, S. 8–14]

Nachfolgende Abbildung 62 zeigt die acht erprobten Beschichtungen. Diese unterscheiden sich auch optisch durch die von den Beschichtungen erzeugten Farbeffekte. Für die Laboruntersuchung der Beschichtungen wurde gezielt eine Sägezahngeometrie mit geringem Keilwinkel ausgewählt[40]. Diese Geometrie begünstigt ein Auftreten hoher Druckeigenspannungen in den Beschichtungen, wodurch bspw. Abplatzungen hervorgerufen werden. Ziel war es, die mechanische Belastbarkeit der Beschichtungen im ungünstigsten Fall zu prüfen. Ein stabiler Schichtverbund unter dieser kritischen Beanspruchung lässt erwarten, dass bei späteren, weniger belastenden Sägezahngeometrien Schäden durch Druckeigenspannungen vermieden werden.

[40] Die Spezifikation der Sägezahngeometrie ist aus Tabelle 21 in Anhang 14.7 zu entnehmen.

Abbildung 62: Übersicht der beschichteten Sägezähne mit geringem Keilwinkel für Laboruntersuchungen[41]

5.5.2 Durchführung und Auswertung

Im Rahmen der Laboruntersuchungen der Beschichtungen wurde für jede Beschichtung eine Vorschubstrecke von 960 m gesägt. Der Versuchsaufbau entsprach dem aus Abschnitt 5.1.

Vorgehen zur Auswertung

Zur systematischen und vergleichbaren Auswertung wurde ein einheitliches Bewertungsschema entwickelt. Ziel war es, die Leistungsfähigkeit der verschiedenen Beschichtungen sowohl innerhalb einzelner Bewertungskriterien als auch in einer gesamtheitlichen Betrachtung zu quantifizieren. Die Bewertung berücksichtigt die drei Zielgrößen Verschleiß, Schnittkraft und Oberflächenqualität.

Die Auswertung basiert auf den Mittelwerten der jeweiligen Beschichtungen BN01 bis BN08. Um eine direkte Vergleichbarkeit unterschiedlicher Kennwerte zu ermöglichen, wurden alle gemessenen Werte auf einen einheitslosen Zahlenbereich zwischen 0 und 1 skaliert, wobei 0 die beste und 1 die schlechteste Ausprägung innerhalb des jeweiligen Kriteriums darstellt. Diese Normierung erlaubt es, heterogene Messgrößen mit unterschiedlichen physikalischen Einheiten konsistent zu vergleichen.

Für die Zielgröße Schnittkraft wurde die Skalierung direkt auf die Mittelwerte der gemessenen Kräfte angewandt. Im Fall der beiden Zielgrößen Verschleiß und Oberflächenqualität lag jeweils eine Kombination aus drei Kennwerten vor, weshalb für diese eine zusammengefasste Teilbewertung berechnet werden musste.

Die zusammengefasste Teilbewertung für den Verschleiß basiert auf den skalierten Einzelwerten der Verschleißkennwerte Schneidenversatz SV, Rundungsverschleiß RV und Ausbruchsfläche AF. Diese wurden jeweils normiert und anschließend zu einer gleichgewichteten Mittelung (1/3 pro Kennwert) zusammengeführt.

[41] Die Abkürzung BN (Beschichtungsnummer) steht für die Kennung der Beschichtung. Diese beginnt bei BN01 und erhöht sich fortlaufend bis BN08.

Die zusammengefasste Teilbewertung der Oberflächenqualität basiert auf der Summe der drei Oberflächenkennwerte Kernhöhe *Sk*, reduzierte Spitzenhöhe *Spk* und reduzierte Riefentiefe *Svk*, welche anschließend ebenfalls zwischen 0 und 1 skaliert wurde.

Die abschließende Gesamtbewertung ergibt sich aus der gewichteten Mittelung der drei Teilbewertungen (Verschleiß, Schnittkraft und Oberflächenqualität, mit den Gewichtungen 0,38, 0,35 und 0,27)[42]. Die Gesamtbewertung ist in Abbildung 63 als blau gestrichelte Linie dargestellt und erlaubt eine transparente, übergeordnete Beurteilung der Leistungsfähigkeit jeder untersuchten Variante. Die Darstellung der Ergebnisse erfolgt sortiert nach der Größe der Gesamtbewertung, sodass die leistungsfähigsten Varianten mit den niedrigsten Bewertungskennzahlen am rechten Ende der Achse liegen.

Auswertung und Interpretation

In nachfolgender Abbildung 63 sind die Versuchsergebnisse dargestellt.[43] Die Variante BN08 erreicht bei den Einzelbewertungen der Kennwerte und den Teilbewertungen der Zielgrößen die besten Ergebnisse und stellt somit die leistungsfähigste Beschichtung im Versuchsfeld dar. Die Variante BN07 belegt in der Gesamtbewertung den zweiten Platz. Für die Zielgröße Schnittkraft erzielt sie zwar lediglich die drittbeste Teilbewertung, jedoch liegt diese nur geringfügig unter der zweitplatzierten Teilbewertung, sodass hier beide Varianten nahezu gleichwertig eingestuft werden können. Die schlechtesten Ergebnisse in der Gesamtbewertung erzielen die Varianten BN05, BN03 und BN06, insbesondere aufgrund der Teilbewertungen von Schnittkraft und Verschleiß. Bei den Varianten BN05 (TiN) und BN06 (AlTiN) handelt es sich um Standardbeschichtungen für spanende Werkzeuge [KLO18, S. 174].

Die Betrachtung der Zielgröße Schnittkraft stellt einen wichtigen Vorteil von ta-C Beschichtungen heraus. Verglichen mit den Standardvarianten zeigen die ta-C Varianten im Mittel geringere Schnittkräfte. Dieser Umstand kann auf deren Anteil an sp^2-hybridisiertem Kohlenstoff in Form von Graphitschichten zurückzuführen sein, da deren Schichtpakete eine geringe Scherfestigkeit aufweisen und somit eine reibungsreduzierende Wirkung aufweisen. Diese tribologischen Eigenschaften der ta-C Varianten begünstigen die Spanbildung und tragen zur Reduktion der Schnittkräfte bei.

[42] Die Herleitung zu den Gewichtungen sind Unterabschnitt 5.4.3 zu entnehmen.

[43] Eine tabellarische Darstellung der nicht normierten Ergebnisse kann aus Tabelle 22 in Anhang 14.7 entnommen werden.

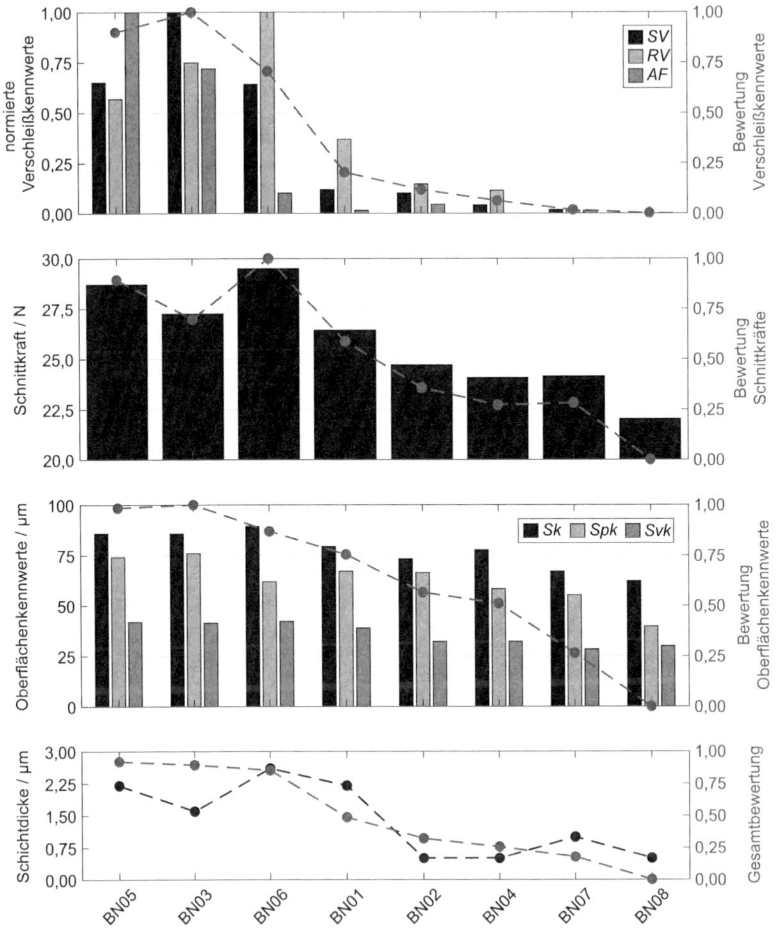

Abbildung 63: Zusammengefasste Ergebnisse inklusive Beschichtungsdicke geeigneter Beschichtungen für die Zielgrößen Verschleiß, Schnittkraft, Oberflächenqualität mit Teil- und Gesamtbewertung

Um den Einfluss verschiedener Beschichtungseigenschaften (Schichthärte, Schichtdicke und Schichtrauheit) zu untersuchen wird im Folgenden eine Korrelationsanalyse bei einem Signifikanzniveau von $\alpha = 0{,}05$ im Hinblick auf die angestrebten Verbesserungen der Zielgrößen durchgeführt. In Abbildung 64 ist die Korrelationsmatrix zwischen den Eigenschaften der Beschichtungen und den Zielgrößen dargestellt.

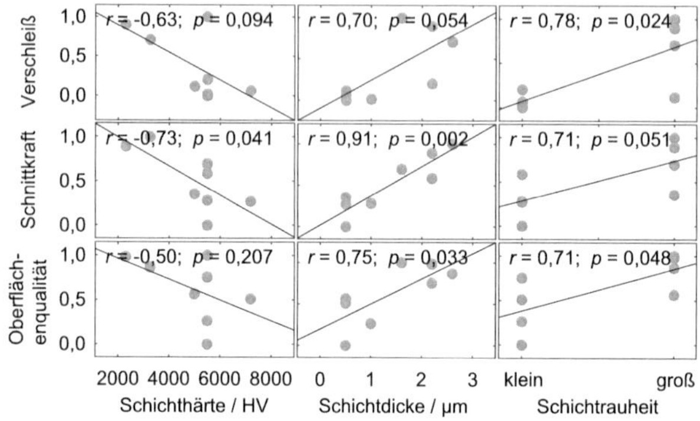

Abbildung 64: Korrelationsanalyse zwischen Beschichtungseigenschaften (Schichthärte, Schichtdicke und Schichtrauheit) und Zielgrößen (Verschleiß, Schnittkraft und Oberflächenqualität). Angegeben sind der Pearson-Korrelationskoeffizient *r* sowie der zugehörige Signifikanzwert *p*

Die Schichthärte zeigt eine signifikant negative Korrelation zu der erforderlichen Schnittkraft ($r = -0{,}73$; $p = 0{,}041$), sodass die Schnittkraft mit steigender Schichthärte sinkt. Auch für den Verschleiß ergibt sich ein negativer Zusammenhang ($r = -0{,}63$; $p = 0{,}094$), wodurch eine Erhöhung der Verschleißfestigkeit bei höheren Schichthärten angenommen werden kann. Der Einfluss auf die Oberflächenqualität fällt mit ($r = -0{,}50$; $p = 0{,}207$) geringer aus.

Die Schichtdicke korreliert durchgehend positiv mit den Zielgrößen. Besonders ausgeprägt ist der Effekt auf die Schnittkraft, was aus dem hochsignifikanten Korrelationswert ersichtlich wird ($r = 0{,}91$; $p = 0{,}002$). Eine erhöhte Schichtdicke resultiert in einem stärkeren Verschleiß ($r = 0{,}70$; $p = 0{,}054$) sowie einer reduzierten Oberflächenqualität ($r = 0{,}75$; $p = 0{,}033$). Dies kann mit der durch die Beschichtung bedingte und bereits zu Beginn des Standwegs vorhandenen Schneidenverrundung begründet werden, die mit zunehmender Schichtdicke weiter ansteigt.

Eine Erhöhung der Schichtrauheit wirkt sich negativ auf alle Zielgrößen aus. Eine höhere Schichtrauheit geht mit einem signifikant erhöhten Verschleiß ($r = 0{,}78$; $p = 0{,}024$) sowie einer verschlechterten Oberflächenqualität ($r = 0{,}71$; $p = 0{,}048$) einher. Der Einfluss auf die Schnittkraft zeigt ebenfalls einen deutlichen Trend ($r = 0{,}71$; $p = 0{,}051$), wobei das Signifikanzniveau von $\alpha = 0{,}05$ knapp verfehlt wird.

Insgesamt ist für eine maßgeschneiderte Beschichtung hinsichtlich der genannten Zielgrößen eine hohe Schichthärte bei gleichzeitig geringer Schichtdicke und niedriger Schichtrauheit anzustreben. Für die Kombination von Sägezahngeometrien und Beschichtungen werden die beiden bestbewerteten Beschichtungen BN07 und BN08 gewählt.

5.6 Kombination von Sägezahngeometrien und Beschichtungen

In diesem Abschnitt werden die drei in Abschnitt 5.4 entwickelten Sägezahngeometrien (GN38, GN39, GN40) mit den beiden in Abschnitt 5.5 identifizierten, leistungsstärksten Beschichtungen (BN07 und BN08) kombiniert. Ziel der Untersuchungen ist es, mögliche Wechselwirkungen zwischen den Sägezahngeometrien und den Beschichtungen zu identifizieren, da diese zu veränderten Bewertungsergebnissen führen könnten. Auf Basis dieser Untersuchung soll die hinsichtlich der Zielgrößen optimal abgestimmte Kombination aus Sägezahngeometrie und Beschichtung ermittelt werden.

Durchführung

Je Kombination wurde eine Vorschubstrecke von 480 m gesägt. Der Versuchsaufbau entsprach dem aus Abschnitt 5.1.

Auswertung

Zur systematischen und vergleichbaren Auswertung der untersuchten Kombinationen kommt das in Abschnitt 5.5 beschriebene Bewertungsschema zum Einsatz. Ziel ist es, die Leistungsfähigkeit der verschiedenen Kombinationen sowohl innerhalb einzelner Bewertungskriterien als auch in einer gesamtheitlichen Betrachtung zu quantifizieren. Die Bewertung berücksichtigt die drei Zielgrößen Verschleiß, Schnittkraft und Oberflächenqualität.

In nachfolgender Abbildung 65 sind die zusammengefassten Versuchsergebnisse der untersuchten Kombinationen dargestellt.[44] Als Vergleich dient ein unbeschichteter Referenzzahn (Referenz), vgl. Tabelle 11.

Alle getesteten Kombinationen erreichen in der Gesamtbewertung signifikant bessere Ergebnisse als der Referenzzahn, wobei die Kombination GN38-BN08 die besten und GN40-BN07 die vergleichsweise schwächsten Ergebnisse innerhalb des untersuchten Variantenfeldes erzielt. Dies unterstreicht den positiven Effekt der gezielten Kombination optimierter Sägezahngeometrien mit den am besten bewerteten Beschichtungen. Die Unterschiede zwischen den einzelnen Kombinationen fallen gering aus. Daraus lässt sich ableiten, dass sowohl die Sägezahngeometrie als auch die Beschichtung weiterhin Einfluss auf die Leistungsfähigkeit haben, innerhalb des untersuchten Rahmens jedoch alle getesteten Kombinationen ein durchgängig hohes Leistungsniveau aufweisen.

Dies ist insofern folgerichtig, da nur die Sägezahngeometrien und Beschichtungen in die Versuchsreihe aufgenommen wurden, die zuvor im Rahmen separater Optimierungsuntersuchungen als besonders leistungsfähig identifiziert wurden. Ein deutlicher Abstand zur

[44] Eine tabellarische Darstellung der nicht normierten Ergebnisse kann aus Tabelle 23 in Anhang 14.8 entnommen werden.

unbeschichteten Referenz war daher erwartbar und bestätigt die Wirksamkeit des gewählten mehrstufigen Optimierungsansatzes.

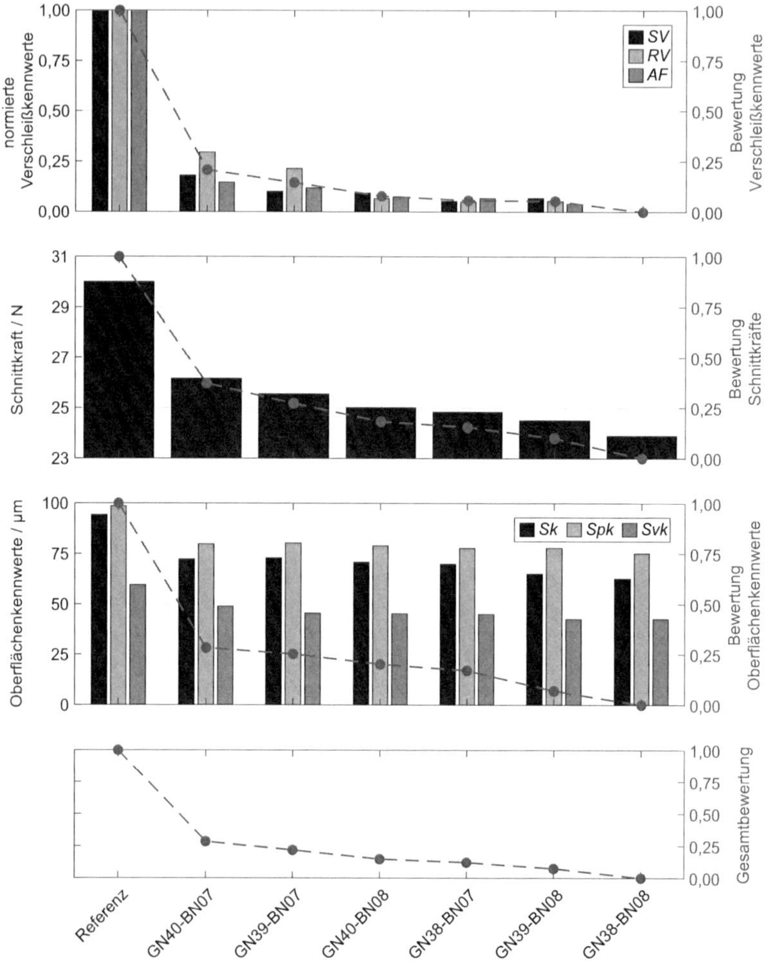

Abbildung 65: Zusammengefasste Ergebnisse der Kombination aus Sägezähnen und Beschichtungen für die Zielgrößen Verschleiß, Schnittkraft, Oberflächenqualität mit Teil- und Gesamtbewertung

Abbildung 66 zeigt das Wechselwirkungsdiagramm der untersuchten Sägezahngeometrien in Kombination mit den beiden Beschichtungen. Dargestellt sind die normierten Bewertungen für die Zielgrößen Verschleiß, Schnittkraft und Oberflächenqualität.

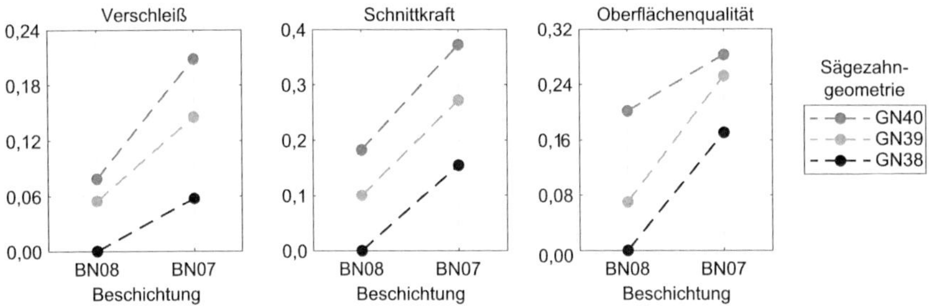

Abbildung 66: Wechselwirkungsdiagramm der Sägezahngeometrien (GN38 bis GN40) und Beschichtungen (BN07, BN08)

Für die Zielgröße Verschleiß lässt die Abweichung der Linien von der Parallelität auf eine Wechselwirkung zwischen Sägezahngeometrien und Beschichtungen schließen. Bei der Schnittkraft verlaufen die Linien nahezu parallel, was auf einen nur sehr geringen Wechselwirkungseffekt hindeutet. Im Bereich der Oberflächenqualität sind ebenfalls Wechselwirkungen vorhanden. Die identifizierten Wechselwirkungen haben jedoch keinen Einfluss auf die Positionierung der Kombinationen innerhalb des verwendeten Bewertungsschemas und können somit im weiteren Verlauf vernachlässigt werden. Als Ergebnis der Untersuchung wurde GN38-BN08 als optimale Kombination aus Sägezahngeometrie und Beschichtung identifiziert.

6 Ableitung und Erprobung des geometrieoptimierten Sägeblattes mit Beschichtung

In Kapitel 5 wurde anhand systematischer Laboruntersuchungen GN38 als optimale Sägezahngeometrie und GN38-BN08 als optimale Kombination aus Sägezahngeometrie und Beschichtung identifiziert. In diesem Kapitel wird beschrieben, wie diese auf Kreissägeblätter für den Industrieprozess übertragen werden. Dazu wird zunächst in nachfolgendem Abschnitt 6.1 eine Schnittstelle zum Wechsel der Sägezähne eingeführt. Die Versuchssägeblätter, die mit einer solchen Schnittstelle ausgestattet sind, werden im weiteren Verlauf mit der Bezeichnung *geklemmt* (*gekl.*) gekennzeichnet. Bei den übrigen Versuchssägeblättern sowie dem Referenzsägeblatt sind die Sägezähne konventionell aufgelötet. Somit ergeben sich für die weiteren Untersuchungen die folgenden Varianten von Versuchssägeblättern: *GN38*, *GN38-BN08* und *GN38-BN08 gekl.* Diese werden mit einem *Referenzsägeblatt* (*Referenz*), welches mit den Referenzsägezähnen ausgestattet ist, verglichen.

Es folgt die Validierung im Laborprozess mit ausführlicher Untersuchung des Verhaltens bis zu einer Vorschubstrecke von 960 m pro Sägezahn. Eine experimentelle Modalanalyse und eine experimentelle Betriebsschwingungsanalyse überprüfen das dynamische Verhalten der Sägeblätter. Im Anschluss wird die Validierung im Industrieprozess durchgeführt. Eine vergleichende Ökobilanz rundet das Kapitel ab und zeigt die Umweltauswirkungen der entwickelten Versuchssägeblätter gegenüber dem Referenzsägeblatt auf.

6.1 Schnittstelle zum Wechsel von Sägezähnen

Bislang stellten der Nachschliff der Kreissägeblätter sowie die Notwendigkeit, jeweils das gesamte Kreissägeblatt zu beschichten, wesentliche Hemmnisse für einen ökonomischen Einsatz von Beschichtungen bei Kreissägeblättern zur Weichholzbearbeitung im Längsschnitt dar. Abhilfe schafft die getrennte Handhabung von Sägezähnen und Grundkörper, was eine lösbare Verbindung erforderlich macht. Eine solche Verbindung kann mithilfe einer Schnittstelle zum Wechsel von Sägezähnen realisiert werden.

Zu den Anforderungen an eine praxistaugliche Schnittstelle zählen die prozessgerechte Auslegung für den industriellen Einsatz sowie ein schneller, einfach erlernbarer und wiederholgenauer Wechsel der Sägezähne. Zudem müssen hohe Schnittgeschwindigkeiten und eine ausreichende Verschleißfestigkeit berücksichtigt werden. Aus wirtschaftlicher Sicht sind eine kosteneffiziente Herstellung mit der Möglichkeit zu hohen Stückzahlen und kurzen Durchlaufzeiten erforderlich. Auf Details zur technischen Umsetzung der verwendeten Schnittstelle wird aufgrund schutzrechtlicher Gründe nicht eingegangen. Der durch die Integration der Schnittstelle modifizierte Aufbau der Kreissägeblätter kann deren dynamisches Verhalten beeinflussen und dadurch Folgeeffekte hervorrufen. Ein typisches Beispiel hierfür sind das Auftreten von Rattermarken, die die Oberflächenqualität des Schnittholzes negativ beeinflussen [VDI19a,

S. 19]. Daneben können auch die Verschleißentwicklung bzw. die Schnittkräfte betroffen sein. Um die Auswirkungen der Schnittstelle auf das dynamische Verhalten bewerten zu können, wurden dazu in Abschnitt 6.3 detaillierte Laboruntersuchungen der verschiedenen Sägeblattvarianten durchgeführt.

6.2 Erprobung und Validierung im Laborprozess

Zur Erprobung und Validierung der entwickelten Sägeblattvarianten wurden umfangreiche Laboruntersuchungen unter Berücksichtigung des in Abschnitt 5.1 beschriebenen Versuchsablaufs durchgeführt. Ziel war es, unter kontrollierten und reproduzierbaren Versuchsbedingungen die Verschleißentwicklung, die Schnittkräfte sowie die resultierende Oberflächenqualität systematisch im Bearbeitungsverlauf zu erfassen und vergleichend auszuwerten. Die Versuchsdurchführung erfolgte mit kontinuierlicher Vorschubbewegung bis zu einer maximalen Vorschubstrecke von 960 m pro Sägezahn, was etwa einer doppelten praxisrelevanten Beanspruchung der Sägezähne entspricht.

6.2.1 Auswertung und Interpretation Verschleiß

Abbildung 67 zeigt die Verschleißentwicklung der Sägezähne *Referenz*, *GN38* und *GN38-BN08* in Abhängigkeit der Vorschubstrecke für die Verschleißkennwerte Schneidenversatz *SV*, Rundungsverschleiß *RV* und Ausbruchsfläche *AF*.[45] Zusätzlich wird eine Gesamtbewertung dargestellt, welche die drei Kennwerte einheitenlos zusammenfasst.

Der Schneidenversatz *SV* steigt bei allen Sägezähnen mit zunehmender Vorschubstrecke an. Die Referenzsägezähne zeigen dabei einen stark progressiven Anstieg ab 720 m Vorschubstrecke. Ab ca. 840 m Vorschubstrecke wird gemäß Maier der kritischen Scheidenzustand SV_{krit} erreicht. Dieser zeigt das Erreichen des Standwegs an, an dem ein Sägezahn ausgetauscht werden muss [MAI00, S. 67]. GN38 weist einen mäßigen Anstieg auf, während GN38-BN08 nach etwa 240 m ein Plateau auf niedrigem Niveau erreicht. Dieser Verlauf zeigt, dass aufgrund der Beschichtung die Arbeitsschärfe bei GN38-BN08 bereits bei einem geringen Schneidenversatz *SV* erreicht wird und danach kaum weitere Materialverluste auftreten.

Auch beim Rundungsverschleiß *RV* ist ein deutlich differenzierter Verlauf sichtbar. Die Referenzsägezähne zeigen einen kontinuierlichen Anstieg über die gesamte Vorschubstrecke, während GN38 und insbesondere GN38-BN08 nach einer Einlaufphase ein Plateau ausbilden. Das Plateau bei GN38-BN08 bleibt dabei auf einem niedrigeren Niveau (ca. 0,01 mm) als bei den unbeschichteten Versuchssägezähnen GN38. Dies bestätigt die positive Wirkung der Beschichtung auf die Verschleißstabilität der Schnittkante.

Die Ausbruchsfläche *AF* steigt bei den Referenzsägezähnen stark an, insbesondere nach einer Vorschubstrecke von 840 m, was auf eine zunehmende mikroskopische Schädigung und das

[45] Eine tabellarische Darstellung der Ergebnisse kann aus Tabelle 24 in Anhang 14.9 entnommen werden.

beginnende Standzeitende hindeutet. GN38 zeigt einen geringeren Anstieg, während GN38-BN08 ab etwa 360 m ein nahezu konstantes Plateau erreicht. Die Werte der Ausbruchsfläche *AF* bleiben bei GN38-BN08 durchgängig auf sehr niedrigem Niveau (ca. 0,03 mm^2).

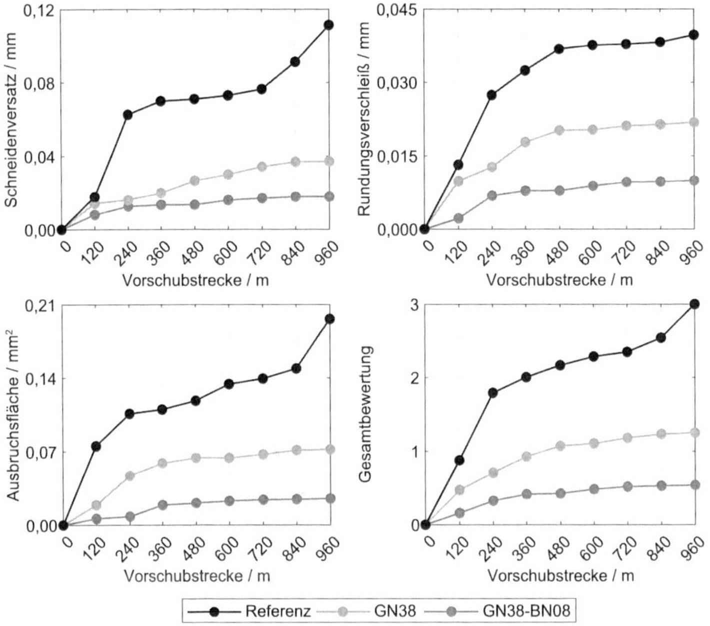

Abbildung 67: Darstellung der Entwicklung der Verschleißkennwerte Schneidenversatz *SV*, Rundungsverschleiß *RV* und Ausbruchsfläche *AF* sowie einer einheitenlosen Gesamtbewertung in Abhängigkeit der Vorschubstrecke für die Sägezahnvarianten Referenz, GN38 und GN38-BN08

Zur vergleichbaren Bewertung wurde eine Skalierung aller Kennwerte auf einen Bereich zwischen 0 (kein Verschleiß) und 1 (maximaler Verschleiß) vorgenommen. Die Gesamtbewertung ergibt sich aus der Summe der skalierten Kennwerte. Auch hier zeigt sich ein charakteristischer Verlauf: Während die Referenzsägezähne kontinuierlich steigende Gesamtwerte aufweisen und nach etwa 600 m das ursprünglich etablierte Plateau überschreiten, stabilisieren sich die Werte bei GN38 und GN38-BN08 frühzeitig. Insbesondere GN38-BN08 erreicht ab etwa 240 m ein Plateau auf deutlich niedrigerem Niveau als die anderen Varianten. Das Standzeitende ist bei den Versuchssägezähnen GN38 und GN38-BN08 innerhalb der gesägten Vorschubstrecke noch nicht erreicht. Das frühe Einstellen eines stabilen Plateaus weist darauf hin, dass die Schneidkanten nach der Einlaufphase eine gleichmäßige und langlebige Schnittfähigkeit entwickeln. Bei GN38-BN08 wird die Arbeitsschärfe deutlich früher und auf einem geringeren absoluten Verschleißniveau als bei GN38 oder der Referenz ausgebildet. Die initial etwas höhere Verschleißrate – typisch bei sehr scharfen, frisch präparierten Schneiden – ist bei GN38-BN08 durch die Beschichtung reduziert und besser kontrolliert.

6.2.2 Auswertung und Interpretation Schnittkraft

Abbildung 68 zeigt die Schnittkraftverläufe der drei untersuchten Sägezähne Referenz, GN38 und GN38-BN08 über die Vorschubstrecke von 0 m bis 960 m. Die Verläufe basieren auf dem in Unterabschnitt 5.1.3 beschriebenen Auswertealgorithmus. Zur Glättung lokaler Streuungen und zur besseren Erkennbarkeit übergeordneter Trends wurde ein gleitender Mittelwert über jeweils 120 m gebildet.[46]

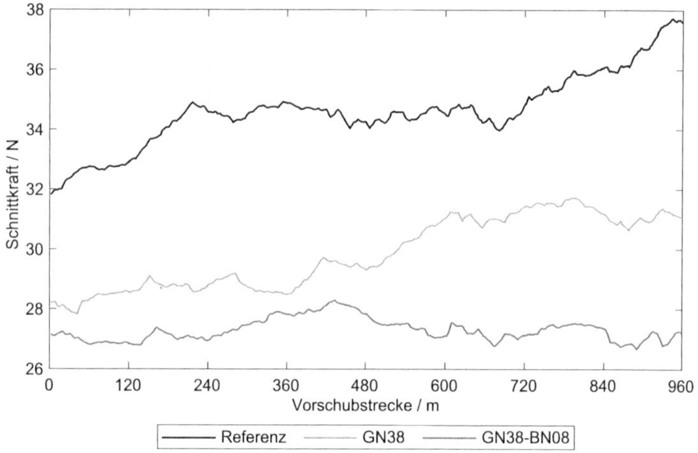

Abbildung 68: Darstellung der geglätteten Schnittkräfte in Abhängigkeit der Vorschubstrecke für die Sägezahnvarianten Referenz, GN38 und GN38-BN08

Die höchsten Schnittkraftwerte wurden über den gesamten Vorschubbereich hinweg bei den Referenzsägezähnen gemessen, gefolgt von GN38 und GN38-BN08. Damit zeigt sich eine klare Abstufung zugunsten der beschichteten Variante GN38-BN08.

Die Schnittkraft der Referenzsägezähne steigt in den ersten 240 m kontinuierlich an. Dieser initiale Anstieg lässt sich durch den Abbau der Überschärfe und der Einstellung der Arbeitsschärfe erklären, wie dies für neu eingesetzte Werkzeuge typisch ist. Zwischen 240 m und etwa 720 m bleibt die Schnittkraft auf einem weitgehend konstanten Niveau, was auf eine temporäre Stabilisierung des Verschleißzustands schließen lässt. Ab etwa 720 m ist ein erneuter, kontinuierlicher Anstieg bis zum Ende der Vorschubstrecke zu beobachten. Dieses Verhalten kann als Hinweis auf das einsetzende Standzeitende interpretiert werden und korrespondiert mit den zuvor festgestellten Zunahmen bei Schneidenversatz *SV*, Rundungsverschleiß *RV* und

[46] Die arithmetischen Mittel der Schnittkraftmessungen pro Holzprobe sind grafisch in Abbildung 96 in Anhang 14.9 dokumentiert.

Ausbruchsfläche *AF*. Der Verlauf der Schnittkraft der Sägezähne GN38 ist insgesamt stabiler und verläuft unterhalb der Referenz. Es zeigt sich ein leichter Anstieg bis etwa 720 m, gefolgt von einem nahezu konstanten Verlauf. Diese Entwicklung deutet auf eine leichte Verschleißzunahme hin, die jedoch nicht zu dem Standzeitende der Sägezähne führt.

Die beschichtete Variante GN38-BN08 der Sägezähne zeigt über den gesamten Verlauf hinweg die geringsten Schnittkräfte. Der Verlauf ist gleichmäßig und zeigt keinen signifikanten Anstieg. Dies lässt auf einen gleichbleibenden Zustand der Sägezähne und eine minimale Reibung über die gesamte Vorschubstrecke schließen. Die beobachtete Schnittkraftkonstanz steht in enger Übereinstimmung mit dem frühen Erreichen eines stabilen Verschleißplateaus sowie der geringen Tendenz zu Ausbrüchen an der Schneidkante. Der Vergleich mit GN38 und der Referenz zeigt, dass durch die Beschichtung sowohl der Verschleiß als auch die Schnittkraft deutlich reduziert werden.

6.2.3 Auswertung und Interpretation Oberflächenqualität

Abbildung 69 zeigt die Entwicklung der Oberflächenkennwerte Kernhöhe *Sk*, reduzierte Spitzenhöhe *Spk* und reduzierte Riefentiefe *Svk* sowie deren Summe *Sk* + *Spk* + *Svk* in Abhängigkeit der Vorschubstrecke für die untersuchten Sägezähne Referenz, GN38 und GN38-BN08. [47]

Die Werte der Kernhöhe *Sk* steigen mit zunehmender Vorschubstrecke bei allen Sägezähnen an. Besonders die Referenzsägezähne zeigen ab etwa 720 m einen starken Anstieg, was auf einen fortschreitenden Werkzeugverschleiß hinweist. GN38 zeigt einen leicht steigenden Verlauf, während GN38-BN08 über den gesamten Vorschubbereich hinweg die geringste Zunahme der Kernhöhe *Sk* aufweist.

Analog zum Verhalten der Kernhöhe *Sk* steigt auch die reduzierte Spitzenhöhe *Spk* bei allen Varianten an. Dadurch nimmt die Höhe der überstehenden Fasern, die aus der Hauptstruktur der Holzproben herausragen, zu. Der Anstieg ist bei der Referenz am deutlichsten ausgeprägt. Die niedrigsten Werte der reduzierten Spitzenhöhe *Spk* werden auch hier durch GN38-BN08 erreicht. Der geringere Anstieg bei GN38-BN08 korreliert mit der geringeren Ausbruchstendenz an der Schneidkante.

Im Gegensatz zur Kernhöhe *Sk* und reduzierten Spitzenhöhe *Spk* ist bei der Entwicklung der reduzierten Riefentiefe *Svk* über alle Sägezähne hinweg nur ein geringer Anstieg mit zunehmender Vorschubstrecke zu beobachten. Dieser Verlauf ist dadurch erklärbar, dass die reduzierte Riefentiefe *Svk* primär Porentiefe und Strukturrauheit der Holzoberfläche abbildet, also maßgeblich durch das Holz selbst verursacht wird, vgl. [GOT23, S. 28]. Kleinere Unterschiede zwischen den Sägezähnen zeigen jedoch, dass weiterhin eine leichte Abhängigkeit zwischen reduzierter Riefentiefe *Svk* und den Sägezahngeometrien bzw. den Verschleißzuständen existiert.

[47] Eine tabellarische Darstellung der Ergebnisse kann aus Tabelle 25 in Anhang 14.9 entnommen werden.

Die aufsummierten Oberflächenkennwerte verdeutlichen den Gesamteinfluss der Zustände der Sägezähne auf die Oberflächenqualität der gesägten Holzproben. Die Referenzsägezähne weisen über die gesamte Vorschubstrecke die höchsten Summenwerte und somit die schlechtesten Oberflächenqualitäten auf, wobei ab einer Vorschubstrecke von 720 m ein deutlicher Anstieg erkennbar ist. Dies ist ein Indikator für das Erreichen des Standzeitendes der Referenzsägezähne. GN38 zeigt insgesamt niedrigere Summenwerte, während GN38-BN08 die besten Ergebnisse erzielt und eine nahezu lineare und flache Steigerung aufweist.

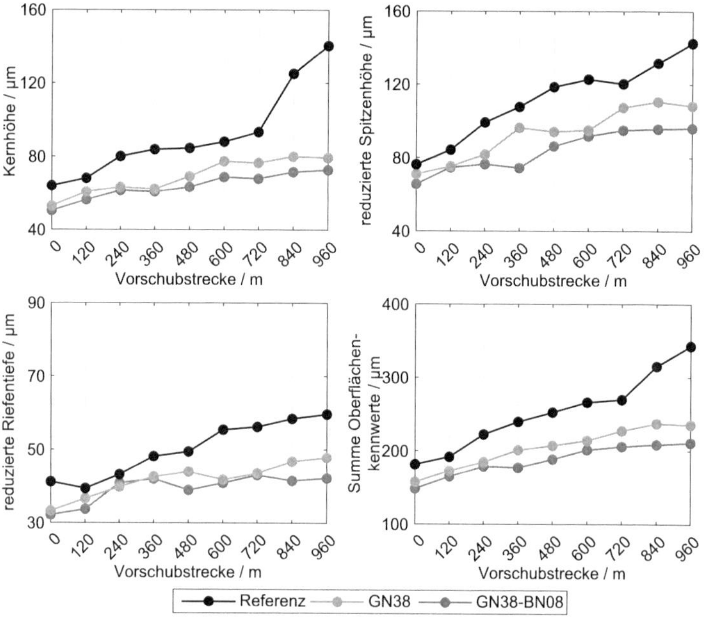

Abbildung 69: Darstellung der Entwicklung der Oberflächenkennwerte Kernhöhe *Sk*, reduzierte Spitzenhöhe *Spk* und reduzierte Riefentiefe *Svk* sowie derer Summen *Sk* + *Spk* + *Svk* in Abhängigkeit der Vorschubstrecke für die Sägezahnvarianten Referenz, GN38 und GN38-BN08

6.3 Untersuchung des dynamischen Verhaltens

Dieser Abschnitt widmet sich der Untersuchung des dynamischen Verhaltens der Sägeblätter. Dazu wird zur Ermittlung der modalen Parameter eine experimentelle Modalanalyse unter Laborbedingungen durchgeführt. Um das Schwingungsverhalten in realen Betriebszuständen zu untersuchen, wird zudem eine Betriebsschwingungsanalyse durchgeführt.

6.3.1 Experimentelle Modalanalyse

Messaufbau zur Durchführung der experimentellen Modalanalyse

Mittels experimenteller Modalanalyse können die Eigenfrequenzen und entsprechenden Eigenformen eines Kreissägeblattes ermittelt werden. Dies dient dem Zweck, einen Betrieb in Resonanz zu vermeiden [RIE24b, S. 64]. Der Aufbau der experimentellen Modalanalyse setzt sich in der vorliegenden Arbeit wie folgt zusammen: Scanning-Laser-Doppler-Vibrometer (LDV), Frontend zur Datenerfassung, Impulshammer und Auswerteeinheit zur Aufnahme und Analyse der Messdaten. Die in der experimentellen Modalanalyse untersuchten Sägeblätter umfassten dabei das Referenzsägeblatt und die Versuchssägeblätter in der Ausführung GN38 (unbeschichtet) und GN38-BN08 (beschichtet) mit einem Durchmesser von 400 mm sowie das Referenzsägeblatt und die Versuchssägeblätter in der Ausführung GN38 (unbeschichtet) und GN38-BN08 gekl. (beschichtet und geklemmt) mit einem Durchmesser von 523 mm.

Nachfolgende Abbildung 70 zeigt den verwendeten Aufbau zur Durchführung der Modalanalyse beispielhaft mit dem Referenzsägeblatt mit 523 mm Durchmesser.

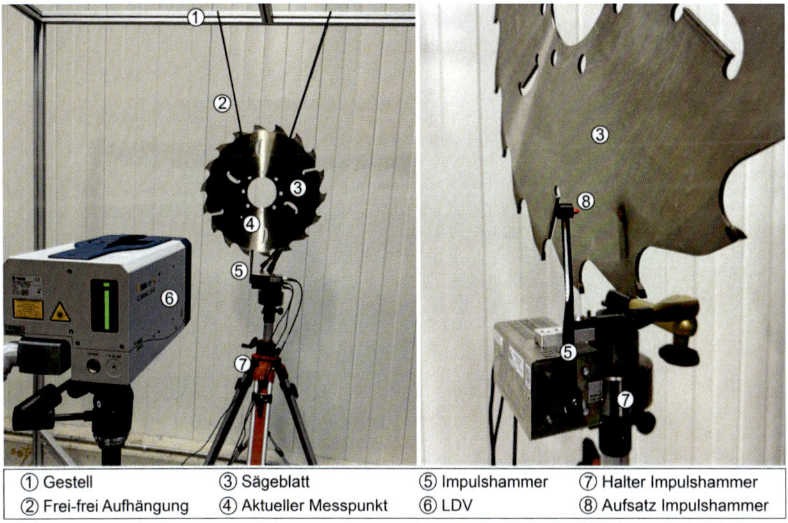

① Gestell	③ Sägeblatt	⑤ Impulshammer	⑦ Halter Impulshammer
② Frei-frei Aufhängung	④ Aktueller Messpunkt	⑥ LDV	⑧ Aufsatz Impulshammer

Abbildung 70: Aufbau zur Durchführung der Modalanalyse (links) und Impulshammer (rechts) mit aufgehängtem Referenzsägeblatt mit 523 mm Durchmesser

Vor der Messdurchführung wurde ein Netz mit 450 Knoten auf den Sägeblättern mit 523 mm Durchmesser und ein Netz mit 342 Knoten auf den Sägeblättern mit 400 mm Durchmesser mit 9 bzw. 7 Kreisringen erstellt. Die Knoten stellen die Anregungs- bzw. Messpunkte bei der Durchführung der Modalanalyse dar. Die feine Vernetzung erhöht die Messgenauigkeit und vereinfacht die Zuordnung von Eigenfrequenzen zu den entsprechenden Eigenformen. Die höchsten erkennbaren Eigenformen enthalten bei diesem Aufbau 8 bzw. 6 Knotenkreise.

Das dynamische Verhalten von Sägeblättern wurde mithilfe der Übertragungsfunktion analysiert. Hierbei wurde das System als linear, zeitinvariant, kausal und stabil angenommen. Zur Analyse der Sägeblätter wurden diese an einem Messpunkt durch einen Impulshammer mit integrierter Kraftmessezelle des Typs Scalable Automatic Modal Hammer SAM3 des Herstellers NV-TECH senkrecht zur Sägeblattoberfläche angeregt. Der Impulshammer wurde zusätzlich mit einem Aufsatz mittlerer Härte ausgestattet, um den für die Modalanalyse der Sägeblätter geeigneten Frequenzbereich anregen und erfassen zu können, vgl. Abbildung 70 (rechts).

Für die vorliegende Untersuchung konnte die Bandbreite des Impulses auf einen Messbereich von 2 kHz ausgelegt werden. Es wurden jeweils vier Impulshammerschläge für jeden Messpunkt durchgeführt. Die Reaktion wird berührungslos mit einem LDV des Typs PSV QTec PSV-I-680 des Herstellers Polytec gemessen und aufgezeichnet, vgl. Abbildung 70 (links). Als Voreinstellung wurde eine Eckfrequenz von 2 kHz gewählt, da die kritischen Eigenfrequenzen der Sägeblätter deutlich geringer als die eingestellte Eckfrequenz ausfielen. Darüber hinaus wurden 12.800 Linien für die Berechnung der Fast-Fourier-Transformation (FFT) aus den Zeitsignalen (Impulshammer und Vibrometersignal) eingestellt. Somit hatte die Messung eine Messzeit von 6,4 s und eine Frequenzauflösung von 156,25 mHz. Durch Nutzung einer Trigger-Funktion (Schwellwert 5 %) wurde die Messaufnahme der Kraft und der Auslenkungen direkt nach dem Schlag des Impulshammers vollautomatisch ausgelöst. Als für den Anwendungsfall ideale Fensterfunktion wurde die Hanning-Fensterfunktion bestimmt, da diese den Leakage-Effekt reduziert und dadurch die Genauigkeit der Frequenzanalyse verbessert [KUT19, S. 453].

Die Einspannbedingungen spielen eine entscheidende Rolle für die Qualität und Vergleichbarkeit der Messergebnisse untereinander sowie mit der Simulation, da diese als Randbedingungen berücksichtigt werden. Feste Einspannungen bspw. mittels Flansch sind für Untersuchungen hinsichtlich des dynamischen Verhaltens von Kreissägeblättern ungeeignet, da sich bereits durch geringe Abweichungen der Flanschposition bzw. des Anzugsmoments sowie durch enthaltene Unwuchten Ungenauigkeiten bei der Bestimmung der Eigenfrequenzen ergeben. [FEN99, S. 127] Alternative Lagerungsarten umgehen die negativen Einflüsse einer festen Einspannung. Ziel ist eine annähernd frei-freie Lagerung der Kreissägeblätter zu realisieren.

Ein Ansatz ist die in Abbildung 70 (links) dargestellte Vorrichtung. Die Aufhängung erfolgte unter sogenannten frei-frei Bedingungen, um sicherzustellen, dass keine feste Verbindung zu einer Oberfläche wie bspw. Boden, Wand oder Decke besteht. Das Sägeblatt war mittels dünner, elastischer Schnüre aufgehängt, da diese eine geringe Steifigkeit aufweisen. Diese Art der Aufhängung minimiert Störungen durch äußere Einflüsse und erlaubt die weitgehend unverfälschte Messung der Eigenfrequenzen. Durch die elastische Lagerung wird eine Resonanz mit der

Aufhängung selbst vermieden, wodurch die Eigenfrequenzen des Sägeblattes präzise und ohne zusätzliche Dämpfungsfaktoren erfasst werden können. [FEN99, S. 119 f.]

Messung der Übertragungsfunktion

Generell ist die komplexwertige Übertragungsfunktion der Quotient des Fourier-Spektrums der Schwingungsantwort zum Spektrum der Erregung. Je nach Anwendungsfall oder gemessener Ausgangsgröße bzw. Schwingungsantwort werden unterschiedliche Übertragungsfunktionen bei Anregung mit einer Kraft F nach DIN 1311 definiert. Im Folgenden sind diese für die Antworten einer Verschiebung x, Geschwindigkeit v oder Beschleunigung a aufgelistet. [DIN02b, S. 15; MÖS09, S. 430; KUT19, S. 522]

$$\text{Dynamische Nachgiebigkeit (Rezeptanz): } H_{xF}(\mathrm{j}\omega) = \frac{\underline{x}(\mathrm{j}\omega)}{\underline{F}(\mathrm{j}\omega)} \tag{28}$$

$$\text{Mobilität (Admittanz): } H_{vF}(\mathrm{j}\omega) = \frac{\underline{v}(\mathrm{j}\omega)}{\underline{F}(\mathrm{j}\omega)} \tag{29}$$

$$\text{Dynamische Trägheit (Akzeleranz): } H_{aF}(\mathrm{j}\omega) = \frac{\underline{a}(\mathrm{j}\omega)}{\underline{F}(\mathrm{j}\omega)} \tag{30}$$

In der Praxis sind sowohl Eingangssignal x als auch Ausgangssignal y von Rauschen überlagert, was die Übertragungsfunktion verfälscht. Es kann gezeigt werden, dass die Übertragungsfunktion auch mithilfe des zweiseitigen Autoleistungsspektrum $S_{xx}(\omega) = X(\mathrm{j}\omega) \cdot X^*(\mathrm{j}\omega)$ bzw. Kreuzleistungsspektrums $S_{xy}(\mathrm{j}\omega) = Y(\mathrm{j}\omega) \cdot X^*(\mathrm{j}\omega)$ ausgedrückt werden kann. Im Rahmen dieser Untersuchung wurde das Kreuz- und Autoleistungsleistungsspektrum für jeden Messpunkt berechnet und anschließend über insgesamt vier unabhängige Messungen gemittelt. Dieser Ansatz diente dazu, die Genauigkeit und Aussagekraft der Ergebnisse zu erhöhen, indem die zufälligen Schwankungen und das Messrauschen reduziert wurden. Aus diesen Leistungsspektren ergeben sich zwei Schätzfunktionen H_1 und H_2 für die Übertragungsfunktion:

$$H_1(\mathrm{j}\omega) = \frac{\bar{S}_{xy}(\mathrm{j}\omega)}{\bar{S}_{xx}(\omega)} \tag{31}$$

$$H_2(\mathrm{j}\omega) = \frac{\bar{S}_{yy}(\omega)}{\bar{S}_{yx}(\mathrm{j}\omega)} \tag{32}$$

Bei Rauschen auf dem Ausgang liefert H_1 eine gute Schätzung und bei Rauschen auf dem Eingang liefert dies H_2. Im Falle der Impulsanregung wird davon ausgegangen, dass der Eingang weniger von Rauschen behaftet ist, weshalb in den folgenden Betrachtungen H_1 verwendet wird. [KUT19, S. 508–512; MOD23, S. 320–324]

Zur Beurteilung des kausalen Zusammenhangs des Ausgangsspektrums Y gegenüber des Eingangsspektrums X im Frequenzbereich und als Qualitätsmerkmal der gemessenen

Übertragungsfunktion, kann die Kohärenzfunktion γ_{xy}^2 mit $0 \leq \gamma_{xy}^2 \leq 1$ herangezogen werden, siehe Gleichung (33).

$$\gamma_{xy}^2(\omega) = \frac{\left|\bar{S}_{xy}(\mathrm{j}\omega)\right|^2}{\bar{S}_{xx}(\omega)\bar{S}_{yy}(\omega)} = \frac{H_1(\mathrm{j}\omega)}{H_2(\mathrm{j}\omega)} \tag{33}$$

Während für $\gamma_{xy}^2 = 1$ das Ausgangssignal allein vom Eingangssignal bei der betrachteten Frequenz verursacht wird bzw. ein linearer Zusammenhang besteht, hängen für $\gamma_{xy}^2 = 0$ diese nicht miteinander zusammen. Niedrige Werte wurden von zu starkem Rauschen, Messfehlern, einem nichtlinearen Zusammenhang zwischen Ausgangs- und Eingangssignal bzw. einer Kombination dieser verursacht. Die Kohärenzfunktion ist nur definiert, falls mehr als eine Mittelung der Leistungsspektren durchgeführt wurde, da sie sonst im gesamten Frequenzbereich 1 ist und nicht interpretiert werden kann. Üblicherweise ist für $\gamma_{xy}^2 \geq 0{,}8$ ein ausreichend kausaler Zusammenhang der beiden Signale vorhanden, während für kleinere Werte die Übertragungsfunktion bei diesen Frequenzen nicht interpretiert werden kann. [BRA11, S. 296 f.; KUT19, S. 511 f.; MOD23, S. 324]

6.3.2 Experimentelle Betriebsschwingungsanalyse

Einflüsse auf Schwingungsverhalten von Sägeblättern im Betrieb

Das Schwingungsverhalten von Sägeblättern ist durch die Art der Belastung im Betrieb und dessen dynamische Eigenschaften bestimmt [JEN86, S. 45]. Während des Schneidvorgangs treten Schwingungen mit signifikanten Schwingungsamplituden im Sägeblatt auf, die zu dessen Instabilität führen können [DRO15, S. 147]. Diese können zu den im Leerlauf beobachtbaren Schwingungen bzw. Abweichungen addiert werden und sind stets die Folge von Eigenschwingungen des Sägeblattes. Diese Schwingungen resultieren bei der jeweiligen Drehzahl in einer Resonanz mit der Zahneingriffsfrequenz. Außerhalb der Resonanz wird das Sägeblatt nur durch die eingreifenden Sägezähne zwangserregt und schwingt mit geringen Amplituden. [PAH67, S. 348 f.] Da mit zunehmender Drehzahl und Zähnezahl lediglich Eigenschwingungen höherer Ordnung mit entsprechend kleinen Schwingungsamplituden erregt werden können, sind diese Schnittbedingungen vorzuziehen. Der Zahnvorschub sollte möglichst groß gewählt werden, da bei kleinen Zahnvorschüben und entsprechend ungünstigen Bedingungen das Sägeblatt freie Schwingungen ausführt. [ROW67, S. 81 f.]

Als geometrisch bestimmte Körper haben die Sägeblätter individuelle Eigenfrequenzen. Fallen die auftretenden Erregerfrequenzen mit diesen zusammen, kommt es zur Resonanz [MÜN03, S. 44]. Sowohl die Qualität des Schnittergebnisses als auch die Verschleißfestigkeit des Sägeblattes wird durch die axialen Bewegungen des Sägeblattes während des Schneidvorgangs beeinträchtigt [PEL16, S. 224]. Diese Bewegungen des Sägezahns relativ zu einem fixierten Punkt entstehen aufgrund der Formabweichungen des Sägeblattes, der Axialbewegung der Sägewelle, der Eigenschwingungen des Sägeblattes sowie des Zahneingriffs [PAH66d, S. 126].

Falls eine der berechneten kritischen Drehzahlen zufällig mit der gewählten Sägewellendrehzahl übereinstimmt, stehen verschiedene Maßnahmen zur Verfügung, um unerwünschte Effekte zu vermeiden. So kann das Sägeblatt anders vorgespannt, die Sägewellendrehzahl angepasst oder der Spannflanschdurchmesser verändert werden. Ist keine dieser Optionen umsetzbar, muss ein Sägeblatt mit einem anderen Durchmesser verwendet werden. [FRI73, S. 75–78] Um die Erregerkraft möglichst gering zu halten, dürfen die Sägeblätter nur eine minimale Unwucht aufweisen. Dies kann weitgehend durch ein gerichtetes und geschärftes Kreissägeblatt erreicht werden. [PAH66e, S. 345]

Messaufbau zur Durchführung der Betriebsschwingungsanalyse

Der Messaufbau der vorliegenden Arbeit umfasste das Referenzsägeblatt mit einem Durchmesser von 400 mm sowie die Versuchssägeblätter mit einem Durchmesser von 400 mm in der Ausführung GN38 (unbeschichtet) und GN38-BN08 (beschichtet), den in Unterabschnitt 5.1.2 beschriebenen Prüfstand, ein LDV, ein Frontend und eine Auswerteeinheit. Die Spindeldrehzahl wurde für die Messungen der Betriebsschwingungen auf 4.000 min^{-1} sowie die Vorschubgeschwindigkeiten auf 5,5 m/min und 11,0 m/min festgesetzt.

Abbildung 71 zeigt den Messaufbau. Das LDV wurde motorseitig in unmittelbarer Nähe zum Prüfstand positioniert. Die Befestigung des LDVs wurde dahingehend ausgelegt, dass eine Anregung des LDVs durch den Sägeprozess vermieden wird. Ein Spalt zwischen Maschinentisch und Maschinengestell wurde genutzt, um einen ungehinderten Laserstrahl auf den sich nicht im Eingriff befindlichen Teil der Sägeblätter im Sägebetrieb zu ermöglichen. Dieses Vorgehen erlaubt die Untersuchung der Betriebsschwingung bei verschiedenen Teilkreisdurchmessern am Sägeblatt. Für die Untersuchungen wurden die Teilkreisdurchmesser 340 mm für Position 1 und 140 mm für Position 2 verwendet. Für eine korrekte Messung der Betriebsschwingungen ist ein staubfreier Bereich zwischen LDV und Sägeblatt unerlässlich. Die im Sägebetrieb entstehende Staubemissionen wurden in diesem Bereich mittels einer Absaugvorrichtung verhindert.

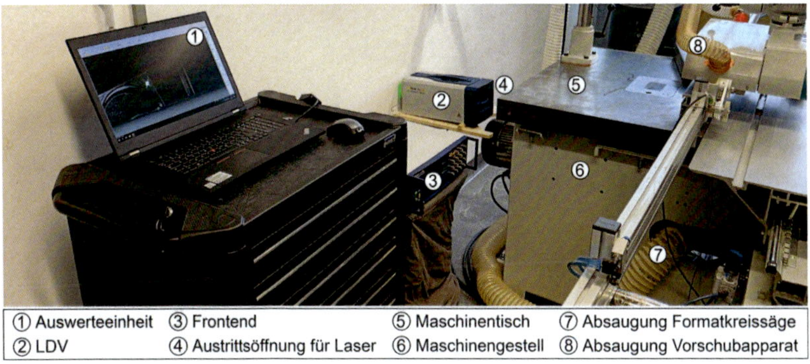

① Auswerteeinheit	③ Frontend	⑤ Maschinentisch	⑦ Absaugung Formatkreissäge
② LDV	④ Austrittsöffnung für Laser	⑥ Maschinengestell	⑧ Absaugung Vorschubapparat

Abbildung 71: Aufbau zur Messdurchführung der Betriebsschwingungsanalyse

Die Messung der Betriebsschwingungsanalyse erfolgte im Zeitbereich. Die Laser-Doppler-Vibrometergeschwindigkeit wurde auf 500 mm/s bestimmt. Als Einstellung für das LDV wurde eine Abtastfrequenz von 8 kHz mit 500.000 Abtastpunkten gewählt. Somit ergab sich für die Messung eine Messzeit von 62,5 s und eine Auflösung von 125 µs.

Der Messaufbau diente der Aufnahme des Geschwindigkeitssignals des Sägeblattes in Werkzeugachsrichtung im laufenden Betrieb. Somit konnten die Geschwindigkeiten des Sägeblattes in Werkzeugachsrichtung erfasst werden. Diese wurden anschließend durch Integration weiterverarbeitet, um die Auslenkung des Sägeblattes zu berechnen.

6.3.3 Schwingungsverhalten von Sägeblättern

Sägeblätter sind hinsichtlich des axialen Schwingungsverhaltens als dünne Kreisplatten zu betrachten, da diese senkrecht zu ihrer Ebene belastet werden. Das große Durchmesser-Dicken-Verhältnis bedingt eine hohe Steifigkeit in radialer und tangentialer Richtung, während in axialer Richtung eine hohe Nachgiebigkeit zu beobachten ist. Daher werden die Sägeblätter überwiegend von axial wirkenden Kräften zu Biegeschwingungen angeregt [ROS92, S. 7]. Im Gegensatz zu Feder-Masse-Systemen weisen Kreisplatten unendlich viele Eigenfrequenzen auf. Dabei schwingen diese bei den Eigenfrequenzen in verschiedenen Schwingungsmoden, deren Form mit den ganzzahligen Knotendurchmessern *k* und Knotenkreisen *n* charakterisiert werden können, vgl. Abbildung 72. [ROW67, S. 3]

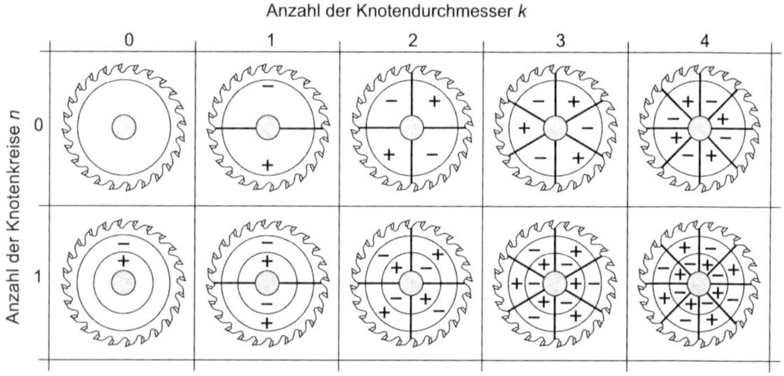

Abbildung 72: Schwingungsmoden eines Sägeblattes mit Knotendurchmessern *k* und Knotenkreisen *n*, in Anlehnung an [PAH66e, S. 341]

Einflüsse auf die Eigenfrequenzen von Sägeblättern

Auf der Grundlage der Kirchhoffschen Plattengleichung ist für eine ideale Kreisplatte eine Differentialgleichung herleitbar und durch Lösung dieser die Eigenfrequenzen f_e in Abhängigkeit des Knotendurchmessers und -kreises ermittelbar [FRI70, S. 349 f.]. Den allgemeine Ausdruck der Eigenfrequenzen einer stillstehenden Kreisplatte beschreibt Gleichung (34)

$$f_e = \frac{\lambda_{kn}^2}{2\pi r^2}\sqrt{\frac{E h_s^2}{12\rho \cdot (1-\upsilon^2)}} \tag{34}$$

Die Gleichung enthält den E-Modul E, die Sägeblattdicke h_s, die Dichte ρ, die Poissonzahl υ, den Sägeblattradius r und einen dimensionslosen Parameter λ_{kn}, der von den Randbedingungen, der Geometrie, der Poissonzahl bzw. der Knotendurchmesser k und der Knotenkreise n abhängig ist. [BLE79, S. 245] Insbesondere ist dieser Parameter bei Kreisplatten mit Mittellochdurchmesser vom Einspannverhältnis zwischen Sägeblattinnen- und Sägeblattaußendurchmesser abhängig.[48] Geometrisch betrachtet steigen die Eigenfrequenzen des Sägeblattes mit zunehmender Dicke bzw. zunehmendem Einspannverhältnis und mit abnehmendem Durchmesser [ROW67, S. 32–35].

Der Spannungszustand innerhalb des Sägeblattes ist ebenfalls von großer Bedeutung bezüglich des Schwingungsverhaltens. Das Vorspannen von Sägeblättern wirkt sich insgesamt positiv auf ihr Arbeitsverhalten aus, vgl. Unterabschnitt 2.3.1. Es konnte gezeigt werden, dass durch Spannungswalzen die Eigenfrequenzen bis zu 20 % ansteigen. [ROW67, S. 20] Die Eigenfrequenzen verschieben sich dabei je nach Schwingungsmode unterschiedlich, was durch Energiebilanzierungen gezeigt werden konnte. Bei Schwingungsmoden mit $k = 0$ wird deren Energieanteil nur durch radiale Eigenspannung beeinflusst und die tangentiale Zugeigenspannung ab einem Knotendurchmesser $k \geq 2$ stärker in der Energiebilanz gewichtet. Daraus ergibt sich, dass Eigenformen mit $k \geq 2$ eine Zunahme durch die Vorspannung erfahren und Eigenformen für $k < 2$ eine Abnahme. [SCH83, S. 289–301]. Abbildung 73 zeigt die Eigenfrequenzen in Abhängigkeit der Vorspannung für verschiedene Moden.

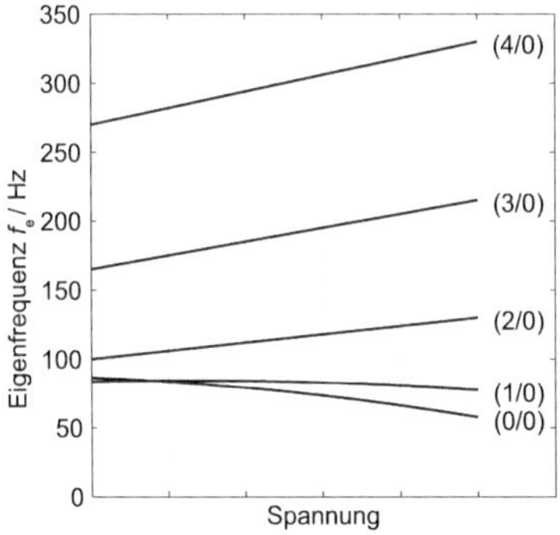

Abbildung 73: Eigenfrequenzen abhängig von der Vorspannung für verschiedene Moden, in Anlehnung an [BIR13, S. 7]

[48] Der dimensionslosen Parameter λ_{kn}kann tabelliert bspw. nach Blevins für verschiedene Einspannbedingungen wie frei-frei nachgeschlagen werden [BLE79, S. 246–248].

Allgemein erzeugt das Einbringen von Störungen auf eine Kreisplatte eine Aufspaltung der Eigenfrequenzen in zwei Schwingformen gleichen Knotendurchmessers und -kreises, welche in einem bestimmten Winkel voneinander gedreht erscheinen. Als positiver Effekt sorgt dies vor allem bei kritischen Drehzahlen für eine geringere Amplitude der stehenden Welle, da sich die Energie auf einen weiteren Bereich im Spektrum verteilt. [TOB57, S. 688 f.; SZY77, S. 219] Die Aufspaltung der Eigenfrequenzen kann abhängig von Anzahl, Länge und Lage der Schlitze für verschiedene Knotendurchmesser vorhergesagt werden [NIS96, S. 786 f.].

Eigenfrequenzen beim rotierenden Sägeblatt

Beim rotierenden Sägeblatt verschieben sich die Eigenfrequenzen in Abhängigkeit der Drehzahl durch die Versteifung in Folge der auftretenden Zentrifugalkräfte. Nach SOUTHWELL kann diese drehzahlabhängige Eigenfrequenz $f_{e\omega}$ ausgehend von der Eigenfrequenzen f_e des stillstehenden Sägeblattes ermittelt werden, vgl. [SOU22, S. 133–136]:

$$f_{e\omega}^2 = f_e^2 + \lambda \cdot f_n^2 \tag{35}$$

Dabei bezeichnet f_n die Drehfrequenz und λ einen von Knotendurchmesser k und materialbedingter Poissonzahl υ abhängigen Faktor, der näherungsweise wie folgt für Kreisplatten lautet:

$$\lambda = \frac{1-\upsilon}{4} \cdot k^2 + \frac{3+\upsilon}{4} \cdot k \tag{36}$$

In der Realität muss dieser Faktor bei Sägeblättern mit internen und externen Schlitzen sowie exotischen Strukturen experimentell oder per Simulation ermittelt werden, falls dieser nicht in der Literatur tabelliert wurde [ORL07, S. 389 f.]. In einem sogenannten Campbell- bzw. Frequenz-Drehzahl-Diagramm kann der Zusammenhang der Eigenfrequenzen ausgehenden vom stillstehenden Sägeblatt in Abhängigkeit der Drehzahl angegeben werden, vgl. Abbildung 74 [CAM24, S. 31–35].

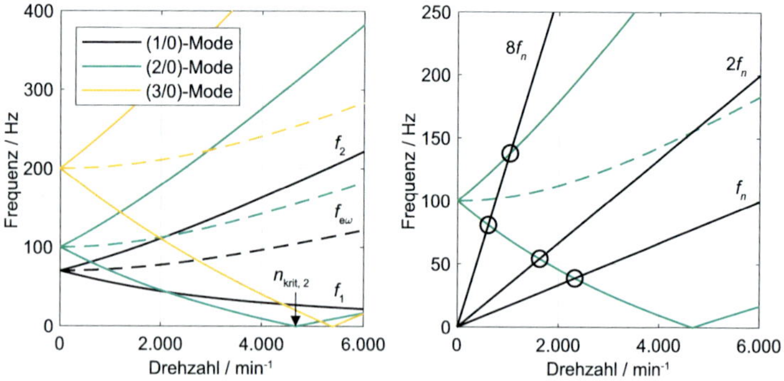

Abbildung 74: Campbell-Diagramm einer Kreisplatte verschiedener Moden mit kritischer Drehzahl (links), kritische Zustände bei Harmonischen der Drehzahl (rechts), in Anlehnung an [BIR13, S. 38 f.]

Für jede Mode sind drei Kurven innerhalb eines solchen Diagramms darstellbar, die von der Eigenfrequenz im Stillstand ausgehen. Ein auf dem Sägeblatt mitrotierender Beobachter erkennt die in Abbildung 74 gestrichelte Kurve, welche durch Gleichung (35) beschrieben wird. Die beiden zusätzlich auftretenden Kurven werden von einem nicht auf dem Sägeblatt ruhenden Beobachter wahrgenommen. Für diesen kommt es zu einer Überlagerung der Eigenschwingung mit der Drehbewegung, was zu einer vorwärts- und rückwärtslaufenden Welle führt. Diese werden durch die steigenden und sinkenden Kurven beschrieben. Die Eigenfrequenzen der Kurven können mit folgender Gleichung berechnet werden:

$$f_{1,2} = f_{e\omega} \pm k \cdot f_n \tag{37}$$

Bei kritischen Drehzahlen kann das System mit erhöhten Amplituden schwingen, sobald eine Störfrequenz einer Eigenfrequenz entspricht. Dabei gibt es verschiedene Erregungsursachen wie die Drehfrequenz f_n der Sägewelle und deren Harmonischen, die Zahneingriffsfrequenz beim Spanungsvorgang, vgl. Abbildung 74 (rechts).

Besonders kritisch ist die Drehzahl, bei der die rücklaufende Welle die x-Achse des Diagramms schneidet, wodurch eine stehende Welle mit sehr großen Amplituden auftritt und das Sägeblatt instabil wird [ROW67, S. 5–8].

$$n_{krit,k} = f_e \cdot \frac{60}{\sqrt{k^2 - \lambda}} \tag{38}$$

Für Moden mit Knotendurchmesser $k = 0$ und $k = 1$ gibt es keinen Schnittpunkt, weshalb die erste kritische Drehzahl in der Regel für Moden mit $k = 2$ oder $k = 3$ auftritt. Daher sind diese von besonderem Interesse. Die in der Praxis erlaubte und vom Hersteller angegebene Drehzahl soll im Allgemeinen kleiner als 85 % der niedrigsten kritischen Drehzahl aus Gleichung (38) sein. [STA03, S. 13; ORL07, S. 389 f.]

6.3.4 Validierung der experimentellen Modalanalyse mittels Finite Elemente Methode

Zur Validierung der experimentellen Modalanalyse wurde eine theoretische Modalanalyse nach der Finite-Elemente-Methode (FEM) unter Verwendung der Software ANSYS Workbench Version 2024 R2 durchgeführt. Als Betrachtungsobjekt wurde ein ungespanntes geklemmtes Versuchssägeblatt (GN38-BN08 gekl.) mit einem Durchmesser von 523 mm verwendet. Durch die Verwendung eines ungespannten Versuchssägeblattes kann auf die Einbringung von Eigenspannungen in das FE-Modell verzichtet werden. Grundkörper, Sägezähne und Wischer werden unter Verwendung der Software Autodesk Inventor Professional 2020 als dreidimensionale Solid-Elemente modelliert und als Baugruppe zusammengesetzt. Als Material für den Grundkörperwurde Werkzeugstahl (AISI 1095), für die Sägezähne bzw. Wischer Hartmetall (HW-K10) aus der ANSYS Granta Materialbibliothek zugewiesen.

Im Anschluss wurde die rechnerische Modalanalyse durchgeführt, um die Eigenfrequenzen und Modenformen des Sägeblattes zu ermitteln. Diese Art der Analyse ist sehr genau, erfordert jedoch hohe Rechenressourcen. Für die Analyse wurde als Randbedingung eine frei-freie Lagerung berücksichtigt. Die Vernetzung des Sägeblattes wurde mittels Tetraederelementen realisiert und besteht aus 6.932.445 Elementen mit einer minimalen Kantenlänge von 0,070152 mm sowie 10.048.101 Knoten. In der vorliegenden Untersuchung wurde sich auf die Ermittlung der ersten 16 Eigenmoden beschränkt, welche zur Validierung sowohl experimentell als auch simulativ bestimmt wurden.

Tabelle 12 stellt exemplarisch die Ergebnisse der experimentellen und der simulativen Modalanalyse für vier Modenformen gegenüber. In der oberen Zeile werden die experimentell ermittelten Modenformen und in der unteren Zeile die entsprechenden Modenformen aus der Simulation dargestellt. Jede Modenform wird durch die Anzahl ihrer Knotendurchmesser und -kreise (k/n) beschrieben, wodurch das spezifische Schwingungsmuster des Sägeblattes dargestellt werden kann. Die ermittelten Eigenfrequenzen der einzelnen Moden sind ebenfalls für die Messung und die Simulation in Tabelle 12 gegenübergestellt. Daraus wird ersichtlich, dass die experimentelle und simulative Modalanalyse identische Modenformen hervorbringen. Weitere Modenformen sind Tabelle 26 in Anhang 14.10 zu entnehmen.

Tabelle 12: Gegenüberstellung der Ergebnisse der experimentellen Modalanalyse (oben) mit den Simulationsergebnissen (unten) für ein ungespanntes geklemmtes Versuchssägeblatt (GN38-BN08 gekl.) mit einem Durchmesser von 523 mm

	Grafische Ergebnisse			
Messung (k/n)	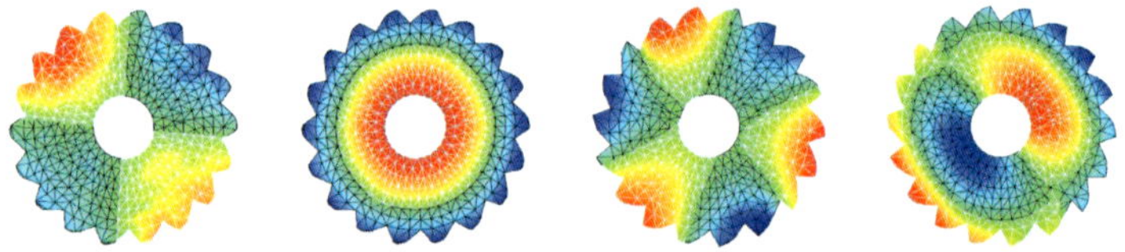			
	(2/0)	(0/1)	(3/0)	(1/1)
Simulation	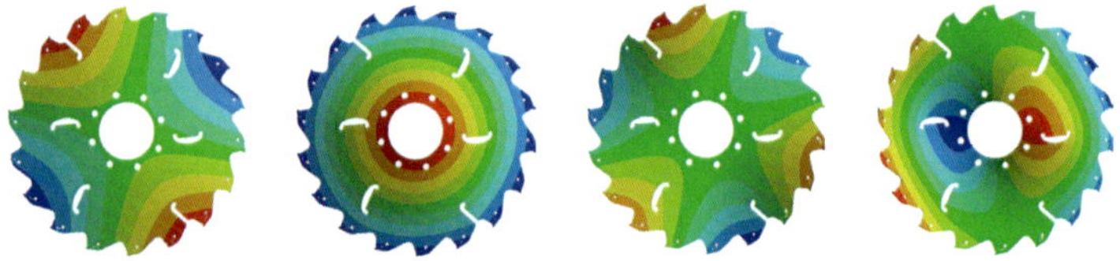			
	Ermittelte Eigenfrequenzen / Hz			
Messung	55,2	94,4	129,8	211,9
Simulation	56,0	92,0	129,6	212,4

In Abbildung 75 sind die Eigenfrequenzen (links) und die relative Frequenzabweichung (rechts) bei den verschiedenen Eigenmoden zwischen experimenteller und simulativer Modalanalyse dargestellt.

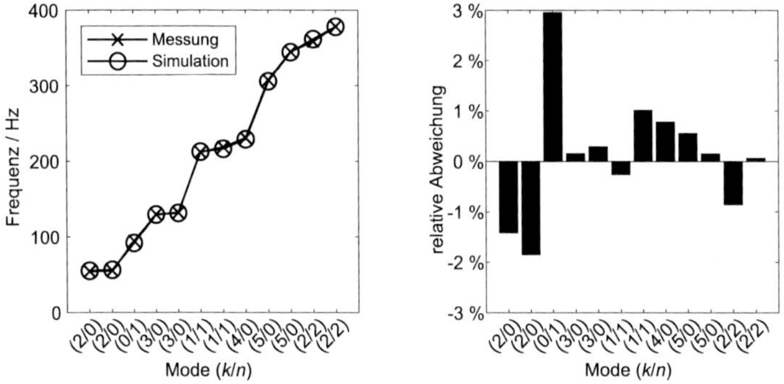

Abbildung 75: Gegenüberstellung der Eigenfrequenzen (links) und der relativen Frequenzabweichung (rechts) bei den verschiedenen Eigenmoden der experimentellen und simulativen Modalanalyse

Die beiden Kurven der Eigenfrequenzen (links) zeigen einen nahezu identischen Verlauf. Die relative Abweichung der Frequenzen in Prozent (rechts) verdeutlicht, dass die Abweichungen überwiegend im Bereich von ±2 % (Maximale Abweichung 2,96 %) liegen. Dieses Ergebnis zeigt eine hohe Übereinstimmung zwischen experimenteller und simulativer Modalanalyse. Der vorgestellte Messaufbau für die experimentelle Modalanalyse kann somit als geeignet beurteilt werden.

6.3.5 Auswertung der experimentellen Modalanalyse

Die Ermittlung der Übertragungsfunktion erfolgte nach dem in Unterabschnitt 6.3.1 aufgezeigten Vorgehen. Hierzu werden aus Kraft- und Geschwindigkeitssignalen die Übertragungsfunktionen gebildet. Nachfolgende Abbildung 76 zeigt hierzu exemplarisch eine Messung des Referenzsägeblattes mit einem Durchmesser von 523 mm.

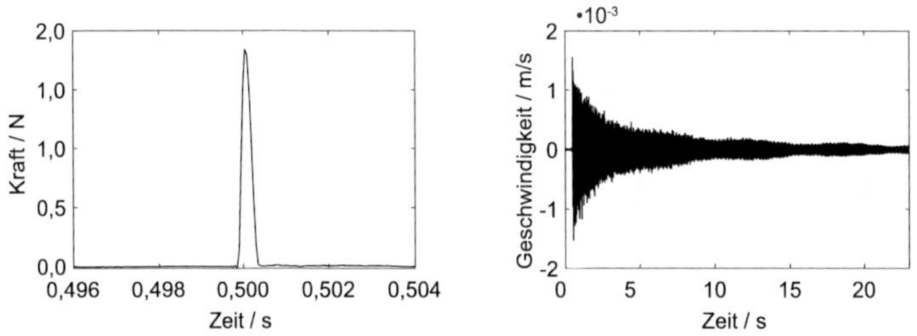

Abbildung 76: Kraftimpuls des Impulshammers (links) und Geschwindigkeitssignal des 523 mm Referenzsägeblattes (rechts)

Darüber hinaus ist in Abbildung 77 der Frequenzgang (H_1-Schätzfunktion der Mobilität) und die Kohärenz exemplarisch für ein Versuchssägeblatt (GN38) mit einem Durchmesser von 523 mm im Frequenzbereich von 0 Hz bis 2 kHz dargestellt.

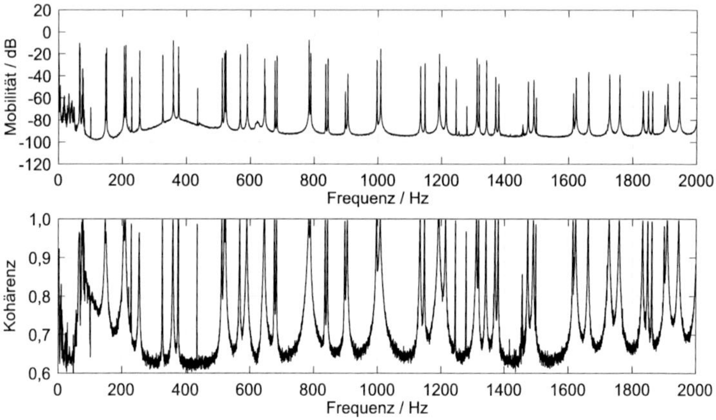

Abbildung 77: Überprüfung der Messqualität: Frequenzgang (oben) und Kohärenz (unten)

Die Kohärenz wie aus Abbildung 77 ersichtlich, bewegt sich bei den Resonanzfrequenzen zwischen 0,95 und 1. Dies deutet auf eine sehr hohe Korrelation zwischen Eingangs- und Ausgangssignal hin. An allen Resonanzstellen kann von einer sehr hohen Zuverlässigkeit der Messdaten ausgegangen werden. Die Überprüfung der Kohärenz wurde für alle untersuchten Sägeblattvarianten durchgeführt. Alle Sägeblattvarianten erzielten eine Kohärenz zwischen 0,95 und 1 bei den Resonanzfrequenzen. Somit können die Messungen aller Sägeblattvarianten als valide angesehen werden.

In Tabelle 13 sind die Ergebnisse der experimentellen Modalanalysen für die ersten elf Eigenmoden der untersuchten Sägeblätter dargestellt. Weitere Modenformen können Tabelle 27 in Anhang 14.10 entnommen werden. Es sind sowohl grafische Darstellungen der modalen Schwingformen als auch numerische Werte der entsprechenden Eigenfrequenzen in Hz dargestellt. Auffällig ist, dass die ersten elf Eigenmoden unabhängig von der Sägeblattvariante in der gleichen Reihenfolge auftreten, wobei sich lediglich die Eigenfrequenzen der Modenformen verschieben. Zusätzlich treten bei den Sägeblättern mit einem Durchmesser von 523 mm bei Knotendurchmesser zwei bzw. vier und ohne Knotenkreis gespaltene Moden auf, die in den grafischen Ergebnissen der Messungen voneinander gedreht erscheinen.

Tabelle 13: Ergebnisse der experimentellen Modalanalyse der ersten elf Eigenmoden

Grafisches Ergebnis der Messung					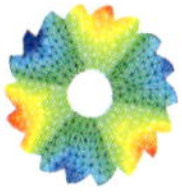	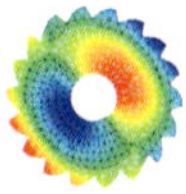
(*k*/*n*)	(2/0)	(2/0)	(0/1)	(3/0)	(3/0)	(1/1)
Eigenfrequenz / Hz für Sägeblätter mit Durchmesser 523 mm						
Referenz	64,1	65,5	79,1	143,6	146,4	206,4
GN38	65,8	67,0	75,3	146,4	149,4	205,5
GN38-BN08 gekl.	59,7	60,9	85,8	136,6	138,8	207,8
Eigenfrequenz / Hz für Sägeblätter mit Durchmesser 400 mm						
Referenz	105,9	–	113,1	223,4	225,8	314,1
GN38	111,4	–	87,0	224,2	226,7	299,2
GN38-BN08	112,7	–	83,4	225,5	228,1	296,7

Grafisches Ergebnis der Messung		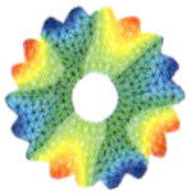			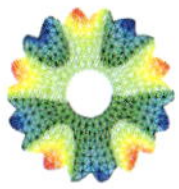	–
(*k*/ *n*)	(1/1)	(4/0)	(4/0)	(5/0)	(5/0)	–
Eigenfrequenz / Hz für Sägeblätter mit Durchmesser 523 mm						
Referenz	212,0	226,3	250,3	323,1	370,2	–
GN38	210,6	229,5	254,4	326,6	375,0	–
GN38-BN08 gekl.	212,8	217,7	238,1	312,5	352,3	–
Eigenfrequenz / Hz für Sägeblätter mit Durchmesser 400 mm						
Referenz	315,5	365,0	–	519,1	519,7	–
GN38	303,4	360,0	–	512,2	–	–
GN38-BN08	303,3	361,6	–	513,0	514,2	–

Abbildung 78 zeigt exemplarisch zwei Ausschnitte aus der Übertragungsfunktion der Sägeblätter mit einem Durchmesser von 523 mm.

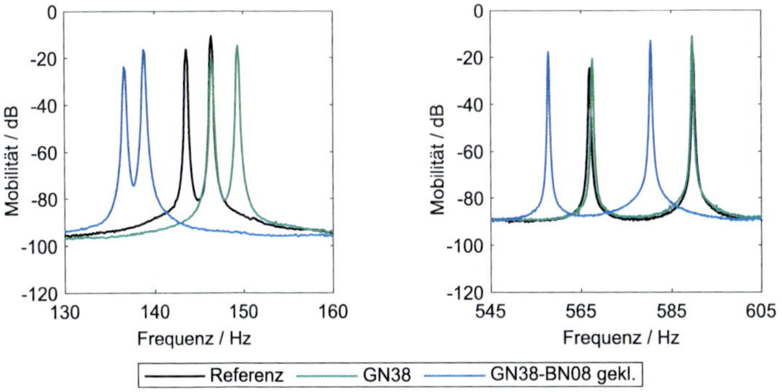

Abbildung 78: Darstellung zweier Ausschnitte der Übertragungsfunktion der Sägeblätter mit einem Durchmesser von 523 mm

Es können gespaltene Eigenmoden erkannt werden, die jeweils durch die beiden nahe beieinanderliegenden Peaks dargestellt sind. Abhängig von der Frequenz liegen zwischen den gespaltenen Eigenmoden 3 Hz bis 20 Hz. Zusätzlich auftretende gespaltenen Eigenmoden sind bei den Sägeblättern mit einem Durchmesser von 523 mm aufgrund der im Grundkörper vorhandenen Wischer zu erklären, vgl. Unterabschnitt 6.3.3.

In Abbildung 79 ist die Lage aller untersuchter Eigenfrequenzen und zugehöriger Moden im Bereich von 0 Hz bis 600 Hz dargestellt.

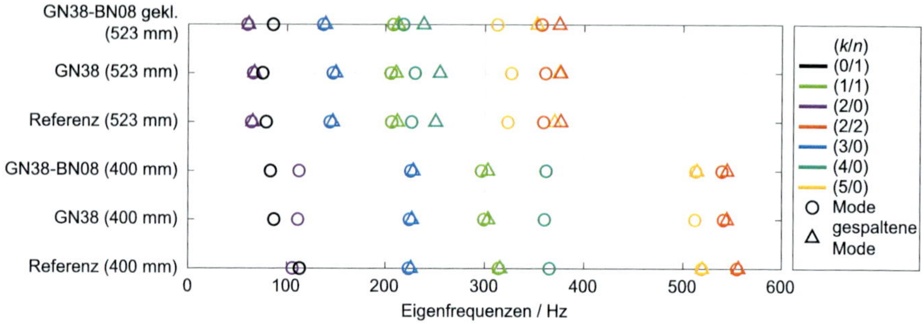

Abbildung 79: Beschreibung der Lage der Eigenfrequenzen und der zugehörigen Moden der Sägeblätter im Bereich von 0 Hz bis 600 Hz

Die Kreis-Symbole zeigen an, wo sich die jeweiligen Moden befinden. Sollte eine gespaltene Mode vorliegen, wird diese durch ein Dreieck-Symbol dargestellt. Die einzelnen durch verschiedene Farben codierten Symbole zeigen die verschiedenen Schwingungsmoden (k/n). Die für die kritische Drehzahl relevanten Eigenfrequenzen sind insbesondere den (2/0)- und (3/0)-Moden zuzuordnen, wobei in diesem Anwendungsfall die (2/0)-Mode die größte Bedeutung hat. Dies lässt sich durch einen Verweis auf das Campbell-Diagramm begründen, in denen die Schnittpunkte dieser Moden mit der Drehzahlachse als entscheidende Faktoren für die Stabilität des Systems identifiziert wurden. Eine Verringerung dieser Eigenfrequenzen bedarf einer Überprüfung hinsichtlich der Annäherung an die kritische Drehzahl. Eine Erhöhung dieser Eigenfrequenzen ist unkritisch, da sich daraus eine positive Auswirkung auf die kritischen Drehzahlen ergibt. Die (0/1)-Mode ist für die dynamische Betrachtung irrelevant, da sie konstant bleibt und unabhängig von der Drehzahl keine kritischen Resonanzphänomene verursacht.

Bei gleichen Durchmessern verringern sich die Frequenzen der kritischen Moden maximal um 6,9 %. Wie erwartet, sinken die Eigenfrequenzen mit zunehmendem Durchmesser, was sich mit der allgemeinen Beziehung zwischen der Sägeblattgröße und den Schwingungseigenschaften erklären lässt: Ein größerer Durchmesser führt zu geringeren Eigenfrequenzen.

Werden die Sägeblätter mit einem Durchmesser von 523 mm betrachtet, erhöht sich die Eigenfrequenz des Versuchssägeblattes GN38 um bis zu 2,7 % bei der kritischen (2/0)-Mode und um bis zu 2,0 % bei der kritischen (3/0)-Mode. Demgegenüber sinken die Eigenfrequenzen des geklemmten Versuchssägeblattes GN38-BN08 gekl. um bis zu 6,9 % bei der (2/0)-Mode und um bis zu 5,2 % bei der (3/0)-Mode. Eine Einordnung der Ergebnisse erfolgt durch die Überprüfung der kritischen Drehzahl mit den Einspannbedingungen im Betrieb. Hierfür wird die Gleichung (38) zur Berechnung der kritischen Drehzahl verwendet. Für GN38-BN08 gekl. liegt die kritische Drehzahl bei 3.900 min^{-1}. Da die Betriebsdrehzahl ≤ 85 % der kritischen Drehzahl betragen soll, ist die leichte Verringerung der Eigenfrequenz unkritisch, vgl. Unterabschnitt 6.3.3.[49]

Die Auswertung der Sägeblätter mit einem Durchmesser von 400 mm ergibt bei den Versuchssägeblättern eine durchgängige Erhöhung der Eigenfrequenzen hinsichtlich der kritischen (2/0)- und (3/0)-Moden. Die (2/0)-Mode steigt bei dem Versuchssägeblatt mit beschichteten Sägezähnen GN38-BN08 um 6,3 % und bei dem ohne Beschichtung (GN38) um 5,2 %.[49]

6.3.6 Auswertung der experimentellen Betriebsschwingungsanalyse

Im Rahmen der Analyse wurde überprüft, ob die maximale Doppelamplitude des Schwingungsverhaltens innerhalb eines zulässigen Bereichs liegt. Ein besonderes Augenmerk lag auf der Identifikation potenziell erhöhter Amplituden, bei denen eine Resonanz mit der Zahneingriffsfrequenz auftreten könnte. Bei Feststellung einer erhöhten Amplitude wird eine FFT durchgeführt, um zu prüfen, ob tatsächlich eine Resonanz vorliegt. Diese Vorgehensweise erlaubt eine differenzierte Untersuchung des dynamischen Verhaltens des Sägeblattes und ermöglicht es, kritische Resonanzzustände zu identifizieren und zu bewerten. Gegenstand der experimentellen Betriebsschwingungsanalyse sind die Sägeblätter mit einem Durchmesser von 400 mm.

In Abbildung 80 werden drei verschiedene Sägeblätter – das Referenzsägeblatt, das Versuchssägeblatt GN38 und das Versuchssägeblatt mit beschichteten Sägezähnen GN38-BN08 – hinsichtlich der Schnittkraft und der maximalen Doppelamplitude verglichen. Dabei werden die in Unterabschnitt 6.3.2 erläuterten Positionen 1 und 2 für die Positionierung des LDVs zur Messung der Betriebsschwingungen sowie die Vorschubgeschwindigkeiten 5,5 m/min und 11,0 m/min betrachtet. Es wurden je Einstellung jeweils zwei Messungen durchgeführt.

Abbildung 80 (oben) zeigt die benötigte Schnittkraft in Newton. Eine höhere Vorschubgeschwindigkeit (11,0 m/min) führt zu einer erhöhten Kraftanforderung. Da sich Position 1 und 2 auf die Positionierung des LDVs beziehen, haben diese keinen Einfluss auf die Schnittkräfte. Etwaige Schwankungen in der Schnittkraft sind hier auf die Inhomogenität des Werkstoffs Holz zurückzuführen. GN38 benötigt insgesamt eine im Vergleich zum Referenzsägeblatt geringere Schnittkraft. GN38-BN08 erweist sich als das Sägeblatt mit der geringsten Schnittkraft.

[49] Eine Darstellung relativer Abweichungen der Eigenfrequenzen der Sägeblattvarianten zum Referenzsägeblatt sind Abbildung 97 in Anhang 14.11 zu entnehmen.

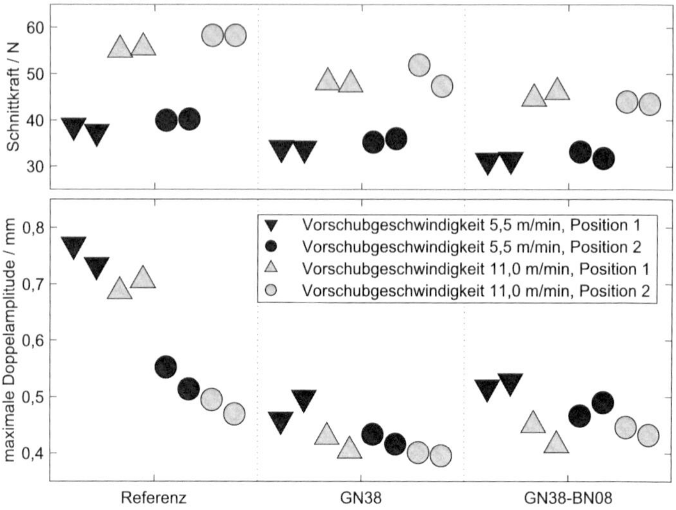

Abbildung 80: Vergleich der Schnittkräfte (oben) und maximalen Doppelamplitude (unten) bei den betrachteten Sägeblättern

Abbildung 80 (unten) zeigt die maximale Doppelamplitude, die zur Beschreibung der Schwingungsintensität von Sägeblättern herangezogen wird. Das Referenzsägeblatt weist mit bis zu 0,77 mm die höchsten Doppelamplituden auf, was auf erhöhte Betriebsschwingungen und einer damit einhergehenden, im Vergleich geringeren Stabilität während des Betriebs hindeutet. Eine Erhöhung der Vorschubgeschwindigkeit von 5,5 m/min auf 11,0 m/min führt beim Referenzsägeblatt zu einer Reduktion der Doppelamplitude. Dies folgt aus der Tatsache, dass bei kleinen Zahnvorschüben das Sägeblatt dazu neigt, freie Schwingungen auszuführen. Eine Erhöhung der Vorschubgeschwindigkeit und somit des Zahnvorschubs unterbindet dies zunehmend.

Das unbeschichtete Versuchssägeblatt GN38 zeigt ebenso wie das Versuchssägeblatt mit beschichteten Sägezähnen GN38-BN08 im Vergleich zum Referenzsägeblatt geringere Doppelamplituden, was auf ein verbessertes dynamisches Verhalten im Betrieb hinweist. Zwischen der unbeschichteten Variante und der Variante mit beschichteten Sägezähnen sind keine signifikanten Unterschiede feststellbar. Wie aus dem Vergleich zwischen Position 1 und Position 2 ersichtlich wird, besteht zwischen der Höhe der Doppelamplitude und den Teilkreisdurchmessern, an denen die Betriebsschwingung gemessen wurde (Position 1: Teilkreisdurchmesser 350 mm, Position 2: Teilkreisdurchmesser 180 mm) ein Zusammenhang. Werden bei Betriebsschwingungsmessungen größere Teilkreisdurchmesser gewählt und damit die Messungen näher an den Sägezähnen durchgeführt, führt dies zu höheren Doppelamplituden.

In Abbildung 81 sind die Spektren des Referenz- und des Versuchssägeblattes GN38 bei Position 1 und einer Vorschubgeschwindigkeit von 11,0 m/min dargestellt.

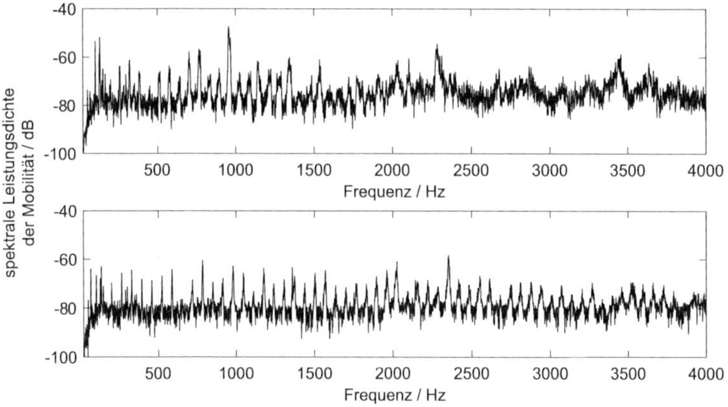

Abbildung 81: Vergleich der Spektren von Referenzsägeblatt (oben) und Versuchssägeblatt GN38-BN08 (unten) bei Position 1 und einer Vorschubgeschwindigkeit von 11,0 m/min im Eingriff

Das Referenzsägeblatt weist ab einer Frequenz von 2 kHz breitere Resonanzen auf. Zudem sind im Gegensatz zum Versuchssägeblatt GN38-BN08 bei einigen Frequenzen wie bspw. bei ca. 960 Hz erhöhte Amplituden (spektrale Leistungsdichte über -60 dB) zu erkennen. Dies deutet auf eine geringere Anfälligkeit für Schwingungsanregungen des Versuchssägeblattes hin. Somit bietet das Versuchssägeblatt im Betrieb bessere dynamische Eigenschaften.

6.4 Validierung im Industrieprozess

Die in Abschnitt 5.6 ermittelte und im Laborprozess validierte optimale Kombination aus Sägezahngeometrie und Beschichtung wird in diesem Abschnitt im Industrieprozess validiert. Dazu werden industrielle Sägeblätter mit den ermittelten Sägezahngeometrien bestückt und in einem Sägewerk im laufenden Prozess getestet.

6.4.1 Versuchsaufbau und Durchführung

Die Haupttätigkeit von Sägewerken besteht allgemein darin, Baumstämme durch Sägen in geometrisch definiertes Schnittholz zu zerlegen. Die Unterschiede zwischen den Sägewerken ergeben sich vor allem aus der Art des bearbeiteten Holzes (Weich- oder Hartholz), dem Durchmesser der Baumstämme und den unterschiedlichen Materialflusskonzepten (Karussellprinzip, unterbrochene Linienproduktion oder Volllinienproduktion). [NIE23, S. 1103]

Die Validierung im Industrieprozess findet in einem nordbayerischen Sägewerk statt, das Weichholz, hauptsächlich Fichtenholz, bearbeitet. Im Folgenden wird der Industrieprozess in diesem Sägewerk in der sogenannten Spanerlinie beschrieben. Jeder Baumstamm wird zu

Beginn in seiner natürlichen Struktur mit Rinde per Laser vermessen. Die ermittelten Abmessungen werden vollautomatisch mit Auftragsdaten für Bretter und Balken im Enterprise Resource Planning (ERP) -System abgeglichen. Die Zusammenstellung von Brettern und Balken wird als Zuschnitt bezeichnet und erstreckt sich über die gesamte Länge eines Baumstammes. Nach der Vermessung wählt das ERP-System den optimalen Zuschnitt aus, um den Volumenverschnitt des Baumstammes zu minimieren. Die Abmessungen des ausgewählten Zuschnitts werden anschließend an die Steuerung der Spanerlinie übermittelt.

An Sägestation 1 werden die Rinde und die Seiten der Baumstämme abgetragen. Hierfür wird in diesem Sägewerk das Karussellprinzip genutzt, d. h. die Baumstämme werden mehrfach durch die Sägestation 1 geführt. Bei jedem Durchlauf werden Seitenbretter abgetrennt, vereinzelt und aus dem Hauptmaterialfluss ausgeschleust. Charakteristisch für dieses Prinzip ist die zyklische und wiederholte Bearbeitung desselben Baumstammes, wobei in jeder Passage ein bestimmter Querschnittsbereich des Baumstammes gezielt bearbeitet wird. [NIE23, S. 1130 f.] Im Rahmen des Einschnitts an Sägestation 1 wird die sogenannte Stammware erzeugt. Hierbei handelt es sich um das Hauptprodukt, bestehend aus Kantholz, Blockware oder Bohlen, das die geometrisch zentralen Bereiche des Baumstammes umfasst und den größten Teil seines Volumens ausmacht. Nach der Abtrennung der Seitenbretter ist die Stammware längssymmetrisch und hat an den Stirnseiten eine quadratische oder rechteckige Form. Anschließend erfolgt in Sägestation 2 der Zuschnitt entlang der Längsachse mit vier vertikal angeordneten Sägeblättern, vgl. schematische Darstellung in Abbildung 82.

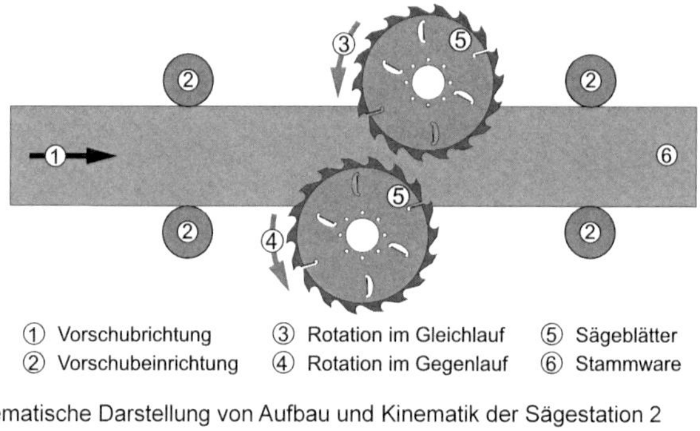

Abbildung 82: Schematische Darstellung von Aufbau und Kinematik der Sägestation 2

Die Sägestation 2 basiert auf dem Konzept einer Doppelwellenkreissäge, bei der zwei vertikal angeordnete Sägewellen jeweils mehrere Sägeblätter tragen. Die oberen Sägeblätter führen die Schnitte im Gleichlauf aus, d. h. ihre Drehrichtung entspricht der Vorschubrichtung der Stammware an der Wirkstelle. Die unteren Sägeblätter arbeiten im Gegenlauf, also entgegengesetzt zur Vorschubrichtung. Durch diese Anordnung greifen die Sägeblätter gleichzeitig von oben und unten in die Stammware ein und erzeugen eine definierte Schnittfuge. [FRO89, S. 161] Um eine vollständige Durchtrennung der Stammware sicherzustellen, wird eine gezielte vertikale Überlappung der Schnittfugen vorgesehen. Um eine Kollision der Sägezähne zu vermeiden, wird zusätzlich ein geringer horizontaler Achsversatz zwischen den oberen und unteren Sägeblättern realisiert. Die Bearbeitung auf der Doppelwellenkreissäge verteilt das Spanungsvolumen gleichmäßig auf beide Sägewellen und reduziert dadurch die mechanische Belastung der einzelnen Sägeblätter [FRO89, S. 184]. Sägestation 2 verfügt über vier Sägeblätter, die jeweils über einen separaten Elektromotor individuell angetrieben werden. Dadurch wird eine spezifische Zuordnung und Überwachung der Prozessparameter zu jedem Sägeblatt durch den Anlagenführer ermöglicht. Durch die Kombination von Doppelwellenanordnung, differenzierter Laufrichtung (Gleichlauf oben, Gegenlauf unten) und individueller Antriebsregelung, stellt die Sägestation 2 eine ideale Versuchseinrichtung für die vergleichende Analyse der entwickelten Versuchssägeblätter dar.

Tabelle 14 gibt eine Übersicht über die wesentlichen Werkzeugparameter von Referenz- und Versuchssägeblättern für die Validierung im Industrieprozess.

Tabelle 14: Werkzeugparameter von Referenz- und Versuchssägeblättern

	Referenz[50]	GN38	GN38-BN08	GN38-BN08 gekl.
Beschichtung Sägezähne	–	–	ta-C	ta-C
Verbindung Sägezahn-Grundkörper	gelötet	gelötet	gelötet	geklemmt
Grundkörper	–	–	–	–
Zahnbreite b_z / mm	4,80	4,80	4,80	4,80
Sägeblattdurchmesser d / mm	523,00	523,00	523,00	523,00
Mittellochdurchmesser d_m / mm	120,00	120,00	120,00	120,00
Sägeblattdicke h_s / mm	3,00	3,00	3,00	3,00
Anzahl Wischer w	6	6	6	6
Zähnezahl z	18	18	18	18
Sägezahngeometrie	–	–	–	–
Neigungswinkel λ_s / °	0,00	6,06	6,06	6,06
Nebenfreiwinkel α_n / °	5,00	3,84	3,84	3,84
Einstellwinkel κ_r / °	90,00	90,00	90,00	90,00
Eckenwinkel ε_r / °	89,00	87,46	87,46	87,46
Einstellwinkel der Nebenschneide κ_r' / °	1,00	2,54	2,54	2,54
Freiwinkel α / °	15,00	10,00	10,00	10,00
Keilwinkel β / °	55,00	57,88	57,88	57,88
Spanwinkel γ / °	20,00	22,12	22,12	22,12
Flankenführungsfase FFF	nein	ja	ja	ja
Spanleitstufe SLS	nein	nein	nein	nein
Spanteilerrille STR	nein	nein	nein	nein
Strukturierung ST	nein	nein	nein	nein

[50] In der Sägestation 2 kommt ein Sägeblatt des Herstellers TKM The Knife Manufacturer Austria GmbH vom Typ Solidus zum Einsatz.

Für die Untersuchung wurde ein Zuschnitt mit den Abmessungen 5.000 · 88 · 256 (Länge · Breite · Höhe) ausgewählt. Diese Entscheidung berücksichtigte die große Anzahl an benötigter Stammware sowie deren Verfügbarkeit im Sägewerk zum Zeitpunkt der Validierung. Die für die Dauer der Validierung vom Anlagenführer empfohlene Vorschubgeschwindigkeit betrug 40 m/min für den gewählten Zuschnitt. Zur Auswahl der Vorschubgeschwindigkeit nutzt das Sägewerk ein ERP-System, das die gewählten Schnittmuster beachtet. Weitere Kriterien sind u. a. Holzfeuchte, Temperatur, Holzart und Sägeblattdurchmesser, vgl. [SCH21c, S. 5204 f.]. Um Schäden an der Sägestation 2, den Referenz- und den Versuchssägeblättern zu vermeiden, wurde zunächst eine reduzierte Vorschubgeschwindigkeit von 30 m/min festgelegt, die schrittweise um 5 m/min bis auf maximal 55 m/min erhöht wurde. Durch die gezielte Überschreitung von 40 m/min kann ein Ausblick auf die Grenzparameter der Sägeblätter gegeben werden, insbesondere im Hinblick auf deren Verschleißverhalten, Leistungsaufnahme und Schnittqualität. Insgesamt wurden jeweils 240 Zuschnitte erzeugt, wobei die Drehzahl aufgrund technischer Vorgaben konstant auf 3.000 min^{-1} und der Arbeitseingriff auf 100 mm festgelegt wurde.

Abbildung 83 zeigt die Einbaupositionen der Versuchssägeblätter (links) und Referenzsägeblätter (rechts) an der Sägestation 2. Im konkreten Fall wurden die Versuchssägeblätter des Typs GN38-BN08 und die zugehörigen Referenzsägeblätter montiert. Zu beachten ist, dass bei dem gewählten Zuschnitt lediglich die inneren Sägeblätter eingesetzt werden. D. h. es befinden sich insgesamt vier Sägeblätter (zwei Versuchssägeblätter und zwei Referenzsägeblätter) im Einsatz.

① Versuchssägeblatt im Gleichlauf
② Versuchssägeblatt im Gegenlauf
③ Ungenutzte Sägeblätter
④ Referenzsägeblatt im Gleichlauf
⑤ Referenzsägeblatt im Gegenlauf

Abbildung 83: Einbauort Versuchssägeblätter (links) und Referenzsägeblätter (rechts) an Sägestation 2

6.4.2 Messkonzept

Ermittlung der Wirkleistung

Der Aufbau der Sägestation 2 ermöglicht durch den Einsatz von vier separaten Elektromotoren die Erfassung der elektrischen Wirkleistung P_W während des Trennvorgangs für jedes Sägeblatt. Zu diesem Zweck sind im Schaltschrank der Sägestation 2 vier Netzanalysatoren des Typs 8335 QualiSTAR des Herstellers Chauvin Arnoux installiert. Diese Geräte messen und erfassen Spannungen sowie Ströme mit einer maximalen gerätespezifischen Abtastrate von 256 Hz. Die anschließende Sicherung des auszulesenden Messwerts erfolgt im Sekundentakt durch die Mittelwertbildung der 256 Einzelmessungen. Dies entspricht dem kleinsten gerätespezifischen Ausgabeinkrement.

Die Netzanalysatoren sind jeweils mit drei Stromzangen des Typs MN93A 100 A des Herstellers Chauvin Arnoux ausgestattet. Die Spannungsmessung erfolgt parallel an den drei Leitern (Phasen), während die Ströme mittels der genannten Stromzangen erfasst werden. Die Stromzangen nutzen Hallsensoren zur Messung des magnetischen Feldes der Leiter und bestimmen daraus die Stromstärken.

Abbildung 84 (links) zeigt schematisch den Schaltplan eines Netzanalysators für einen Elektromotor eines Sägeaggregates und rechts die Installation der vier Netzanalysatoren im Schaltschrank des Sägewerks. Die Wirkleistungsmessung an drei Leitern weist die höchste Auflösung auf [KLO08, S. 401]. Die Messunsicherheit der verwendeten Netzanalysatoren beträgt weniger als 1 % des Messwerts über alle Messgrößen hinweg [CHA08, S. 6].[51] Der Messaufbau wird von KLOCKE UND KÖNIG als geeignet für die Bestimmung der Wirkleistung bei der Durchführung von Spanprozessen beschrieben [KLO08, S. 401 f.].

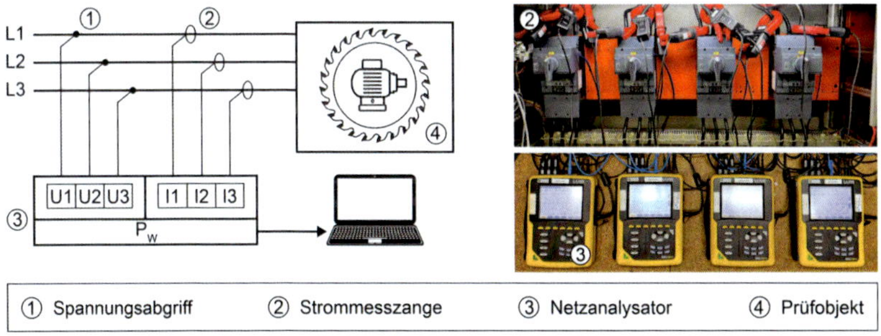

Abbildung 84: Schaltplan eines Netzanalysators an einem Elektromotor der Sägestation 2 (links) und Einbau der vier Netzanalysatoren (rechts), in Anlehnung an [KLO08, S. 402]

[51] Netzanalysatoren vergleichbarer Bauart wurden bereits in Untersuchungen mit ähnlichem Anwendungsfokus eingesetzt, vgl. [SCH21a, S. 101; WES16, S. 66].

Für beliebige Spannungs- und Stromverläufe ($u(t)$ bzw. $i(t)$) ist die Wirkleistung P_W über einen beliebigen Zeitraum durch den folgenden Ausdruck definiert. [BÖG07, S. 764]

$$P_\mathrm{W} = \frac{1}{T}\int_0^T u(t) \cdot i(t)\,\mathrm{d}t \tag{39}$$

Gleichung (40) stellt die Ermittlung der Wirkleistung über eine der drei Phasen $i \in \{1, 2, 3\}$ eines Messpunkts der Messgeräte im Sekundentakt dar. Dabei ist N_s die Anzahl aufgenommener Messpunkte über eine Sekunde. [CHA08, S. 68]

$$P_{\mathrm{W},i} = \frac{1}{N_\mathrm{s}}\sum_{n=0}^{N_\mathrm{s}-1} u_i[n] \cdot i_i[n] \tag{40}$$

Die gesamte über eine Sekunde gemessene Wirkleistung ergibt sich durch die Summe der Wirkleistungen der drei Phasen. [CHA08, S. 68]

$$P_\mathrm{W,ges} = P_\mathrm{W,1} + P_\mathrm{W,2} + P_\mathrm{W,3} \tag{41}$$

Die gesamte gemessene Wirkleistung $P_\mathrm{W,ges}$ eines Elektromotors setzt sich aus einer aggregatspezifischen elektrischen Leistung im Leerlaufbetrieb (Luftschnitt) P_L und der Schnittleistung P_c zusammen. [GOT23, S. 116]

$$P_\mathrm{W,ges} = P_\mathrm{L} + P_\mathrm{c} \tag{42}$$

Diese Größen können näherungsweise über den Gesamtwirkungsgrad η_ges miteinander in Beziehung gesetzt werden [GOT23, S. 116].

$$\eta_\mathrm{ges} = \frac{P_\mathrm{c}}{P_\mathrm{W,ges}} = 1 - \frac{P_\mathrm{L}}{P_\mathrm{W,ges}} \tag{43}$$

Die Schnittleistung kann über die Schnittkraft F_c, die Schnittgeschwindigkeit v_c, und die Schneidenanzahl z des verwendeten Werkzeugs ausgedrückt werden [DIE16, S. 22].

$$P_\mathrm{c} = F_\mathrm{c} \cdot v_\mathrm{c} \cdot z \tag{44}$$

Aus den Gleichungen (43) und (44) ergibt sich die Schnittkraft F_c nach folgender Gleichung [GOT23, S. 125 f.].

$$F_\mathrm{c} = \eta_\mathrm{ges} \cdot \frac{P_\mathrm{W,ges}}{v_\mathrm{c} \cdot z} \tag{45}$$

Zum Vergleich der Sägeblätter wurde das arithmetische Mittel der gesamten gemessenen Wirkleistungen während der Bearbeitung von jeweils 240 Zuschnitten herangezogen. Dabei sind nur Messwerte erfasst, bei denen sich das Sägeblatt im Volleingriff befand. Zur Vereinfachung der Begrifflichkeit wird diese als Wirkleistung P_W bezeichnet.

Ermittlung von Verschleiß und Oberflächenqualität

Für die Verschleißermittlung wurden die bereits aus Unterabschnitt 5.1.3 bekannten Verschleißkriterien herangezogen. Die Ermittlung der Oberflächenqualität des Zuschnitts erfolgte unter Verwendung der in Unterabschnitt 5.1.3 beschriebenen Oberflächenkennwerte.

6.4.3 Ergebnisinterpretation

Nachfolgend sind die Ergebnisse aus der Validierung im Industrieprozess dargestellt. Ziel ist es, die Leistungsfähigkeit der Versuchssägeblätter untereinander und im direkten Vergleich zu den jeweiligen Referenzsägeblättern zu bewerten. Dies erfolgt anhand einer multikriteriellen Betrachtung der Zielgrößen Verschleiß, Schnittkraft (Wirkleistung) und Oberflächenqualität des Zuschnitts. Der Industrieeinsatz der Sägeblätter erfolgte gleichzeitig im Gleich- und Gegenlauf, wobei deren Messergebnisse in der Ergebnisinterpretation getrennt dargestellt werden. Der Vergleich der Messergebnisse der Versuchssägeblätter untereinander erfolgt indirekt über die jeweiligen Referenzsägeblätter. Die Referenzsägeblätter dienen somit als neutraler Bezugspunkt. Es ergeben sich drei Vergleichspaare:

- Versuchssägeblätter GN38 mit Referenzsägeblättern
- Versuchssägeblätter GN38-BN08 mit Referenzsägeblättern
- Versuchssägeblätter GN38-BN08 gekl. mit Referenzsägeblättern

Da für jedes Versuchssägeblatt eigene Versuchsreihen durchgeführt wurden, kann es durch die Anisotropie und Inhomogenität des Holzes zu Schwankungen in den Ergebnissen kommen, was die Vergleichbarkeit zwischen den verschiedenen Versuchsreihen erschwert. Um dennoch eine quantitative Beurteilung zu ermöglichen, werden zusätzlichen zu den absoluten Werten die relativen Änderungen zwischen den Versuchssägeblättern und den in derselben Versuchsreihe eingesetzten Referenzsägeblättern betrachtet. Dadurch wird sichergestellt, dass jedes Versuchssägeblatt nur mit einem Referenzsägeblatt verglichen wird, das unter identischen Bedingungen, insbesondere an derselben Stammware, getestet wurde.

Interpretation Verschleiß

Abbildung 85 zeigt die arithmetischen Mittelwerte der Verschleißkennwerte.[52] Die Versuchssägeblätter sind dabei in Relation zu ihren jeweiligen Referenzsägeblättern zu setzen.

Die Ergebnisse zeigen, dass der Gleich- im Vergleich zum Gegenlauf bei allen drei untersuchten Kennwerten höhere Verschleißwerte verursacht. Dieses Verhalten kann durch die unterschiedlichen Relativgeschwindigkeiten und Spanbildungsvorgänge erklärt werden. Im Gleichlauf bewegen sich Sägeblatt und Stammware in gleicher Richtung, wodurch sich die Relativgeschwindigkeit an der Wirkstelle reduziert. Im Gegenlauf liegt dagegen eine höhere Relativgeschwindigkeit vor, was die Spanbildung unterstützt und den Verschleiß durch eine

[52] Eine tabellarische Darstellung der Ergebnisse kann aus Tabelle 28 in Anhang 14.12 entnommen werden.

verbesserte Spanabfuhr reduziert. Verfahrensbedingt wird der im Sägeprozess entstehende Kommaspan beim Gegenlauf von seiner dünnsten Stelle angeschnitten und dann zum dickeren Ende hin vorzeitig abgespalten. Aufgrund der günstigeren Vorspaltung wird der tatsächliche Schnittweg verkürzt. Dies verringert die Gesamtdauer und Intensität der Beanspruchung an der Schneidkante pro Schnittvorgang. [GOT23, S. 31 f.]

Im Rahmen von Belastungstests wurden Vorschubgeschwindigkeiten gezielt variiert, um die Auswirkungen des Betriebs mit Grenzparametern auf die Sägeblätter zu analysieren. Mit zunehmender Vorschubgeschwindigkeit steigt die auf die Sägezähne wirkende mechanische Belastung. Dies führt als Folge lokaler Überbelastungen zu einem deutlichen Anstieg der Ausbruchflächen an den Schneidkanten. Dieses Verhalten konnte vor allem bei den Referenzsägeblättern und deren konventionellen Sägezahngeometrien beobachtet werden. So wurde bei bis zu 50 % der Sägezähne der Referenzsägeblätter ein Zahnbruch festgestellt. In Abbildung 85 kann durch die Darstellung der gemittelten Absolutwerte die tatsächliche Größenordnung der Ausbruchsflächen der verschiedenen Sägeblätter erfasst werden. Die durchschnittlichen Verschleißwerte sind für GN38-BN08 am geringsten, gefolgt von GN38-BN08 geklemmt und GN38. Die Referenzsägeblätter schneiden im direkten Vergleich erheblich schlechter ab.

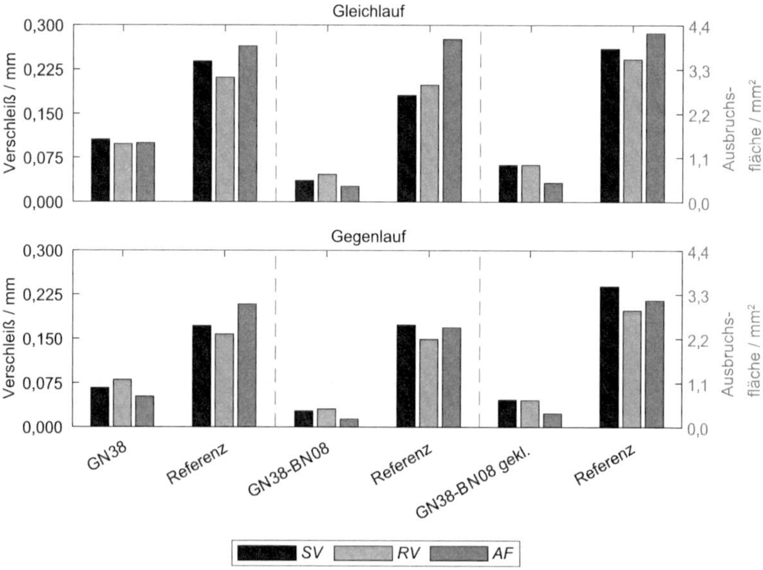

Abbildung 85: Darstellung der arithmetischen Mittelwerte der Verschleißkennwerte Schneidenversatz, Rundungsverschleiß und Ausbruchsfläche im Gleich- und Gegenlauf für die Versuchssägeblattvarianten und ihren jeweiligen Referenzsägeblättern

Abbildung 86 zeigt die relative Änderung der Verschleißkennwerte von Versuchssägeblättern zu Referenzsägeblättern.

Die Reduktion der Verschleißkennwerte bei den unbeschichteten Versuchssägeblättern GN38 gegenüber dem Referenzsägeblatt lagen im Bereich von 48,9 % bis 75,0 %. Für die beschichteten Versuchssägeblätter GN38-BN08 ergaben sich deutlich höhere Reduktionen der Verschleißkennwerte zwischen 76,5 % und 92,0 %. Die beschichteten Versuchssägeblätter mit Schnittstelle GN38-BN08 gekl. zeigten ebenfalls eine erhebliche Reduktion der Verschleißkennwerte von 74,2 % bis 89,0 %. Dies ist im Wesentlichen durch eine hohe Sensitivität der Ausbruchsfläche gegenüber den Bearbeitungsbedingungen bei den Referenzsägeblättern erklärbar. Eine stärkere Reduktion der Ausbruchsflächen im Gegenlauf ist damit erklärbar, dass die Versuchssägeblätter in den Laboruntersuchungen aufgrund des Prüfstanddesigns an die spezifischen Belastungs- und Spanbildungssituationen für den Gegenlaufbetrieb angepasst wurden.

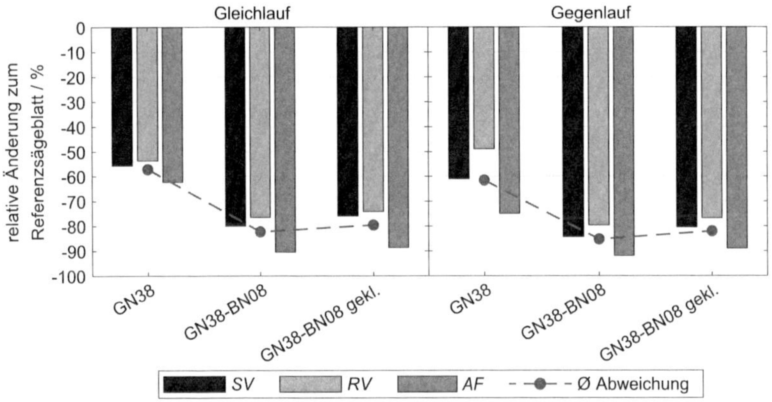

Abbildung 86: Relative Änderungen der ermittelten Verschleißkennwerte Schneidenversatz, Rundungsverschleiß und Ausbruchsfläche der Versuchssägeblattvarianten inklusive durchschnittlicher Abweichung über die Verschleißkennwerte im Vergleich zu den jeweiligen Referenzsägeblättern für Gleich- und Gegenlauf

Das Versuchssägeblatt GN38-BN08 im Gegenlaufbetrieb zeigte insgesamt die größten Verbesserungen gegenüber dem Referenzsägeblatt. Die Ausbruchsfläche verringerte sich dabei um 92,0 %. Auch der Schneidenversatz bzw. der Rundungsverschleiß sank um 84,3 % bzw. 79,6 %.

Insgesamt können diese Ergebnisse der Validierung im Industrieprozess den Nutzen der entwickelten Sägezahngeometrie GN38 sowie der Beschichtung BN08 hinsichtlich der Verschleißreduktion aus den Laboruntersuchungen bestätigen.

Interpretation Wirkleistung

In Abbildung 87 sind die arithmetischen Mittelwerte der Wirkleistungen in Abhängigkeit der Vorschubgeschwindigkeit für die verschiedenen Sägeblätter abgebildet.[53]

Der Vergleich der beiden Vorschubrichtungen zeigt, dass beim Sägen im Gegenlauf bei allen Sägeblättern weniger Wirkleistung beansprucht wird, was sich mit den Erkenntnissen von Gottlöber deckt [GOT23, S. 32]. Es ist erkennbar, dass sie für alle Varianten mit steigender Vorschubgeschwindigkeit zunimmt. Der Vergleich zwischen den Referenz- und den Versuchssägeblättern zeigt unabhängig vom Bearbeitungsmodus (Gleich- oder Gegenlauf) eine höhere Wirkleistung der Referenzsägeblätter. Bei zunehmender Vorschubgeschwindigkeit verstärkt sich dieses Verhalten. Zudem können zwischen den drei Varianten der Versuchssägeblätter ebenfalls Unterschiede festgestellt werden. Die Beschichtung führt über den gesamten Vorschubbereich zu einer Reduzierung der Wirkleistung. Die geklemmten Versuchssägeblätter GN38-BN08 gekl. zeigen im Vergleich zu den ungeklemmten Versuchssägeblättern GN38-BN08 eine leicht erhöhte Wirkleistung.

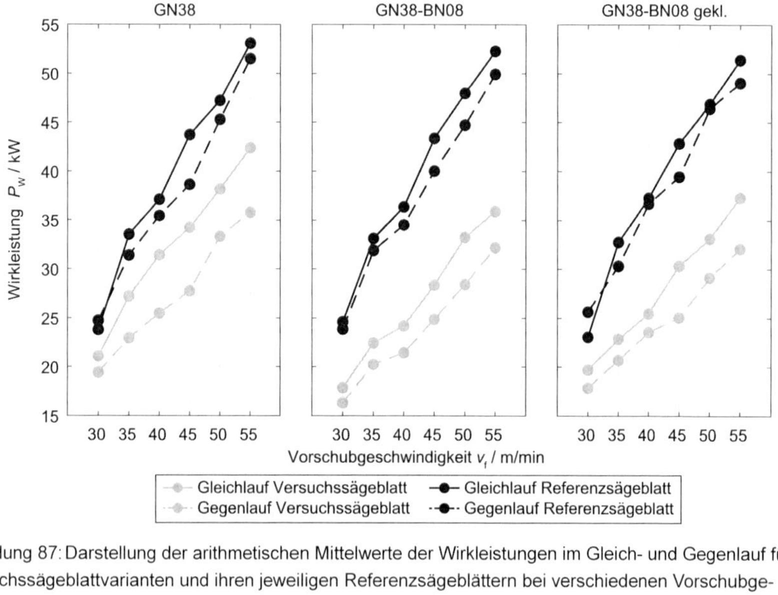

Abbildung 87: Darstellung der arithmetischen Mittelwerte der Wirkleistungen im Gleich- und Gegenlauf für die Versuchssägeblattvarianten und ihren jeweiligen Referenzsägeblättern bei verschiedenen Vorschubgeschwindigkeiten

In Abbildung 88 sind zudem relative Änderungen dargestellt. Über alle Vorschubgeschwindigkeiten und Laufrichtungen hinweg zeigt sich für die Versuchssägeblätter GN38-BN08 die

[53] Eine tabellarische Darstellung der Ergebnisse kann aus Tabelle 29 in Anhang 14.12 entnommen werden.

größte Reduktion. Diese liegt dabei zwischen 27,4 % und 37,8 %. Die Nutzung der geklemmten Versuchssägeblätter GN38-BN08 gekl. führt ebenfalls zu einer Reduktion, welche sich im Bereich von 14,6 % bis 37,2 % bewegt. Für die Versuchssägeblätter GN38 ist sie im Bereich zwischen 11,4 % und 30,5 % angesiedelt und liegt somit niedriger als bei den beschichteten Versuchssägeblättern.

Ein Vergleich von Gleich- und Gegenlauf zeigt ähnliche Verläufe. Im Gegenlauf fallen die Reduktionen insgesamt größer aus, insbesondere bei den Versuchssägeblättern GN38, die über den gesamten Vorschubbereich hinweg konsistent höhere Einsparpotenziale erreichen.

Besonders ausgeprägt ist dies im Vorschubgeschwindigkeitsbereich zwischen 40 m/min und 50 m/min. In diesem Geschwindigkeitsintervall erreichen die beschichteten Versuchssägeblätter ihre jeweils größten relativen Änderungen zu den Referenzsägeblättern, wodurch in diesem Bereich eine optimale Abstimmung zwischen Vorschub- und Schnittgeschwindigkeit der Versuchssägeblätter angenommen werden kann.

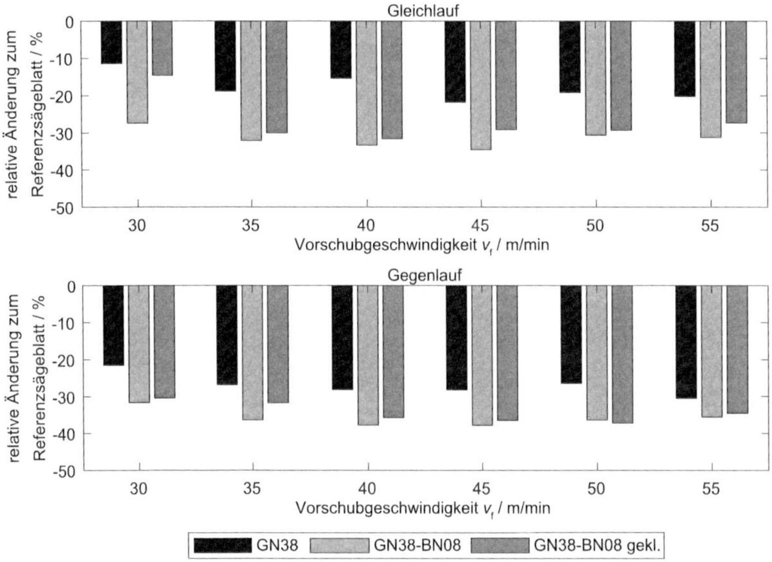

Abbildung 88: Relative Änderung der Wirkleistungen der Versuchssägeblattvarianten im Vergleich zu den jeweiligen Referenzsägeblättern für den Gleichlauf (oben)- und Gegenlauf (unten) in Abhängigkeit der Vorschubgeschwindigkeit

Interpretation Oberflächenqualität

Die arithmetischen Mittelwerte der Oberflächenkenngrößen sind in Abbildung 89 ausgewiesen.[54]

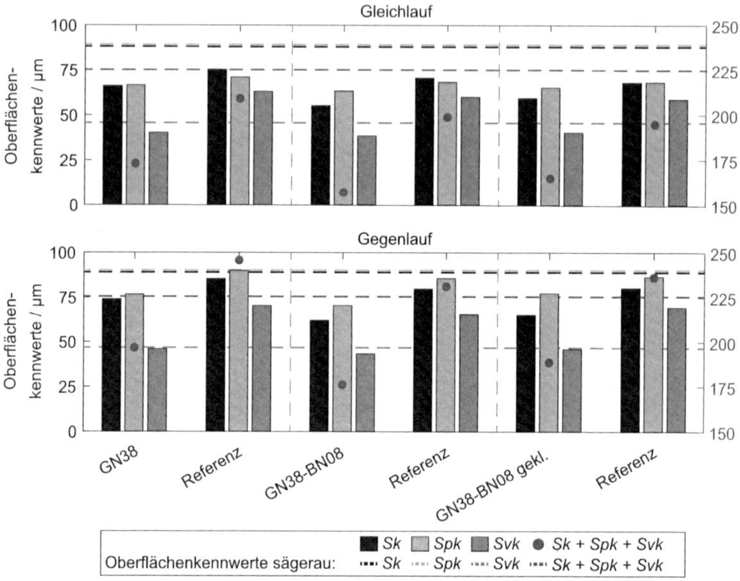

Abbildung 89: Darstellung der arithmetischen Mittelwerte der Oberflächenkennwerte Kernhöhe *Sk*, reduzierte Spitzenhöhe *Spk* und reduzierte Riefentiefe *Svk* inklusive der Summe der Kennwerte im Gleich- und Gegenlauf für die Versuchssägeblattvarianten und ihren jeweiligen Referenzsägeblättern

Für die Bestimmung der Oberflächenqualität wurden lediglich die Zuschnitte verwendet, die bei einer Vorschubgeschwindigkeit von 40 m/min gesägt wurden. Diese entsprach der Empfehlung des Anlagenführers für den vorliegenden Zuschnitt und die äußeren Bedingungen zum Zeitpunkt der Validierung. Ein Vergleich der Oberflächenkennwerte über alle Vorschubmeter hinweg ist wie oben erwähnt aufgrund des hohen Verschleißes der Referenzsägeblätter nicht sinnvoll. Da der Verschleiß einen erheblichen Einfluss auf die Oberflächenqualität hat, würde eine Mittelung über unterschiedliche Verschleißzustände die tatsächliche Bewertung der erzeugten Oberflächenqualitäten verfälschen.

Die Bearbeitung im Gleichlauf führt gegenüber der Bearbeitung im Gegenlauf zu geringeren Oberflächenkennwerten. [GOT23, S. 31 f.]. Die vorliegenden Ergebnisse bestätigen dies.

Im Vergleich zu sägerau, vgl. Abschnitt 5.3, liegen die ermittelten Werte aller Sägeblätter unterhalb der *Sk*- und *Spk*-Mittelwerte. Besonders hervorzuheben ist, dass die Versuchssägeblätter

[54] Eine tabellarische Darstellung der Ergebnisse kann aus Tabelle 30 in Anhang 14.12 entnommen werden.

Svk-Werte unterhalb des Mittelwertes von 46,8 µm erreichen. Die Referenzsägeblätter überschreiten diesen Wert hingegen durchweg. Der Summenwert *Sk + Spk + Svk* bietet eine gesamtheitliche Betrachtung der Oberflächenkennwerte. Im Gleich- und Gegenlauf liegen die Summen der Versuchssägeblätter deutlich unter dem Mittelwert der Untersuchung zur Quantifizierung des Begriffs sägerau von 225,5 µm.

In Abbildung 90 sind zudem die relativen Änderungen dargestellt.

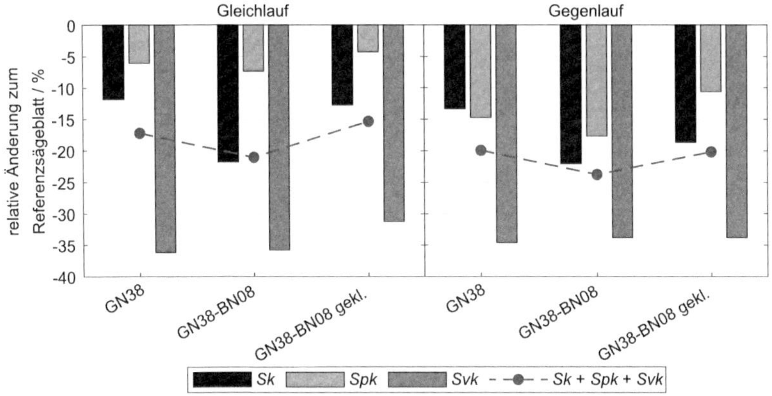

Abbildung 90: Relative Änderungen der ermittelten Oberflächenkennwerte Kernhöhe *Sk*, reduzierte Spitzenhöhe *Spk* und reduzierte Riefentiefe *Svk* inklusive der relativen Änderung über der Summe der Kennwerte der Versuchssägeblattvarianten im Vergleich zu den jeweiligen Referenzsägeblättern für Gleich- und Gegenlauf

Die Versuchssägeblätter zeigen durchweg eine Reduktion der Oberflächenkennwerte, was eine deutliche Verbesserung der Oberflächenqualität im Vergleich zu den Referenzsägeblättern bedeutet. Besonders hervorzuheben ist die reduzierte Riefentiefe *Svk*, die mit einer maximalen relativen Reduktion von bis zu 36,2 % die höchste Verbesserung aufweist. Die aufsummierte Betrachtung aller drei Kennwerte (*Sk + Spk + Svk*) bestätigt dies und unterstreicht insbesondere für das Versuchssägeblatt GN38-BN08 im Gegenlaufbetrieb das Verbesserungspotenzial der Entwicklung. Bei den beschichteten Versuchssägeblättern zeigt sich, dass die Versuchssägeblätter GN38-BN08 gekl. geringere relative Verbesserungen aufweisen. Bei den aufsummierten Oberflächenkennwerten fällt im Gleichlauf die Reduktion bei den geklemmten Versuchssägeblättern mit 15,3 % schlechter als bei dem unbeschichteten Versuchssägeblatt GN38 mit 17,2 % aus. Im Gegenlauf schneiden beide ähnlich gut mit 19,9 % (geklemmt) und 20,2 % (unbeschichtet) ab.

Gesamtinterpretation

Abbildung 91 zeigt die durchschnittliche relative Veränderung der Zielgrößen Verschleiß, Wirkleistung und Oberflächenqualität für die Versuchssägeblätter GN38, GN38-BN08 und

GN38-BN08 gekl. im Vergleich zu den jeweiligen Referenzsägeblättern und fasst die Effekte der Versuchssägeblätter auf die wesentlichen Leistungsparameter des Bearbeitungsprozesses zusammen.

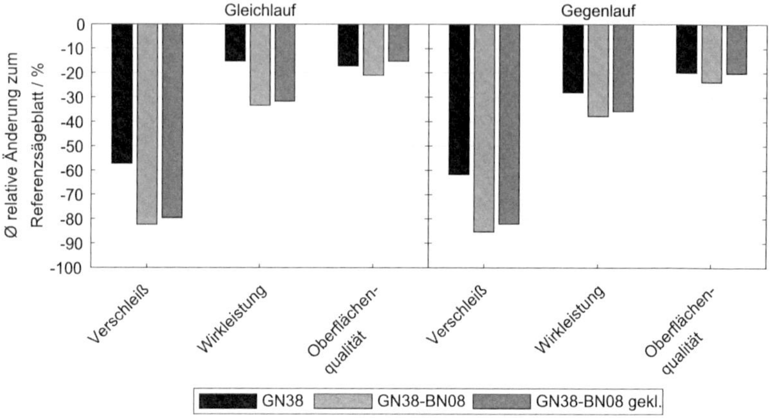

Abbildung 91: Durchschnittliche relative Veränderung der Zielgrößen für die Versuchssägeblätter GN38, GN38-BN08 und GN38-BN08 gekl. im Vergleich zu den jeweiligen Referenzsägeblättern im Gleich- und Gegenlauf

Die Versuchssägeblätter GN38, GN38-BN08 und GN38-BN08 gekl. zeigen im Vergleich zum Referenzsägeblatt Verbesserungen. Die Reduktionen betragen je nach Kennwert und Versuchssägeblattvariante zwischen 15,3 % und 85,3 %. Versuchssägeblatt GN38-BN08 erzielt die größten Verbesserungen, was die hohe Wirksamkeit der Verbindung aus entwickelter Sägezahngeometrie und Beschichtung bestätigt. Im Vergleich von Gleich- und Gegenlauf zeigen sich grundsätzlich für den Gegenlauf größere Verbesserungen gegenüber den Referenzsägeblättern.

Eine differenzierte Betrachtung der Versuchssägeblätter ergibt, dass GN38-BN08 gegenüber GN38 eine zusätzliche Reduktion des Verschleißes und der Wirkleistung erreicht. Die Versuchssägeblätter mit Schnittstelle GN38-BN08 gekl. weisen in allen drei Zielgrößen leicht verringerte Vorteile im Vergleich zu den ungeklemmten Versuchssägeblättern GN38-BN08 auf. Dies ist damit zu begründen, dass die eingesetzte Schnittstelle im Vergleich zu einer konventionellen Lötverbindung zu einem verschlechterten dynamischen Verhalten führt und darüber hinaus sowohl Planlaufabweichungen als auch Rundlauffehler begünstigt. Der ökonomisch sinnvolle Einsatz der Beschichtung im Industrieprozess wird jedoch erst durch die Schnittstelle ermöglicht, vgl. Abschnitt 6.1. Die Ergebnisse belegen, dass die konstruktive Gestaltung der Schnittstelle nur einen geringen Einfluss auf die Zielgrößen nimmt und als Resultat der Einsatz von Schnittstelle und Beschichtung empfehlenswert ist.

Die Versuchssägeblätter GN38, GN38-BN08 und GN38-BN08 gekl. ermöglichen durch geringeren Verschleiß, reduzierte Wirkleistungen und verbesserte Oberflächenqualitäten des Zuschnitts eine deutliche Steigerung der Prozesseffizienz. Dabei eröffnen sich zwei vorteilhafte Strategien: Einerseits kann die höhere Verschleißfestigkeit genutzt werden, um Wechsel- und Nachschleifintervalle zu reduzieren und dadurch Betriebskosten und Maschinenstillstände zu senken. Andererseits erlaubt die höhere Belastbarkeit der Versuchssägeblätter die Erhöhung der Vorschubgeschwindigkeit, wodurch das Zeitspanvolumen und damit der Durchsatz der Stammware gesteigert werden kann. Darüber hinaus führt die verbesserte Schnittqualität zu einem geringeren Ausschussanteil und reduziert den Nachbearbeitungsaufwand. Insgesamt bieten die Versuchssägeblätter nicht nur technische, sondern auch erhebliche wirtschaftliche Potenziale und ermöglichen eine flexiblere Prozessführung bei stabil hoher Produktqualität.

6.5 Vergleichende Ökobilanz zur Bewertung von Umwelt- und Ressourcenwirkungen

Vor dem Hintergrund globaler Anstrengungen zur Reduktion der Treibhausgasemissionen hat es sich die Europäische Union (EU) zum Ziel gesetzt, die Netto-Treibhausgasemissionen aller EU-Mitgliedsstaaten bis zum Jahr 2030 um mindestens 55 % gegenüber 1990 zu senken [EUR25, S. 1]. Die Bundesregierung der Bundesrepublik Deutschland definiert weiterhin als Zielvorgabe eine Reduktion der Treibhausgasemissionen bis 2030 um 65 % gegenüber 1990 [PRE25, S. 1]. Bei der Umsetzung dieser Ziele kommt neben dem Einsatz von erneuerbaren Energien auch der nachhaltigen und energieeffizienten Produktion eine hohe Bedeutung zu [SHU22, S. 1733; VIL24, S. 115]. Im Hinblick auf das gesteigerte Interesse an Holz als einem nachwachsenden Rohstoff, spielt dessen Bearbeitung in Sägewerken eine zentrale Rolle. Als primäres Werkzeug werden dabei Sägeblätter zur Auftrennung der Stammware eingesetzt [SCH25b, S. 465]. Während Holz an sich als umweltfreundlich und klimaschonend gilt, wird dessen Bearbeitung im Allgemeinen nur unzureichend ökologisch quantifiziert. SCHREINER et al. veröffentlichten bereits eine Ökobilanz eines konventionellen Sägeblattes in der Holzbearbeitung, vgl. [SCH25a], deren Fokus in einer Hot-Spot-Analyse liegt und wodurch Verbesserungspotenziale aufgezeigt wurden. Die vorliegende Arbeit baut mit einer vergleichenden Ökobilanz darauf auf, um Gestaltungsalternativen zu vergleichen und schließt somit die Forschungslücke weiter.

Das methodische Vorgehen zur Erstellung einer Ökobilanz ist in DIN EN ISO 14040 [DIN21b] und DIN EN ISO 14044 [DIN21a] geregelt. Die vorliegende Arbeit wurde in Übereinstimmung mit beiden genannten Normen durchgeführt, wobei alle grundsätzlichen Phasen einer Ökobilanz, vgl. Abbildung 92, durchlaufen wurden. Diese sind das Festlegen des Ziels und des Untersuchungsrahmens, die Erstellung der Sachbilanz, die Wirkungsabschätzung und die Auswertung der Ergebnisse.

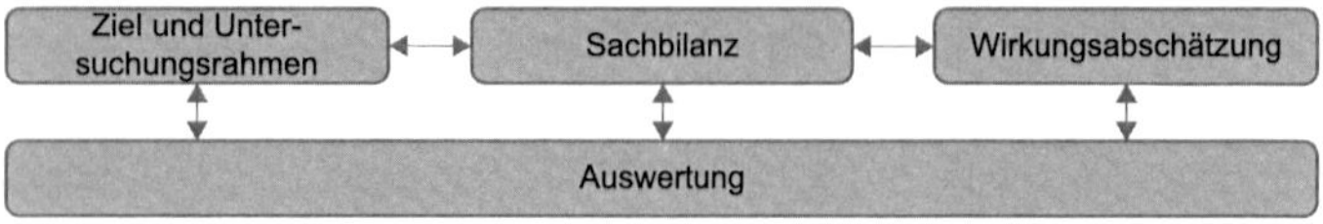

Abbildung 92: Vier Phasen der Ökobilanz, nach DIN EN ISO 14040 und DIN EN ISO 14044 [DIN21b; DIN21a]

6.5.1 Festlegung des Ziels und des Untersuchungsrahmens

Ziel dieses Unterabschnitts ist es, die potenziellen Umweltauswirkungen von drei Sägeblattvarianten vergleichend zu untersuchen und zu bewerten. Aus den vorherigen Abschnitten sind folgende Varianten von Sägeblättern zur Bearbeitung von Weichholz in Sägewerken bekannt, vgl. Abschnitt 6.1:

- ein marktübliches Sägeblatt (Referenz)
- ein geometrieoptimiertes Versuchssägeblatt (GN38)
- ein geometrieoptimiertes Versuchssägeblatt mit Beschichtung und Schnittstelle (GN38-BN08 gekl.)

Zur Gewährleistung einheitlicher Rahmenbedingungen gelten die nachfolgenden Festlegungen: Die Sägeblätter aller drei Varianten weisen einen Durchmesser von 523 mm, eine Sägeblattdicke von 3,0 mm, eine Schnittbreite von 4,8 mm, einen Mittellochdurchmesser von 120 mm sowie 18 Sägezähne und sechs Wischer auf. Referenz und GN38 besitzen an den Grundkörper gelötete Hartmetallzähne, wobei Referenz eine marktübliche und GN38 eine optimierte Sägezahngeometrie besitzt. GN38-BN08 gekl. zeichnet sich neben der optimierten Sägezahngeometrie mit Beschichtung durch eine Schnittstelle zum Wechsel der Sägezähne aus.[55] Dies hat den Vorteil, dass die Sägezähne am Standzeitende entnommen und nachgeschliffen werden können, ohne das gesamte Sägeblatt transportieren zu müssen. Durch die wechselbaren Sägezähne wird außerdem ein wirtschaftlicher Beschichtungsprozess der Sägezähne ermöglicht.

Die Definition der Systemgrenze erfolgt unter Einbeziehung der gesamten Produktlebensspanne von der Produktion über die Nutzung bis hin zur Entsorgung. Es wird eine *Cradle-to-Grave Bewertung* durchgeführt. Die Systemgrenzen beinhalten den Lebenswegabschnitt *Herstellung* der Sägeblätter mit Hartmetallproduktion und bei GN38-BN08 gekl. Beschichtung der Sägezähne, den Lebenswegabschnitt *Nutzung* der Sägeblätter im Sägewerk inklusive der Wartung sowie des erneuten Einsatzes und den Lebenswegabschnitt *Entsorgung* der verschlissenen Sägeblätter. Eine ausführliche Darstellung der Lebenswegabschnitte des Produktsystems sind Abbildung 93 in Unterabschnitt 6.5.2 zu entnehmen.

In der Ökobilanz sind alle wichtigen Rohstoffe und die gesamte erforderliche Energie enthalten. Die verwendeten Daten spiegeln die vorherrschende Wissenschafts- und Technologiepraxis des

[55] Der Hartmetall-Sägezahn der Variante GN38-BN08 gekl. besitzt aufgrund der konstruktiven Gestaltung der Schnittstelle im Vergleich zum Referenzsägezahn das 2,69-fache Volumen.

Jahres 2024 wider. Der zeitliche Rahmen der Ökobilanz entspricht der Lebensdauer eines Sägeblattes, welches im Jahr 2024 hergestellt, genutzt und entsorgt wird. Die Ökobilanz bezieht sich auf die Herstellung und Nutzung der drei Sägeblätter in Deutschland. Die bei den jeweiligen Prozessen einfließenden zugelieferten Materialen sowie die Entsorgung der Sägeblätter werden europäisch oder global modelliert. Detaillierte Informationen sind der Sachbilanz zu entnehmen, vgl. Unterabschnitt 6.5.2 und Anhang 14.13. Als funktionelle Einheit wird je ein Sägeblatt der drei Varianten mit je gleicher Standzeit (Vorschubstrecke von 29.600 m) gewählt. Alle drei betrachteten Varianten unterscheiden sich somit nicht hinsichtlich ihrer Gebrauchsdauer voneinander und besitzen identische Funktionalitäten. Die genannte Gebrauchsdauer entspricht den generellen Kundenanforderungen von einem Sägeblatt pro Schicht in Sägewerken.

Lässt sich eine Allokation der Inputs / Outputs eines gemeinsamen Prozesses zum untersuchten Produktsystem und einem oder mehreren anderen Produktionssystemen (Multi-Input/Output-Allokation) nicht vermeiden, werden die gesamten Umweltauswirkungen auf der Grundlage der physikalischen Eigenschaften (bspw. der Masse) auf die Inputs / Outputs aufgeteilt. Eine Allokation ist zudem erforderlich, um die Verwendung und die Erzeugung von Sekundärmaterialien durch Recycling zu modellieren. Dazu wird in der vorliegenden Arbeit der Avoided-Burden-Ansatz genutzt, der sich im Hinblick auf die Ziele der Ökobilanz besser eignet als ein einfacher Cut-off-Ansatz. Im Gegensatz zum Cut-off-Ansatz, der das Augenmerk auf eine Maximierung des Anteils des wiederverwendbaren Materials legt, zielt der Avoided-Burden-Ansatz darauf ab, das Recycling am Ende des Lebenszyklus in den Mittelpunkt zu stellen und damit eine positive Sicht auf die Kreislaufwirtschaft zu forcieren. [WOR17, S. 22–25]

Eventuelle Ausfallquoten von Sägeblättern im Betrieb und Abweichungen des idealisierten Wartungszyklus bis zum Produktlebensende werden nicht berücksichtigt. Die Massen der zu Brettware verarbeiteten Baumstämme sowie der dabei entstehenden Sägespäne sind bei allen drei Varianten aufgrund einer gleichen Schnittfugenbreite identisch. Die Sägespäne stellen kein Abfallprodukt dar, sondern werden als Einstreu für Ställe oder zur Pellets-Herstellung vollständig weiterverkauft. Holz und Sägespäne lagen allerdings nicht innerhalb der gewählten Systemgrenzen, sondern wurden einem anderen Produktsystem wie bspw. Herstellung von Holzmöbeln oder Pellets zugeordnet – die Schlussfolgerungen für die vorliegende Arbeit wurden dadurch nicht verändert. Alle weiteren getroffenen Annahmen und Einschränkungen werden in der Sachbilanz ausgewiesen.

6.5.2 Sachbilanz

Das betrachtete Produktsystem umfasst alle relevanten Prozesse und Aktivitäten entlang der Lebenswegabschnitte der untersuchten Sägeblätter. Ziel ist es, die Material- und Energieflüsse sowie die damit verbundenen Umweltauswirkungen innerhalb der festgelegten Systemgrenzen, vgl. Abbildung 93, vollständig und nachvollziehbar abzubilden.

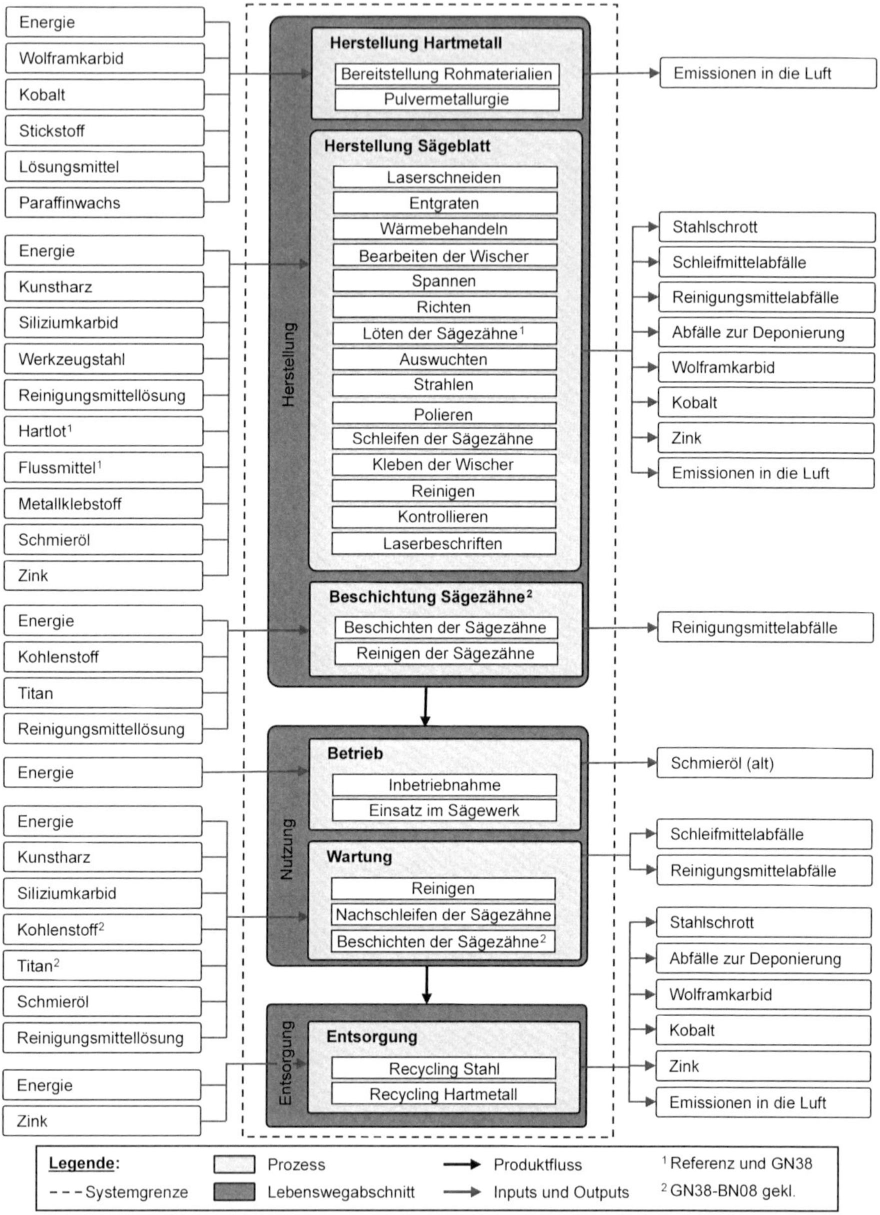

Abbildung 93: Prozessablaufdiagramm der drei Sägeblattvarianten

Verpackungen und Kartonagen wurden in der vorliegenden Arbeit ausgeschlossen und nicht betrachtet. Die Massenbilanzen der vorliegenden Arbeit konnten vollständig geschlossen werden.

Die zur Erstellung des Modells verwendeten Daten entsprechen dem zeitbezogenen, geographischen und technologischen Geltungsbereich der Ökobilanz sowie den Anforderungen an Genauigkeit, Vollständigkeit, Konsistenz, Repräsentativität und Nachvollziehbarkeit. Zudem werden die Datenquellen und die Unsicherheit der Informationen berücksichtigt. Gemessene Primärdaten gelten als die genauesten, gefolgt von berechneten Daten, Literaturdaten und geschätzten Daten [WEI13, S. 76]. Als Datenbasis für die Hintergrunddaten wird die Datenbank ecoinvent v3.9.1 genutzt. Die vorliegende Ökobilanz wird unter Verwendung der Software SimaPro 9.4.0.2 erstellt.

Lebenswegabschnitt Herstellung

Für die Herstellung des Hartmetalls werden Literaturwerte nach FURBERG et al. herangezogen [FUR19]. Bei der Herstellung des Hartmetalls wird ein Kobaltanteil von 10 % berücksichtigt. Es wird angenommen, dass die Pulvermetallurgie in Deutschland durchgeführt wird und sowohl Kobalt als auch Wolframkarbidpulver global bezogen werden. Zur Modellierung der In- und Output-Daten wird das Basisszenario gewählt, wobei die Herstellung des Hartmetalls außerhalb Chinas betrachtet wird [FUR19, S. 1133]. Für die Herstellung des Hartmetalls werden neben Wolframkarbid und Kobalt organische Lösungsmittel während des Granulationsprozesses, Stickstoff zur Sprühtrocknung sowie Paraffinwachs und Energie berücksichtigt. Als fertiges Produkt liegt das Hartmetall in Form von Plättchen vor, welche durch den Werkzeugschleifer weiterbearbeitet werden. Durch die Herstellung des Hartmetalls werden Emissionen in die Luft abgegeben. Es wird angenommen, dass sich das organische Lösungsmittel der Input-Seite zu gleichen Teilen aus Heptan und Hexan zusammensetzt, da dies die am weitesten verbreiteten organischen Lösungsmittel sind [LAS99, S. 344].

Die Herstellung der Sägeblätter erfolgt bei einem deutschen mittelständischen Werkzeugschleifer im Jahr 2024. Die Fertigung der drei Varianten beinhaltet grundsätzlich folgende Prozessschritte: Laserschneiden, Entgraten, Anlassen (Wärmebehandeln), Bearbeiten der Wischer, Spannen, Richten, Löten der Sägezähne (nur GN38 und Referenz), Auswuchten, Strahlen, Polieren, Schleifen der Sägezähne, Kleben der Wischer, Reinigen, Kontrollieren, Laserbeschriften und Beschichten der Sägezähne (nur GN38-BN08 gekl.). Generell wird bei der Herstellung der Sägeblätter ein mittlerer Ausschuss von 6 % angenommen und in die Berechnung der Umweltauswirkungen einbezogen.

Das Ausgangsmaterial für die Grundkörper ist niedrig legierter Werkzeugstahl des Typs 75Cr1. Dieser wird in Form von gehärteten und gewalzten Blechtafeln angeliefert, aus denen jeweils drei Grundkörper durch Laserschneiden herausgetrennt werden. Der hier anfallende Stahlrest wird als Abfall behandelt und der Neuproduktion von Stahl entsprechend des in Deutschland vorherrschenden Anteils zu 70,4 % der Hochofenroute und zu 29,6 % dem Elektrostahlverfahren zugeführt [WIR16, S. 4]. Die Anlieferung der Blechtafeln vom Stahlhersteller zum Werkzeugschleifer erfolgt mittels eines Lastkraftwagens der Abgasnorm Euro 6 mit einem zulässigen Gesamtgewicht von 40 t. Die Distanz und die transportierte Masse der Grundkörper sind für alle drei Varianten gleich.

Die für die Herstellung der Sägeblätter benötigte Energie wird unter Berücksichtigung der elektrischen Leistungsaufnahme der Maschinen sowie der Dauer der einzelnen Bearbeitungsschritte berechnet und der Gesamtverbrauch kumuliert. Die Daten hierzu wurden vom Werkzeughersteller und dem Maschinenherstellern zur Verfügung gestellt und vor Ort gemessen. Aufgrund der komplexen Geometrie des Grundkörpers von GN38-BN08 gekl. wird für das Laserschneiden und Entgraten ein um 60 % höherer Energiebedarf berücksichtigt. Die beim Schleifen anfallenden Hartmetallspäne werden dem Zink-Recycling zugeführt.[56]

Der Transport der Hartmetallplättchen (Sägezahn- und Wischerrohlinge) vom Hartmetallhersteller zum Werkzeugschleifer erfolgt mittels eines Transporters (Gesamtgewicht 3,5 t bis 7,5 t, Abgasnorm Euro 6).

Die beim Löten der Sägezähne bei Referenz und GN38 benötigte Menge an Hartlot (kadmiumfrei) sowie Flussmittel ist für beide Varianten gleich groß und basiert auf Angaben des Werkzeugschleifers. Der Schleifvorgang der Sägezähne verbraucht Energie und benötigt eine Schleifscheibe als Werkzeug. Der Energiebedarf für das Schleifen der Sägezähne von Referenz, GN38 und GN38-BN08 gekl. basiert auf Messdaten. Die Bestandteile der Schleifscheibe sind Kunstharz als Bindemittel sowie Siliziumkarbid als Schleifmittel. Mit einer Schleifscheibe (Masse 500 g) können insgesamt 60.000 Sägezähne geschliffen werden, bis die Verschleißgrenze erreicht wird. Daraus wurde der pro Schleifvorgang benötigte Anteil der Schleifscheibe für ein Sägeblatt ermittelt. Analog zum Energiebedarf wird für GN38-BN08 gekl. ein höherer Verschleiß der Schleifscheibe berücksichtigt, da mehr Material pro Hartmetallplättchen abgeschliffen werden muss.

Die Wischer aller drei Varianten unterscheiden sich nicht voneinander und sie werden jeweils mittels Metallklebstoff in identischer Weise am Grundkörper befestigt. Der für die Bearbeitung der Wischer benötigte Energiebedarf wird entsprechend der Angaben des Werkzeugherstellers berechnet. Bei der Modellierung wird die händische Montage mit Metallklebstoff sowie die darauffolgende Trocknung im Ofen berücksichtigt.

Der beim Schleifen der Sägezähne sowie der Wischer massebezogene Anteil der verschlissenen Schleifscheibe wird dem Abfall zugeführt. Dazu wurde ein allgemeiner Entsorgungsprozess für Verbrennungsrückstände (Deponierung) gewählt.

[56] Genaue Erklärung des Recyclings von Hartmetall, vgl. Lebenswegabschnitt *Entsorgung*.

Bei der Reinigung der Sägeblätter kommt ein Reinigungsmittel zum Einsatz, das aus einer Mischung aus einem Reinigungskonzentrat sowie Wasser besteht. Dazu werden bestehende Datensätze für das Reinigungskonzentrat sowie Leitungswasser europäischer Qualität gewählt. Daten zum Verbrauch des Reinigungsmittels werden vom Werkzeugschleifer zur Verfügung gestellt. Die Entsorgung des Reinigungsmittels inklusive seines wässrigen Anteils wird entsprechend eines bestehenden Datensatzes zur Verbrennung von gefährlichen Abfällen (verbrauchtes Lösungsmittelgemisch) modelliert.

Der Prozess „Beschichtung der Sägezähne" betrifft ausschließlich die Sägezähne von GN38-BN08 gekl. Die Material- und Energieeinsätze der Beschichtung der Sägezähne mittels PVD-Verfahren (inklusive Overspray) sowie der anschließenden Reinigung werden entsprechend der Angaben des Beschichters modelliert. Bei der Beschichtung handelt es sich um eine ta-C Beschichtung, vgl. Unterabschnitt 5.5.1, die auf einer metallischen Haftschicht abgeschieden wird. Für den Beschichtungsprozess notwendige Chargiermittel wie Drahtkörbe oder Zangen werden im Modell nicht berücksichtigt, da diese nach der initialen Herstellung praktisch unendlich oft genutzt werden können und nicht verschleißen. Transportiert werden die Sägezähne vom Werkzeugschleifer zum Beschichter und nach der Beschichtung wieder zurück zum Werkzeugschleifer. Als Fahrzeug wird ein Transporter genutzt (Gesamtgewicht 3,5 t bis 7,5 t, Abgasnorm Euro 6).

Für den Versand werden die Sägeblätter zum Schutz vor Korrosion mit Schmieröl benetzt. Der Transport der einsatzbereiten Sägeblätter vom Werkzeugschleifer zum Sägewerk erfolgt mittels Transporter (Gesamtgewicht 3,5 t bis 7,5 t, Abgasnorm Euro 6).

Lebenswegabschnitt Nutzung

Der Lebenswegabschnitt *Nutzung* umfasst die Inbetriebnahme der Sägeblätter, den Betrieb in einem bayerischen Sägewerk und die Wartung. Die Inbetriebnahme umfasst die Entfernung des Öls von den Sägeblättern und die Entsorgung der Ölabfälle durch einen Verbrennungsprozess von gefährlichen Abfällen. Für den Betrieb im Sägewerk wird der Energiebedarf während des Sägens der Baumstämme berücksichtigt. Die Werte des Energiebedarfs basieren auf Messungen, die in einem Sägewerk für alle drei Varianten vorgenommen wurden. Der Energiebedarf ergibt sich aus dem Produkt der erforderlichen elektrischen Leistung (im Eingriff sowie im Leerlauf) mit der Standzeit der Varianten bei einer Vorschubgeschwindigkeit von 40 m/min. Dabei wurden alle Varianten bis zu einer Vorschubstrecke von je 29.600 m gesägt. GN38 und GN38-BN08 gekl. haben bei dieser Vorschubstrecke jedoch ihren maximalen Standweg nicht erreicht. Da eine Schätzung des Standwegs von GN38 und GN38-BN08 gekl. eine zusätzliche Unsicherheit und Unschärfe mit sich bringt, wurde auf die Schätzungen bzw. Hochrechnungen der Standwege von GN38 und GN38-BN08 gekl. verzichtet und als konservative Vorgehensweise für alle drei Varianten ein gleicher Standweg (Vorschubstrecke von 29.600 m) angenommen. Die Wartung der Sägeblätter berücksichtigt das Nachschleifen der Sägezähne sowie die zusätzliche Nachbeschichtung der Sägezähne bei GN38-BN08 gekl. Es wird angenommen, dass jede Variante drei Mal nachgeschliffen wird und der Standweg der nachgeschliffenen bzw. nachbeschichteten Sägeblätter mit den ursprünglich gefertigten identisch ist.[57] Die Modellierung des Material- und Energieeinsatzes, des dabei anfallenden Abfalls sowie des Transportes wird analog zum Lebenswegabschnitt Herstellung gehandhabt.

Lebenswegabschnitt Entsorgung

Die Sägeblätter Referenz und GN38 sowie der Grundkörper mit den geklebten Wischern von GN38-BN08 gekl. werden dem Stahlschrott zugeführt. Die Sägezähne von GN38-BN08 gekl. werden getrennt als Hartmetallschrott entsorgt.

Zur Modellierung des Stahlrecyclings wird analog zur Entsorgung der Stahlreste beim Laserschneiden des Grundkörpers im Lebenswegabschnitt *Herstellung* verfahren. Für den Transport wird angenommen, dass die durchschnittliche Entfernung zwischen Sägewerk und Entsorger 100 km beträgt und der Transport mittels Transporter (Gesamtgewicht 3,5 t bis 7,5 t, Abgasnorm Euro 6) erfolgt.

Für das Recycling des Hartmetalls für Variante GN38-BN08 gekl. stehen verschiedene Methoden zur Verfügung. Dabei sind die beiden Methoden Zink-Recycling sowie chemisches Recycling etabliert [FUR19, S. 1132]. Aufgrund der hohen Rückgewinnungsrate von 97 % bis 98 %, der hohen Energieeffizienz und der niedrigen Kosten, wird das Zink-Recycling als die effektivste Möglichkeit zum Recycling von Hartmetall angesehen [ACH96, S. 195]. Daher wird der Recyclingprozess des Hartmetalls in dieser Arbeit ausschließlich als Zink-Recycling modelliert. Der Energiebedarf für das Zink-Recycling wird gemäß ACHARYULU & RAMA RAO [ACH96, S. 195] modelliert, die Art der In- und Outputs wird FURBERG et al. entnommen [FUR19, S. 1132]. Die Mengen der In- und Outputs ergeben sich anschließend durch Skalierung auf das Gewicht des entsorgten Hartmetalls. Für den Transport wird angenommen, dass sich der Recyclingbetrieb 100 km vom Sägewerk entfernt befindet, und dass Transporter genutzt werden (Gesamtgewicht 3,5 t bis 7,5 t, Abgasnorm Euro 6).

6.5.3 Wirkungsabschätzung und Auswertung

Zur Ermittlung und Bewertung der potenziellen Umweltauswirkungen, die sich aus der Sachbilanz ergeben, werden die Inputs und Outputs Wirkungskategorien zugeordnet. Als Berechnungsmethode wird ReCiPe 2016 (H) aufgrund der globalen Repräsentativität ihrer Charakterisierungsfaktoren gewählt, vgl. [HUI17, S. 138]. Die Perspektive „Hierarchist" basiert auf gängigen Grundsätzen in Bezug auf den Zeitrahmen und findet weite Akzeptanz in Wissenschaft und Politik [DAT22, S. 32–35].

[57] Die Anzahl der Nachschliffe ist identisch zu den möglichen Nachschliffen des Referenzsägeblattes und entspricht dem in der Marktstudie ermittelten Modalwert an Nachschliffen, vgl. Unterabschnitt 3.3.2.

Die Betrachtung der Endpoint-Ebene aggregiert alle 18 Wirkungskategorien der ReCiPe-Methode zu drei Schadenskategorien und ermöglicht so einen ersten Überblick der drei Varianten im Hinblick auf deren Schadenswirkung auf die menschliche Gesundheit, die Ökosystemqualität und die Ressourcenverfügbarkeit. Um einen Vergleich der Schadensbereiche zu ermöglichen, werden die Ergebnisse der Charakterisierung normalisiert sowie gewichtet und besitzen damit die gemeinsame Einheit Punkt (Pt)[58]. Die Schadenswirkung für die einzelnen Kategorien sind in Tabelle 15 dargestellt. Eine Darstellung der Schadenspfade findet sich bei HUIJBREGTS et al. [HUI17, S. 143].

Tabelle 15: Ergebnisse der Wirkungsabschätzung, Endpoint-Ebene

Schadenskategorie	Einheit	Referenz	GN38	Δ zu Referenz	GN38-BN08 gekl.	Δ zu Referenz
		Schadensabschätzung				
Menschliche Gesundheit	DALY	6,65E-04	5,50E-04	-17 %	4,80E-04	-28 %
Ökosystemqualität	species.yr	1,58E-06	1,30E-06	-18 %	1,16E-06	-26 %
Ressourcenverfügbarkeit	USD2013	9,80	8,25	-16 %	6,89	-30 %
		Normalisierung und Gewichtung				
Menschliche Gesundheit	Pt	11,09	9,17	-17 %	8,00	-28 %
Ökosystemqualität	Pt	0,43	0,35	-18 %	0,31	-26 %
Ressourcenverfügbarkeit	Pt	0,07	0,06	-16 %	0,05	-30 %
Summe	Pt	11,59	9,58	-17 %	8,36	-28 %

Es wird deutlich, dass GN38 im Vergleich zu Referenz in jeder Schadenskategorie deutliche Vorteile besitzt. Die Verbesserungen belaufen sich auf 16 % bis 18 %. Diese Ergebnisse werden von GN38-BN08 gekl. übertroffen und besitzen um 26 % bis 30 % verringerte Werte in den Schadenskategorien. Die normalisierten und gewichteten Ergebnisse zeigen, dass bei allen drei Varianten die Schadenskategorie menschliche Gesundheit mit je 96 % den Großteil der Summen einnehmen.

Im Folgenden wird auf die problemorientierte Midpoint-Ebene näher eingegangen. Dazu werden die sechs Wirkungskategorien Klimawandel, stratosphärischer Ozonabbau, photochemische Oxidantenbildung menschliche Gesundheit, photochemische Oxidantenbildung Ökosystem, terrestrische Versauerung und Eutrophierung Süßwasser im Detail ausgewertet, wie sie von SANTERO & HENDRY für Ökobilanzen im Bereich der Metallindustrie empfohlen werden. Diese Auswahl ist in der hohen Verfügbarkeit und Qualität der Daten, der Ausgereiftheit der Methoden der Wirkungsabschätzung und der weiten Verbreitung der Wirkungskategorien und Umweltindikatoren begründet. [SAN16, S. 1551] Für eine Beschreibung der Midpoint-Wirkungskategorien und deren entsprechenden Indikatoren sei auf HUIJBREGTS et al. verwiesen [HUI17,

[58] Ein Punkt (1 Pt) ist ein Tausendstel der jährlichen Umweltbelastung eines Europäers [GOE01, S. 100].

S. 141]. Die Ergebnisse aller 18 Wirkungskategorien sind in Tabelle 32 in Anhang 14.14 aufgeführt.

Tabelle 16 gibt einen Überblick über die Ergebnisse der fünf Wirkungskategorien für das Referenzsägeblatt und die Versuchssägeblätter GN38 und GN38-BN08 gekl. sowie die relative Änderung der Ergebnisse der Versuchssägeblätter im Vergleich zum Referenzsägeblatt.

Tabelle 16: Ergebnisse der Wirkungsabschätzung, Midpoint-Ebene

Wirkungskategorie	Einheit	Referenz	GN38	Δ zu Referenz	GN38-BN08 gekl.	Δ zu Referenz
Klimawandel	kg CO_2 eq	332,05	273,14	-18 %	245,14	-26 %
Stratosphärischer Ozonabbau	kg CFC-11 eq	2,22E-04	1,82E-04	-18 %	1,63E-04	-26 %
Photochemische Oxidantenbildung menschliche Gesundheit	kg NO_x eq	0,38	0,32	-17 %	0,28	-26 %
Photochemische Oxidantenbildung Ökosystem	kg NO_x eq	0,39	0,32	-17 %	0,29	-26 %
Terrestrische Versauerung	kg SO_2 eq	0,55	0,46	-16 %	0,40	-28 %
Eutrophierung Süßwasser	kg P eq	0,51	0,42	-18 %	0,38	-26 %

Es wird deutlich, dass die optimierte Sägezahngeometrie GN38 in allen Wirkungskategorien zu Verbesserungen von mindestens 16 % führt sowie die zusätzlich beschichteten, wechselbaren Sägezähne von GN38-BN08 gekl. Verbesserungen von mindestens 26 % aufweisen. Die nach Lebenswegabschnitt unterteilten Ergebnisse sind in Tabelle 33 bis Tabelle 38 in Anhang 14.14 aufgeführt. Abbildung 94 zeigt zudem die Wirkungskategorien aufgeteilt in die Auswirkungen je Lebenswegabschnitt grafisch auf.

Beim Vergleich von Referenz- und Versuchssägeblatt GN38 wird deutlich, dass sich diese allein in der Nutzung unterscheiden. Herstellung und Entsorgung sind für beide Varianten jeweils gleich. Ein Vergleich der Lebenswegabschnitte zeigt die hohe Abhängigkeit der gesamten Umweltauswirkungen von der Nutzung, vgl. Abbildung 94. Durch die optimierte Sägezahngeometrie kann der Energiebedarf, der zum Betrieb der Sägeeinheit benötigt wird, um 19 % gesenkt werden. Dies führt insgesamt für die Umweltauswirkungen während der Nutzung (Betrieb und Wartung) in den Wirkungskategorien Klimawandel, stratosphärischer Ozonabbau, photochemische Oxidantenbildung menschliche Gesundheit, photochemische Oxidantenbildung Ökosystem und terrestrische Versauerung zu Verbesserungen um je 18 % sowie in der Wirkungskategorie Eutrophierung Süßwasser um 19 %. Diese Ergebnisse verdeutlichen den hohen Anteil des Betriebs am Lebenswegabschnitt *Nutzung* und damit an den gesamten Umweltauswirkungen der Sägeblätter. Eine Verringerung des Energiebedarfs während des Betriebs wird somit als wichtigste Stellschraube zu geringeren Umweltauswirkungen identifiziert.

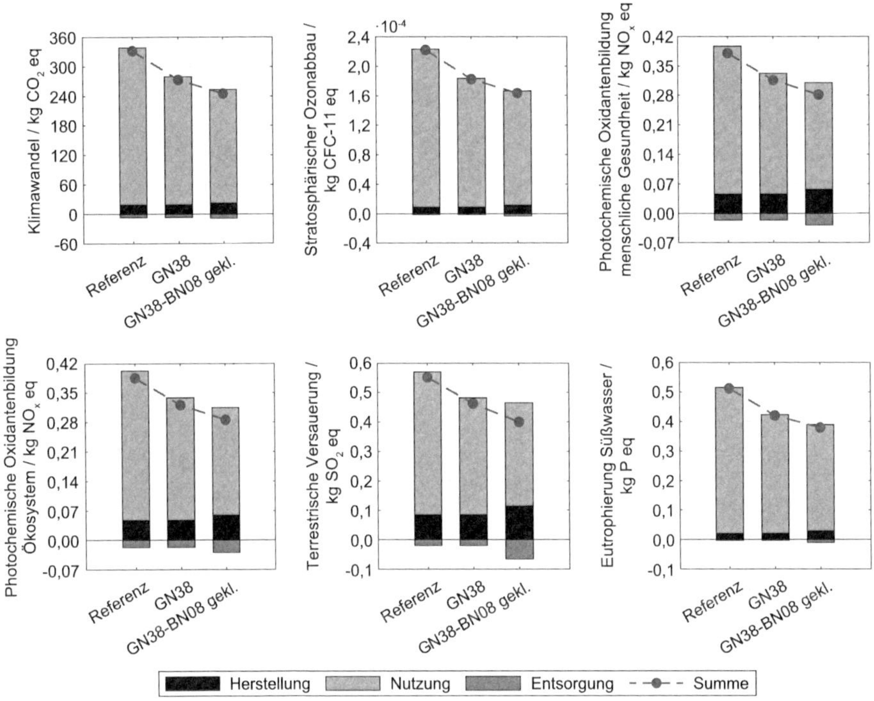

Abbildung 94: Ausgewählte Wirkungskategorien aufgeteilt in die Auswirkungen je Lebenswegabschnitt

Der Vergleich von GN38-BN08 gekl. mit Referenz zeigt differierende Ergebnisse. Der gesteigerte Anteil an Hartmetall für die wechselbaren Sägezähne sowie deren Beschichtung erhöht jeweils die Umweltauswirkungen infolge der Herstellung. So sind die Ergebnisse aller Wirkungskategorien für die Herstellung deutlich gesteigert. Während die Wirkungskategorie Klimawandel lediglich um 20 % zunimmt, fallen die Anstiege in den Wirkungskategorien photochemische Oxidantenbildung menschliche Gesundheit und photochemische Oxidantenbildung Ökosystem mit jeweils 25 %, im stratosphärischen Ozonabbau mit 32 %, in der terrestrischen Versauerung mit 36 % sowie in der Eutrophierung Süßwasser mit 37 % höher aus. Eine Auswertung der jeweiligen Herstellung verdeutlicht, dass die Umweltauswirkungen infolge der Steigerung des Materialeinsatzes an Hartmetall (Steigerung um 169 %) durch die größeren (wechselbaren) Sägezähne erhöht sind. Es ist in allen Wirkungskategorien eine Steigerung um mindestens 123 % zu beobachten. Zudem nimmt die zusätzliche Beschichtung der Sägezähne vor allem in den Wirkungskategorien stratosphärischer Ozonabbau mit 20 % und Eutrophierung

Süßwasser mit 21 % der gesamten Herstellung von GN38-BN08 gekl. eine zentrale Rolle ein. Die Einsparung durch das Vermeiden des Prozessschritts Löten hat keine nennenswerte positive Auswirkung.

Durch die lösbare Verbindung der Hartmetallzähne bei GN38-BN08 gekl. wird ein separater Entsorgungsprozess der Sägezähne ermöglicht, durch welchen deutlich höhere Gutschriften in allen Wirkungskategorien für die Entsorgung erzielt werden können. So erhöht sich durch das Hartmetallrecycling der Sägezähne die Gutschrift der Wirkungskategorie Klimawandel um 27 %, stratosphärischer Ozonabbau um 173 %, photochemische Oxidantenbildung menschliche Gesundheit um 72 %, photochemische Oxidantenbildung Ökosystem um 70 %, terrestrische Versauerung um 229 % und Eutrophierung Süßwasser um 211 %. Dabei nimmt der Anteil des Hartmetallrecyclings von 22 % (Klimawandel) bis 70 % (terrestrische Versauerung) der gesamten Gutschriften des Lebenswegabschnitts *Entsorgung* ein.

Analog zu GN38 und Referenz wird auch hier der Großteil der Umweltauswirkungen durch die Nutzung verursacht, vgl. Abbildung 94. Gesteigerte Umweltauswirkungen in der Herstellung werden teilweise durch gesteigerte Gutschriften in der Entsorgung ausgeglichen. Die Reduzierung der Umweltauswirkungen ist hier ebenfalls auf den um 28 % geringeren Energiebedarf während des Betriebs zurückzuführen. In den Wirkungskategorien Klimawandel, stratosphärischer Ozonabbau, photochemische Oxidantenbildung menschliche Gesundheit, photochemische Oxidantenbildung Ökosystem und terrestrische Versauerung werden Verbesserungen um 28 % sowie in der Wirkungskategorie Eutrophierung Süßwasser um 27 % erzielt. Aus diesen Ergebnissen wird neben dem positiven Effekt der optimierten Sägezahngeometrie der durch die Beschichtung der Sägezähne entstehende Mehrwert deutlich.

7 Zusammenfassung und Ausblick

7.1 Zusammenfassung

Der steigende Effizienzdruck in der holzbearbeitenden Branche erfordert Kreissägeblätter, die sowohl einen ressourcenschonenden Betrieb als auch hohe Bearbeitungsqualitäten ermöglichen. Marktübliche Kreissägeblätter stoßen hierbei an ihre Grenzen, weshalb innovative Lösungen an Bedeutung gewinnen. Ziel dieser Arbeit war es, ein geometrieoptimiertes Kreissägeblatt mit Beschichtung zu entwickeln, das in Bezug auf *Werkzeugverschleiß*, *Schnittkraft* und *Oberflächenqualität* optimale Ergebnisse erzielt. Grundlage dafür bildete eine systematische wissenschaftliche Analyse der wesentlichen Einflussgrößen im Bearbeitungsprozess.

Zu Beginn der Entwicklung stand eine Analyse der Einsatzbedingungen von Kreissägeblättern. Dazu wurde eine Marktstudie durchgeführt, bei der sowohl Hersteller (Werkzeugschleifer) als auch Anwender (Sägewerke) von Kreissägeblättern befragt wurden. Auf diese Weise konnten bereits zu Beginn der Entwicklung die Anforderungen aus der industriellen Praxis berücksichtigt werden. Aus der Erhebung relevanter Werkzeugeigenschaften ergaben sich unter anderem typische Kreissägeblattdurchmesser und Anzahl an Sägezähnen. Auch wurden relevante Prozessparameter wie Drehzahl und Vorschubgeschwindigkeit sowie die drei Zielgrößen Werkzeugverschleiß, Schnittkraft und Oberflächenqualität des Schnittholzes bestimmt. Als typischer Vertreter von Weichholz wurde Fichtenholz als Werkstoff für die vorliegende Arbeit definiert.

Der Prozess Kreissägen in der Holzbearbeitung wird von werkstück-, prozess- und werkzeugseitigen Einflussgrößen bestimmt. Um die werkstückseitigen Einflussgrößen näher zu analysieren, wurden Laboruntersuchungen durch Variation der Holzfeuchte, der Holztemperatur, der Schnittrichtung sowie der Position am Baumstamm durchgeführt. Erkenntnisse aus der Literatur zu Einflüssen auf die Zielgrößen Schnittkraft und Oberflächenqualität konnten durch die Laboruntersuchungen bestätigt und erweitert werden. Die prozessseitigen Einflussparameter Drehzahl und Vorschubgeschwindigkeit wurden hinsichtlich ihrer Auswirkung auf die Schnittkraft und Oberflächenqualität untersucht. Die Schnittkraftuntersuchung zeigt eine Zunahme der Schnittkraft mit steigender Vorschubgeschwindigkeit und sinkender Drehzahl. Die höchste Oberflächenqualität wird bei niedriger Vorschubgeschwindigkeit und hoher Drehzahl erzielt. Eine hohe Vorschubgeschwindigkeit wirkt sich insbesondere negativ auf die Kernhöhe Sk und reduzierte Spitzenhöhe Spk aus, während eine niedrige Drehzahl vor allem die Kernhöhe Sk beeinträchtigt.

Der in der industriellen Holzbearbeitung weit verbreitete Begriff *sägerau* wurde für die Messungen der Oberflächenqualität erstmals systematisch quantifiziert. Für diesen existiert bisher in der Literatur keine gängige, auf messbaren Zahlenwerten basierende Definition. Hierfür wurden 1.000 Holzproben hinsichtlich ihrer Oberflächenqualität vermessen und statistisch ausgewertet. Dadurch konnte eine Referenz für eine sägeraue Holzoberfläche definiert werden. Diese dient als Grundlage für eine standardisierte Bewertung der Oberflächenqualität von gesägtem Fichtenholz.

Das zentrale Element der Arbeit bildet die Entwicklung eines Sägezahns für die industrielle Weichholzbearbeitung unter Verwendung der statistischen Versuchsplanung. Die betrachteten Eingangsgrößen umfassen mit ausgewählten Winkeln und Geometrieelementen werkzeugseitige Einflussgrößen, bei denen auf Grundlage der bereits gewonnenen Erkenntnisse ein signifikanter Einfluss auf die Zielgrößen erwartet wurde. Für die Versuche wurde ein Prüfstand mit Zweizahn-Sägeblatt entwickelt, der eine skalierte Übertragung von Parametern aus einem repräsentativen Industrieprozess auf die Laboruntersuchungen ermöglichte. Neben der mechanischen Auslegung wurde ein passendes Mess- und Auswertekonzept für die relevanten Zielgrößen umgesetzt.

Für den definitiven Screening Versuchsplan wurden neun Faktoren mit minimalen und maximalen Faktorstufenwerten auf Basis von Expertenbefragungen unter Werkzeugschleifern, Literaturwerten und den fertigungstechnischen Grenzen des industriellen Schleifprozesses identifiziert. Die im Versuchsplan definierten Geometriekombinationen wurden auf Sägezähne übertragen und im Rahmen der Laboruntersuchung hinsichtlich der Zielgrößen experimentell untersucht. Es konnte gezeigt werden, dass Neigungs-, Nebenfrei-, Frei- und Spanwinkel sowie Spanleitstufe und Spanteilerrille einen statistisch signifikanten Einfluss auf die Zielgrößen haben. Signifikante Faktoren, deren optimale Faktorwerte nicht eindeutig im definitiven Screening Versuchsplan bestimmbar waren, wurden mittels zentral zusammengesetztem Versuchsplan vertieft untersucht. Diese waren Neigungs-, Nebenfrei- und Spanwinkel. Eine abschließende Zielgrößenoptimierung erlaubte die Ermittlung optimierter Winkeleinstellungen. Daraus ergaben sich die drei Sägezahngeometrien mit den höchsten Erfüllungsgraden. Eine Laborvalidierung bestätigte die ermittelte Bewertungsreihenfolge.

Als wissenschaftlich bisher kaum untersuchten Ansatz wurden zudem maßgeschneiderte Beschichtungen hinsichtlich ihres Potenzials zur Verbesserung der Zielgrößen erprobt. Ziel war es, die Beschichtungen im ersten Schritt unter ungünstigsten Bedingungen zu testen, um deren Stabilität sicherzustellen. Dazu wurde eine Sägezahngeometrie gewählt, die in den Beschichtungen hohe Druckeigenspannungen induziert, wodurch Abplatzungen begünstigt werden. Die besten Ergebnisse zeigten tetraedrisch amorphe Kohlenstoffschichten mit Schichtdicken von 0,5 µm bis 1 µm. Im zweiten Schritt wurden die drei besten Sägezahngeometrien mit den zwei besten Beschichtungen kombiniert und durch erneute Versuche die optimale Kombination aus Sägezahngeometrie und Beschichtung für das Hochleistungskreissägeblatt ermittelt.

Für die Ableitung und Erprobung des Hochleistungskreissägeblattes wurden die optimale Sägezahngeometrie bzw. die optimale Kombination aus Sägezahngeometrie und Beschichtung auf Kreissägeblätter für den Industrieprozess übertragen. Eine ausführliche Erprobung der entwickelten Sägezähne und Beschichtungen über 960 m Vorschubstrecke pro Sägezahn mit regelmäßiger Ergebniskontrolle bestätigte deren Leistungsfähigkeit hinsichtlich der Zielgrößen. Zudem wurde eine Schnittstelle zum Wechsel der Sägezähne eingeführt, wodurch die Voraussetzung für einen ökonomisch sinnvollen Einsatz von Kreissägeblättern mit beschichteten Sägezähnen für den industriellen Einsatz geschaffen wurde. Ab diesem Zeitpunkt wurden vier Varianten von Kreissägeblättern verglichen, ein *marktübliches Kreissägeblatt* (Referenzsägeblatt) sowie *drei Versuchssägeblätter*. Die drei Versuchssägeblätter sind das Versuchssägeblatt mit der besten Sägezahngeometrie (GN38), das Versuchssägeblatt mit der optimalen Kombination aus Sägezahngeometrie und Beschichtung ohne (GN38-BN08) und mit (GN38-BN08 gekl.) Schnittstelle zum Wechsel der Sägezähne[59].

Eine experimentelle Modal- und Betriebsschwingungsanalyse überprüfte das dynamische Verhalten der Kreissägeblätter. Zur Validierung der experimentellen Modalanalyse wurde eine theoretische Modalanalyse nach der Finite-Elemente-Methode durchgeführt. Es konnte gezeigt werden, dass die für die kritische Drehzahl relevanten Eigenfrequenzen durch die optimale Geometrie und maßgeschneiderte Beschichtung erhöht werden, was sich positiv auf die Stabilität von Kreissägeblättern auswirkt. Dagegen verursacht die Schnittstelle eine leichte Senkung der Eigenfrequenzen, die jedoch unkritisch ist. Im Rahmen der experimentellen Betriebsschwingungsanalyse wurde überprüft, ob die maximale Doppelamplitude des Schwingungsverhaltens innerhalb eines zulässigen Bereichs lag. Ein besonderes Augenmerk galt dabei der Identifikation potenziell erhöhter Amplituden im Frequenzbereich, bei denen eine Resonanz mit der Zahneingriffsfrequenz und deren Harmonischen zu erwarten war. Die Versuchssägeblätter zeigten im Vergleich zum Referenzsägeblatt geringere Doppelamplituden, was auf eine geringere Anfälligkeit für Schwingungsanregungen und ein verbessertes dynamisches Verhalten im Betrieb hinwies.

Die Validierung im Industrieprozess wurde in einem nordbayerischen Sägewerk durchgeführt. Die Versuchssägeblätter sowie die Referenzsägeblätter wurden im Industrieprozess unter vergleichbaren Bedingungen unter Variation der Vorschubgeschwindigkeit getestet. Als elektrische Messgröße diente die ermittelte Wirkleistung der vier separaten Elektromotoren für den Antrieb der Kreissägeblätter, da sie in einem physikalischen Zusammenhang mit der Schnittkraft steht.

Die Versuchssägeblätter zeigten im Vergleich zum Referenzsägeblatt eine Verbesserung in allen Zielgrößen. Der Vergleich von Gleich- und Gegenlauf zeigte, dass im Gegenlauf tendenziell größere Verbesserungen gegenüber dem Referenzsägeblatt erzielt wurden. Die Reduktionen variieren in Abhängigkeit von Kennwert und Versuchssägeblattvariante zwischen 15,3 % und 85,3 %. Die relative Verbesserung der Verschleißkennwerte betrug mindestens 57,2 %. Die Wirkleistung konnte um mindestens 15,3 % reduziert werden. Bei den Oberflächenkennwerten

[59] Dabei steht die Abkürzung GN38 für die Kennung der besten Geometrie, BN08 für die Kennung der besten Beschichtung und der Zusatz gekl. für die Verwendung der Schnittstelle.

betrug die relative Verbesserung mindestens 15,3 %. Unter den untersuchten Varianten zeigte das Versuchssägeblatt GN38-BN08 die deutlichsten Verbesserungen, was die hohe Effektivität der Kombination aus optimaler Sägezahngeometrie und maßgeschneiderter Beschichtung unterstreicht. Eine differenzierte Analyse im Vergleich zu GN38 machte deutlich, dass GN38-BN08 insbesondere sowohl hinsichtlich des Verschleißes als auch der Wirkleistung zusätzliche Reduktionen erzielt. Die Analyse der Variante GN38-BN08 gekl. belegt, dass die konstruktive Gestaltung der Schnittstelle nur einen geringen negativen Einfluss auf die Zielgrößen im Vergleich zu GN38-BN08 besitzt. Da der ökonomisch sinnvolle Einsatz der Beschichtung im Industrieprozess erst durch die Schnittstelle ermöglicht wird, ist im Ergebnis der Einsatz von Schnittstelle und Beschichtung empfehlenswert.

Den Abschluss der Arbeit bildet eine vergleichende Ökobilanz nach DIN EN ISO 14040 [DIN21b] und DIN EN ISO 14044 [DIN21a], um die Umweltauswirkungen der Versuchssägeblätter im Vergleich zu marktüblichen Referenzsägeblättern aufzuzeigen. Grundlage der Bewertung war eine umfassende Analyse der kompletten Lebenswegabschnitte der betrachteten Produktsysteme. Der Vergleich von GN38 mit den Referenzsägeblättern zeigte, dass durch den reduzierten Energiebedarf der optimalen Sägezahngeometrie in den untersuchten Wirkungskategorien eine Verbesserung zwischen 16 % und 18 % erzielt werden konnte. Die Reduktion des Energiebedarfs wurde als maßgebliche Stellgröße zur Verringerung der Umweltauswirkungen identifiziert. Der Vergleich von GN38-BN08 gekl. mit den Referenzsägeblättern zeigte einerseits, maßgeblich bedingt durch die größeren Sägezähne aus Hartmetall, erhöhte Umweltauswirkungen infolge der Herstellung. Andererseits erlaubte die lösbare Verbindung der Schnittstelle einen separaten Entsorgungsprozess, wodurch hohe Gutschriften ermöglicht wurden. Zusammen mit dem geringeren Energiebedarf im Betrieb wurden in allen Wirkungskategorien Verbesserungen um 26 % bis 28 % erzielt. Die ökologische Vorteilhaftigkeit des Hochleistungskreissägeblattes konnte somit bestätigt werden.

7.2 Ausblick

Die grundlegenden Erkenntnisse dieser Arbeit bilden das Fundament für weiteren Forschungsbedarf zu den Auswirkungen von Sägezahngeometrie und Beschichtung auf unterschiedliche Vollholzarten und Holzwerkstoffe. Durch die deutlichen Unterschiede zwischen den verschiedenen Holzarten u. a. in Dichte, Zellstruktur und chemischen Bestandteilen wie mineralischen Stoffen wird bspw. der Vergleich von Weich- und Hartholz oder von Nadel- und Laubholz weiterführende Erkenntnisse liefern. Insbesondere können Harze, deren Gehalt zwischen den unterschiedlichen Holzarten teils stark schwankt, zu vermehrten Anhaftungen am Sägezahn führen. Im Gegensatz zu Vollholz weisen technisch hergestellte Holzwerkstoffe wie Spanplatten und Sperrholz einen homogenen Aufbau auf, sind jedoch zum einen durch den enthaltenen Klebstoff und zum anderen durch die Beschichtung der Oberflächen der Holzwerkstoffe für den Kreissägeprozess herausfordernd. Der Klebstoff führt zu verstärkten Anhaftungen an den

Sägezähnen, die den Spanprozess nachteilig beeinflussen. Eine stark abrasive Wirkung auf Kreissägeblätter wird besonders durch die Beschichtungen der Holzwerkstoffe bedingt. Entsprechend sollte hier der Fokus auf der Zielgröße Werkzeugverschleiß liegen.

Eine weitergehende Untersuchung des Hochleistungskreissägeblattes im Industrieeinsatz über einen längeren Zeitraum und unter verschiedenen klimatischen Bedingungen erlaubt eine abschließende ökonomische Bewertung und Quantifizierung des gesamten ökologischen Potenzials. Es wird erwartet, dass durch die Erweiterung der Datengrundlage der Ökobilanz zusätzliche ökologische Vorteile des in der vorliegenden Arbeit entwickelten Hochleistungskreissägeblattes offengelegt werden. Weiterer Forschungsbedarf zur Hebung ökonomischer und ökologischer Potenziale liegt in der Verringerung der Zahnbreite und einer damit einhergehenden Reduktion der Schnittfugenbreite.

Die in der vorliegenden Arbeit durchgeführte Ökobilanz zeigte die ökologische Vorteilhaftigkeit des Hochleistungskreissägeblattes. Dennoch ergibt sich im Lebenswegabschnitt *Herstellung* eine erhöhte Umweltauswirkung der Sägezähne aus Hartmetall infolge der Schnittstelle. Daran anknüpfend können Verbesserungen insbesondere in weitergehender Forschung an der Schnittstelle mit gezielter Reduktion der Sägezahngröße und der damit benötigten Hartmetallmenge erreicht werden. Ein weiterer Aspekt hinsichtlich der Schnittstelle ist, dass sich hier Einflüsse auf das dynamische Verhalten und dadurch bedingt eine leicht verringerte Werkzeugstandzeit, erhöhte Schnittkraft und geringere Oberflächenqualität des Schnittholzes zeigten. Ein Ansatz, um diesen Einschränkungen entgegenzuwirken, ist die Entwicklung eines Sägezahns mit selbstschärfender Sägezahngeometrie unter Beibehaltung der vorteilhaften Eigenschaften von Sägezahngeometrie und Beschichtung aus der vorliegenden Arbeit. Dies würde den Verzicht auf die Schnittstelle ermöglichen.

Durch Forschung am Grundkörper könnte zudem eine zusätzliche Optimierung des dynamischen Verhaltens, der Schallemissionen, des Spanabtransports und einer damit einhergehenden verringerten Wärmeentwicklung des Kreissägeblattes im Sägeprozess umgesetzt werden. Die Ergebnisse der vorliegenden Arbeit bieten in Verbindung mit einem optimierten Grundkörper weitere Potenziale zur Leistungssteigerung von Kreissägeblättern in der Holzbearbeitung.

8 Summary and Outlook

8.1 Summary

The increasing pressure to improve efficiency in the woodworking industry requires circular saw blades which enable both resource-saving operation and high cutting quality. Standard circular saw blades are reaching their limits in this respect, which is why innovative solutions are becoming increasingly important. The aim of this thesis was to develop a geometrically optimised circular saw blade with coating that achieves optimum results in terms of *tool wear*, *cutting force* and *surface quality*. This was based on a systematic scientific analysis of the key influencing factors in the circular sawing process.

The development process began with an analysis of the operating conditions of circular saw blades. A market study was conducted in which both manufacturers (tool grinders) and users (sawmills) of circular saw blades were surveyed. This allowed the requirements of industrial practice to be considered from the outset of development. The survey of relevant tool properties revealed for example typical circular saw blade diameters and number of saw teeth. Relevant process parameters such as rotational speed and feed rate were specified. The three target variables for this thesis were determined as tool wear, cutting force and surface quality of the sawn wood. Spruce wood was defined as the material as it represents a typical example for softwood.

The circular sawing process in woodworking is determined by influencing factors related to the workpiece, the process and the tool. In order to analyse the influencing factors related to the workpiece in more detail, laboratory tests were carried out by varying the wood moisture content, the wood temperature, the cutting direction and the position at the tree trunk. Findings from literature on influences on the target variables cutting force and surface quality were confirmed and expanded by the laboratory tests. The process parameters rotational speed and feed rate were investigated with regard to their effect on cutting force and surface quality. The tests show an increase in cutting force with increasing feed rate and decreasing rotational speed. The highest surface quality is achieved at low feed rates and high rotational speeds. A high feed rate has a particularly negative effect on the core height Sk and the reduced peak height Spk, while a low rotational speed primarily affects the core height Sk.

The term *rough cut*, which is widely used in industrial woodworking to describe the surface roughness of sawn wood, has been systematically quantified for the first time in the context of surface quality measurements. To date, there has been no standard definition based on measurable numerical values in literature. To this end, 1,000 wood samples were measured and statistically evaluated in terms of their surface quality. This made it possible to define a reference for a rough cut wood surface, which serves as a basis for a standardised evaluation of the surface quality of sawn spruce wood.

The central element of this thesis is the development of a saw tooth for industrial circular sawing of softwood using design of experiments. The input variables include influencing factors related to the tool with selectively chosen angles and geometric elements. Those were expected to have a significant influence on the target variables, based on the already acquired knowledge. A test rig with a two-tooth saw blade was developed for the tests, which enabled a scaled transfer of parameters from a representative industrial process to the laboratory tests. In addition to the mechanical design, a suitable measurement and evaluation concept for the relevant target variables was implemented.

For the definitive screening design, nine factors with minimum and maximum factor level values were identified based on expert surveys among tool grinders, results found in literature and the manufacturing limitations of the industrial grinding process. The combinations of the geometry defined in the screening design were transferred to saw teeth and experimentally investigated in laboratory tests with regard to the target variables. It was shown that the cutting edge inclination, side clearance, tool orthogonal clearance and orthogonal rake, as well as the chip breaker and chip breaker groove, have a statistically significant influence on the target variables. Significant factors which optimal factor values could not be clearly determined in the final screening design were investigated in more detail using a central composite design. These were cutting edge inclination, side clearance and orthogonal rake. A final response optimization allowed the determination of optimised angle settings. This resulted in the three saw tooth geometries with the highest degrees of fulfilment. A validation in laboratory testing confirmed the determined evaluation sequence.

As an approach that has hardly been investigated scientifically to date, novel coatings were also tested for their potential to improve the target values. In the first step the aim was to test the coatings under the most unfavourable conditions to ensure their stability. For this purpose, a sawtooth geometry was selected that induces high compressive residual stresses in the coatings, which promotes spalling. The best results were achieved with tetrahedral amorphous carbon layers with layer thicknesses of 0.5 µm–1 µm. In the second step, the three best saw tooth geometries were combined with the two best coatings and, through further testing, the optimal combination of saw tooth geometry and coating for the high-performance circular saw blade was determined.

To derive and test the high-performance circular saw blade, the optimal saw tooth geometry as well as the optimal combination of saw tooth geometry and coating were transferred to circular saw blades for the industrial process. Extensive testing of the developed saw teeth and coatings over a feed distance of 960 m per saw tooth with regular result checks confirmed their performance in terms of the target values. In addition, an interface for changing the saw teeth was introduced, enabling the economically viable use of circular saw blades with coated saw teeth for industrial applications in wood sawing. From this point onwards, four variants of circular saw blades were compared: a *standard circular saw blade* (reference saw blade) and *three test saw blades*. The three test saw blades are the test saw blade with the best saw tooth geometry (GN38), the test saw blade with the optimal combination of saw tooth geometry and coating without (GN38-BN08) and with (GN38-BN08 clamped) an interface for changing the saw teeth.[60]

An experimental modal and operating vibration analysis checked the dynamic behaviour of the circular saw blades. To validate the experimental modal analysis, a theoretical modal analysis was carried out using the finite element method. It was shown that the natural frequencies relevant to the critical speed were increased by the optimal geometry and tailor-made coating, which had a positive effect on the stability of circular saw blades. In contrast, the interface caused a slight reduction in the natural frequencies. However, this was found to be not critical. As part of the experimental operating vibration analysis, it was checked whether the maximum double amplitude of the vibration behaviour was within a permissible range. Particular attention was paid to identifying potentially increased amplitudes in the frequency domain where resonance with the frequency of tooth entry and its harmonics could occur. The test saw blades show lower double amplitudes compared to the reference saw blade, which indicates a lower susceptibility to vibration excitation and improved dynamic behaviour during operation.

Validation in the industrial process was carried out in a sawmill in northern Bavaria. The test saw blades and reference saw blades were examined in the industrial process under comparable conditions with varying feed speeds. The active power of the four separate electric motors for driving the circular saw blades was used as the electrical measurement quantity, as it is physically related to the cutting force.

The test saw blades showed an improvement in all target variables compared to the reference saw blade. A comparison between the test saw blades and the reference saw blade while cutting in parallel and counter-rotation showed that cutting in counter-rotation tended to achieve greater improvements. The reduction values vary between 15.3% and 85.3% depending on the considered characteristic value and the test saw blade variant. The relative improvement regarding the characteristic values of the tool wear was at least 57.2%. The active power was reduced by at least 15.3%. The relative improvement regarding the characteristic values of the surface quality was at least 15.3%. Among the variants tested, the GN38-BN08 test saw blade showed the most significant improvements, underlining the high effectiveness of the combination of optimal saw tooth geometry and tailor-made coating. A differentiated analysis in comparison with GN38 clearly showed that GN38-BN08 achieves additional reductions in terms of both tool wear and active power. The analysis of version GN38-BN08 clamped showed that the design of the interface only has a minor negative impact on the target values when compared to

[60] The abbreviation GN38 describes the best geometry, BN08 describes the best coating and the addition clamped is used to describe the interface.

GN38-BN08. Since the economically viable use of the coating in the industrial process is only made possible by the interface, the use of both the interface and the coating is recommended.

The work concludes with a comparative life cycle assessment in accordance with DIN EN ISO 14040 [DIN21b] and DIN EN ISO 14044 [DIN21a] to demonstrate the environmental impact of the test saw blades in comparison with commercially available reference saw blades. The basis for the assessment is a comprehensive analysis of the entire life cycle stages of the considered product systems. The comparison of GN38 and the reference saw blade showed that the reduced energy consumption of the optimal saw tooth geometry achieved an improvement between 16% and 18% in the examined impact categories. The reduction in energy consumption was identified as a key factor in reducing environmental impact. A comparison of GN38-BN08 clamped with the reference saw blade showed an increased environmental impact due to the larger carbide teeth, which is mainly due to the manufacturing process. However, the interface enabling a detachable connection allows for a separate disposal process, resulting in high credit ratings. Combined with the lower energy consumption during operation, an improvement of 26% to 28% was thus achieved in all impact categories. This confirms the ecological advantages of the high-performance circular saw blade.

8.2 Outlook

The fundamental findings of this thesis form the basis for further research into the effects of sawtooth geometry and coating on different solid wood species and wood-based materials. Due to the significant differences between the various types of wood in terms of density, cell structure and chemical components such as mineral substances, for example, the comparison of softwood and hardwood will provide further insights. Resins in particular can cause increased adhesion to the saw teeth, with its content greatly varying between different types of wood. In contrast to solid wood, technically produced wood-based materials such as chipboard and plywood have a more homogeneous structure, however, are challenging for the circular sawing process due to the contained adhesive and the surface coating layer. The adhesive leads to increased adhesion to the saw teeth, which adversely affects the circular sawing process. A highly abrasive effect on circular saw blades is caused by the coating layer of the wood-based materials. Accordingly, more emphasis should be given to the target variable of tool wear.

Further investigation of the high-performance circular saw blade in industrial woodworking over a longer period and under different climatic conditions will allow an integral economic evaluation and quantification of the overall ecological potential. It is expected that by expanding the data basis of the life cycle assessment, additional ecological advantages of the high-performance circular saw blade developed in this thesis are going to be revealed. Further research is needed to increase the economic and ecological potential by reducing the tooth width and the associated reduction in kerf width.

The life cycle assessment carried out in this thesis showed the ecological benefits of the high-performance circular saw blade. Nevertheless, there is an increased environmental impact of the carbide saw teeth during the *manufacturing* life cycle due to the interface. Following on from this, improvements can be achieved in particular through further research into the interface with a targeted reduction in the saw tooth size and therefore the amount of carbide required. Another aspect regarding the interface is its influence on the dynamic behavior and, as a result, slightly reduced tool life, increased cutting force and lower surface quality of the sawn wood. One approach to counteract these limitations is to develop a saw tooth featuring a self-sharpening saw tooth geometry while retaining the advantages of the saw tooth geometry and coating developed in this thesis, therefore possibly foregoing the need for an interface.

Through research focusing on the circular saw blades plate, additional optimization of the dynamic behavior, noise emissions, chip removal and the associated reduced heat generation of the circular saw blade in the circular sawing process could also be implemented. The results of this thesis, in conjunction with an optimized plate, offer further potential for increasing the performance of circular saw blades in wood working.

9 Abkürzungsverzeichnis

Abkürzung	Begriff
3D	Dreidimensional
a-C	Amorpher Kohlenstoff
AISI	American Iron and Steeel Institute
Al_2O_3	Aluminiumoxid
AlTiN	TiAlN-Schichten mit über 50 % Aluminiumanteil
BN	Beschichtungsnummer
BNS	Bombierte Nebenschneide
CNC	Computerized Numerical Control
CVD	Chemical Vapor Disposition
CO_2	Kohlenstoffdioxid
DIN	Deutsches Institut für Normung
DLC	Diamond-like Carbon
DMG	Deckel Maho Gildemeister
DoE	Design of Experiments
EG	Europäische Gemeinschaft
EN	Europäische Norm
ERP	Enterprise-Resource-Planning
EU	Europäische Union
FDPW	Fachverband der Präzisionswerkzeugmechaniker e.V.
FE	Finite Elemente
FEM	Finite-Elemente-Methode
FFF	Flankenführungsfase
FFT	Fast-Fourier-Transformation
gekl.	Geklemmt
Gew.-%	Gewichtsprozent
GN	Geometrienummer
HB	Hohlbrust
HM	Hartmetall
HSK	Hohlschaftkegel
HSS	Schnellarbeitsstahl (engl.: High Speed Steel)
HW	Hartmetallwerkstoff
ISO	International Organization for Standardization
KMU	Kleine und mittlere Unternehmen
LDV	Scanning-Laser-Doppler-Vibrometer
MDOF	Multi Degree Of Freedom
MKD	Monokristalliner Diamant
MoS_2	Molybdändisulfid

NS	Nebenschneide
NI	National Instruments
PKD	Polykristalliner Diamant
PVD	Physical Vapor Deposition
SDOF	Single Degree of Freedom
SF	Sicherheitsfaktor
SLS	Spanleitstufe
ST	Strukturierung
STR	Spanteilerrille
ta-C	Tetraedrisch amorpher Kohlenstoff
TiAlN	Titanaluminiumnitrid
TiC	Titankarbid
TiCN	Titankarbonitrid
TiN	Titannitrid
VDI	Verein Deutscher Ingenieure
VDMA	Verband Deutscher Maschinen und Anlagenbau e.V.
wlw	Wer liefert was

10 Symbolverzeichnis

Symbol	Einheit	Beschreibung
A	mm^2	Spanungsquerschnitt
AF	mm^2	Ausbruchsfläche
a	m/s^2	Beschleunigung
a_e	mm	Arbeitseingriff
a_{h}	mm	Dicke der Holzproben
a_{p}	mm	Schnittbreite
b	mm	Spanungsbreite
b_{z}	mm	Zahnbreite
d_i	Ns/m	Viskose Dämpfungskonstante
d	mm	Sägeblattdurchmesser
d_{w}	mm	Werkzeugdurchmesser
d_{m}	mm	Mittellochdurchmesser
E	N/mm^2	Elastizitätsmodul (E-Modul)
E_{c}	J	Spanungsenergie
F	N	Anregungskraft
F_{a}	N	Aktivkraft
F_{c}	N	Schnittkraft
$F_{\mathrm{c,m}}$	N	mittlere Schnittkraft
F_{cN}	N	Schnitt-Normalkraft
$F_{\mathrm{c,total}}$	N	totale mittlere Schnittkraft
F_{f}	N	Vorschubkraft
F_{fN}	N	Vorschub-Normalkraft
F_{s}	N	Spankraft
f	mm	Vorschub
f_{c}	mm	Schnittvorschub
f_{e}	Hz	Eigenfrequenz des stillstehenden Sägeblattes
$f_{\mathrm{e}\omega}$	Hz	Drehzahlabhängige Eigenfrequenz
f_n	Hz	Drehfrequenz
f_{z}	mm	Zahnvorschub
H_1	versch.	H_1-Schätzfunktion
H_2	versch.	H_2-Schätzfunktion
H_{aF}	$m/(Ns^2)$	dynamische Trägheit (Akzeleranz)
H_{vF}	m/(Ns)	Mobilität (Admittanz)
H_{xF}	m/N	dynamische Nachgiebigkeit (Rezeptanz)
h	mm	Spanungsdicke
h_{m}	mm	mittlere Spanungsdicke

h_{s}	mm	Sägeblattdicke
I	A	elektrische Stromstärke
i	A	elektrische Stromstärke
i_j	A	elektrische Stromstärke bei Phase j
K	mm	Auskolkung
KS	mm	Schneidkantenversatz
k	–	Anzahl an Faktoren im Screening Versuchsplan
k	–	Knotendurchmesser
k_{c}	$\mathrm{N/mm^2}$	spezifische Schnittkraft
$k_{\mathrm{c0,5}}$	$\mathrm{N/mm^{1,5}}$	Schnittkraftkonstante
$k_{\mathrm{c}n}$	$\mathrm{N/mm^2}$	spezifische Schnittkraft
k_i	N/m	Federkonstante
l_{b}	mm	Spanbogenlänge
N_{s}	–	Anzahl aufgenommener Messpunkte über eine Sekunde
n	–	Summenindex
n	$\mathrm{min^{-1}}$	Drehzahl
n	–	Knotenkreis
n_{w}	$\mathrm{min^{-1}}$	Werkzeugdrehzahl
$n_{\mathrm{krit},k}$	$\mathrm{min^{-1}}$	Kritische Drehzahl
$P_{\mathrm{a,el}}$	kW	elektrischen Leistungsaufnahme
P_{c}	kW	Schnittleistung
P_{e}	kW	Wirkleistung beim Spanen
P_{el}	kW	elektrische Leistung
P_{f}	–	Arbeitsebene
P_{f}	kW	Vorschubleistung
P_{L}	kW	elektrische Leistung im Leerlaufbetrieb
P_{m}	kW	mechanische Leistung
P_{n}	–	Schneidennormalebene
P_{r}	–	Bezugsebene
P_{s}	–	Schneidebene
P_{W}	kW	elektrische Wirkleistung
$P_{\mathrm{W},i}$	kW	elektrische Wirkleistung der Phase i
$P_{\mathrm{W,ges}}$	kW	gesamte gemessene elektrische Wirkleistung
p	–	p-Wert, Signifikanzwert
p_{el}	kW	elektrische Momentanleistung
R^2	%	Bestimmtheitsmaß
R^2_{kor}	%	korrigiertes Bestimmtheitsmaß
R^2_{pro}	%	Prognosefähigkeit
Rk	µm	Kernrautiefe

Rpk	µm	reduzierte Spitzenhöhe
RV	mm	Rundungsverschleiß
Rvk	µm	reduzierte Riefentiefe
r	mm	Sägeblattradius
r	–	Pearson-Korrelationskoeffizient
S_{b}	mm	Spanbogenlänge
S_{xx}	versch.	zweiseitiges Autoleistungsspektrum
S_{xy}	versch.	zweiseitiges Kreuzleistungsspektrum
Sa	µm	mittlere arithmetische Höhe
Sk	µm	Kernhöhe
Spk	µm	reduzierte Spitzenhöhe
Sq	µm	mittlere quadratische Höhe
SV	mm	Schneidenversatz
SV_{krit}	mm	kritischer Schneidenversatz
Svk	µm	reduzierte Riefentiefe
Sz	µm	maximale Höhe
T	s	Werkzeugperiode
t	s	Zeit
t_{e}	s	Eingriffszeit
U	V	elektrische Spannung
u	%	Holzfeuchte
u	V	elektrische Spannung
u_j	V	elektrische Spannung der Phase j
$ü$	mm	Überstand
V	mm^3	Spanungsvolumen
VB	µm	Verschleißmarkenbreite
v	m/s	Geschwindigkeit
v_{c}	m/s	Schnittgeschwindigkeit
v_{e}	m/s	Wirkgeschwindigkeit
v_{f}	m/min	Vorschubgeschwindigkeit
W_{c}	J	Spanungsarbeit
w	–	Anzahl Wischer
X	versch.	Eingangsspektrum
x	versch.	Eingangssignal
x	m	Verschiebung
Y	versch.	Ausgangsspektrum
y	versch.	Ausgangssignal
z	–	Zähnezahl
z_{e}	–	Zahneingriffsverhältnis

α	–	Signifikanzniveau
α	–	Abstand der Sternpunkte vom Zentralpunkt
α	°	Freiwinkel
α_n	°	Nebenfreiwinkel
β	°	Keilwinkel
γ	°	Spanwinkel
γ_{xy}^2	–	Kohärenzfunktion
ε_r	°	Eckenwinkel
κ_r	°	Einstellwinkel
κ_r'	°	Einstellwinkel der Nebenschneide
η	%	Wirkungsgrad
η	°	Wirkrichtungswinkel
η_ges	%	Gesamtwirkungsgrad
λ	–	dimensionsloser Faktor zur Berechnung der drehzahlabhängigen Eigenfrequenzen
λ_{kn}	–	dimensionsloser Faktor zu Berechnung der Eigenfrequenzen des stillstehenden Kreissägeblattes
λ_s	°	Neigungswinkel
υ	–	Poissonzahl
ρ	g/cm³	Dichte
φ	°	Vorschubrichtungswinkel
φ_e	°	Eingriffswinkel
$\varphi_\mathrm{ü}$	°	Überstandswinkel
ω	1/s	Kreisfrequenz
ω_n	1/s	Eigenkreisfrequenz der n-ten Mode

11 Abbildungsverzeichnis

12 Tabellenverzeichnis

13 Literaturverzeichnis

[AAS17] AAS, Gregor: Die Fichte (Picea abies): Verwandtschaft, Morphologie und Ökologie. In: *LWF-Wissen 80* (2017), S. 13–19.

[ACH96] ACHARYULU, S. L. N.; RAMA RAO, P.: An integrated approach to the optimum utilization of national tungsten resources: Technology gaps. In: *Bulletin of Materials Science* 19 (1996), Nr. 2, S. 179–199. DOI: 10.1007/BF02744665.

[ALT00] ALTINTAS, Yusuf: *Manufacturing automation: Metal cutting mechanics, machine tool vibrations, and CNC design*. 1. Aufl. Cambridge: Cambridge University Press, 2000. ISBN: 0521650291.

[BAC14] BACK, Stephan; WEIGEL, Hermann: *Design for Six Sigma: Kompaktes Wissen - konkrete Umsetzung - praktische Arbeitshilfen*. München: Hanser, 2014. ISBN: 978-3-446-44075-3. DOI: 10.3139/9783446440753.

[BAR69] BARZ, Eginhard; BREIER, Helmut: Kurzverfahren zur Prüfung der Verschleißwirkung und der Zerspanbarkeit von Holz und Holzwerkstoffen. In: *Holz als Roh- und Werkstoff* 27 (1969), Nr. 4, S. 148–152. DOI: 10.1007/BF02608394.

[BAU14] BAUR, Matthias: *Aktives Dämpfungssystem zur Ratterunterdrückung an spanenden Werkzeugmaschinen: Entwurf und experimentelle Validierung*. München, Technische Universität, Fakultät für Maschinenwesen, Dissertation, 2014.

[BER14] BERNSTEIN, Herbert: *Messelektronik und Sensoren*. 1. Aufl. Wiesbaden: Springer Fachmedien Wiesbaden, 2014. ISBN: 978-3-658-00548-1. DOI: 10.1007/978-3-658-00549-8.

[BIR13] BIRENBAUM, Christoph: *Beitrag zur rechnerischen und experimentellen Auslegung von Kreissäge-Stammblättern für die Holzbearbeitung*. Stuttgart, Universität Stuttgart, Institut für Werkzeugmaschinen, Dissertation, 2013.

[BLE79] BLEVINS, Robert D.: *Formulas for natural frequency and mode shape*. New York: Van Nostrand Reinhold, 1979. ISBN: 0442207107.

[BMW25] BMWK BUNDESMINISTERIUM FÜR WIRTSCHAFT UND ENERGIE (Hrsg.): *Holz- und Möbelindustrie* [online]. Berlin: BMWK Bundesministerium für Wirtschaft und Energie [Zugriff am: 14.06.2025]. Verfügbar unter: https://www.bmwk.de/Redaktion/DE/Artikel/Branchenfokus/Industrie/branchenfokus-holz-und-moebelindustrie.html.

[BÖG07] BÖGE, Wolfgang: *Vieweg Handbuch Elektrotechnik: Grundlagen und Anwendungen für Elektrotechniker*. 4. Aufl. Wiesbaden: Vieweg, 2007. ISBN: 9783834801364. DOI: 10.1007/978-3-8348-9217-1.

[BOR61] Borovikov, E. M.: The wear of swage-set and spring-set teeth of frame saws. In: *Lesnoi Zhurnal* 4 (1961), S. 113–116.

[BRA25] Bracke, Stefan: *SawMotionAI* [online]: *Neues Forschungsprojekt optimiert Kreissägeprozesse mit Künstlicher Intelligenz.* Wuppertal: Bergische Universität Wuppertal [Zugriff am: 10.06.2025]. Verfügbar unter: https://www.uni-wuppertal.de/de/news/detail/neues-forschungsprojekt-optimiert-kreissaegeprozesse-mit-kuenstlicher-intelligenz/.

[BRA11] Brandt, Anders: *Noise and vibration analysis: Signal analysis and experimental procedures.* Chichester: Wiley, 2011. ISBN: 9780470978177. DOI: 10.1002/9780470978160.

[BRO17] Brook, Quentin: *Lean Six Sigma & Minitab: The complete toolbox guide for business improvement.* 5. Aufl. Winchester: OPEX Resources, 2017. ISBN: 978-0995789906.

[BRU10] Brunner, Franz J.; Wappis, Johann; Jung, Berndt: *Taschenbuch Null-Fehler-Management: Umsetzung von Six Sigma.* 3. Aufl. München: Carl Hanser Fachbuchverlag, 2010. ISBN: 978-3-446-42262-9. DOI: 10.3139/9783446426481.

[BUR52] Burger, Hans: Holz, Blattmenge und Zuwachs: Fichten im Plenterwald, XII. Mitteilung. In: Burger, Hans (Hrsg.): *Mitteilungen der schweizerischen Anstalt für das forstliche Versuchswesen.* XXVIII. Band. Zürich: Kommissionsverlag von Beer & Cie., 1952, S. 109–156.

[BUR53] Burger, Hans: Holz, Blattmenge und Zuwachs: Fichten im gleichalterigen Hochwald, XIII. Mitteilung. In: Burger, Hans (Hrsg.): *Mitteilungen der schweizerischen Anstalt für das forstliche Versuchswesen.* XXIX. Band, 1. Heft. Zürich: Kommissionsverlag von Beer & Cie., 1953, S. 38–130.

[BUR00] Burgert, Ingo: *Die mechanische Bedeutung der Holzstrahlen im lebenden Baum.* Hamburg, Universität Hamburg, Fachbereich Biologie, Dissertation, 2000.

[CAM24] Campbell, Wilfred: The Protection of Steam-Turbine Disk Wheels From Axial Vibration. In: *Transactions of the American Society of Mechanical Engineers* 46 (1924), S. 31–140. DOI: 10.1115/1.4058289.

[CHA08] Chauvin Arnoux Group (Hrsg.): *Bedienungsanleitung Leistungs- und Oberschwingungsanalysator C.A. 8335 (Qualitystar+).* Paris, 2008.

[CHU20] Churkina, Galina; Organschi, Alan; Reyer, Christopher P. O.; Ruff, Andrew; Vinke, Kira; Liu, Zhu; Reck, Barbara K.; Graedel, T. E.; Schellnhuber, Hans J.: Buildings as a global carbon sink. In: *Nature Sustainability* 3 (2020), Nr. 4, S. 269–276. DOI: 10.1038/s41893-019-0462-4.

[CRI09] Cristóvão, L.; Grönlund, A.; Ekevad, M.; Sitoe, R.; Marklund, B.: Brittleness of cutting tools when cutting ironwood. In: *Proceedings of the 19th International Wood Machining Seminar*. Nanjing, China, 2009.

[CRI11] Cristóvão, L.; Lhate, I.; Grönlund, A.; Ekevad, M.; Sitoe, R.: Tool wear for lesser known tropical wood species. In: *Wood Material Science and Engineering*, 2011, S. 155–161. DOI: 10.1080/17480272.2011.566355.

[CZI14] Czichos, Horst; Skrotzki, Birgit; Simon, Franz-Georg: *Das Ingenieurwissen: Werkstoffe*. Berlin: Springer Vieweg, 2014. ISBN: 978-3-642-41125-0. DOI: 10.1007/978-3-642-41126-7.

[DAI20] Daikeler, Jessica; Bošnjak, Michael; Lozar Manfreda, Katja: Web Versus Other Survey Modes: An Updated and Extended Meta-Analysis Comparing Response Rates. In: *Journal of Survey Statistics and Methodology* 8 (2020), Nr. 3, S. 513–539. DOI: 10.1093/jssam/smz008.

[DAN13] Dankert, Jürgen; Dankert, Helga: *Technische Mechanik*. Wiesbaden: Springer Vieweg, 2013. ISBN: 978-3-8348-1809-6. DOI: 10.1007/978-3-8348-2235-2.

[DAT22] Database & Support team at PRé Sustainability (Hrsg.): *SimaPro database manual: Methods library*, 2022.

[DEG15] Degner, Werner; Lutze, Hans; Smejkal, Erhard: *Spanende Formung: Theorie, Berechnung, Richtwerte*. 17. Aufl. München: Hanser, 2015. ISBN: 978-3-446-44583-3. DOI: 10.3139/9783446445833.

[DEK21] Dekomien, Kerstin: *Beitrag zur Eignung sensorischer Panelprüfungen für rohe und lackierte Holz- und Holzwerkstoffoberflächen*. Dresden, Technischen Universität Dresden, Fakultät Maschinenwesen, Dissertation, 2021.

[DEN11] Denkena, Berend; Tönshoff, Hans K.: *Spanen*. Berlin: Springer-Verlag, 2011. ISBN: 978-3-642-19771-0. DOI: 10.1007/978-3-642-19772-7.

[DEU15] Deutsche Säge- und Holzindustrie (Hrsg.): *Faktenbuch der Säge- und Holzindustrie in Deutschland: Rohstofflage, Holzverwendung und Hintergründe*. 1. Aufl. Berlin, 2015.

[DIE16] Dietrich, Jochen: *Praxis der Zerspantechnik: Verfahren, Werkzeuge, Berechnung*. 12. Aufl. Wiesbaden: Springer Fachmedien Wiesbaden, 2016. ISBN: 978-3-658-14053-3. DOI: 10.1007/978-3-658-14053-3.

[DIN76] DIN Deutsches Institut für Normung e.V.: DIN 52182: *Prüfung von Holz; Bestimmung der Rohdichte*. Berlin: DIN Media GmbH, 1976-09.

[DIN81] DIN Deutsches Institut für Normung e.V.: DIN 6583: *Begriffe der Zerspantechnik; Standbegriffe*. Berlin: DIN Media GmbH, 1981-09.

[DIN82a] DIN Deutsches Institut für Normung e.V.: DIN 4760: *Gestaltabweichungen; Begriffe, Ordnungssystem*. Berlin: DIN Media GmbH, 1982-06.

[DIN82b] DIN Deutsches Institut für Normung e.V.: DIN 6584: *Begriffe der Zerspantechnik: Kräfte, Energie, Arbeit, Leistungen*. Berlin: DIN Media GmbH, 1982-10.

[DIN85a] DIN Deutsches Institut für Normung e.V.: DIN 6580: *Bewegungen und Geometrie des Zerspanvorganges: Begriffe der Zerspantechnik*. Berlin: DIN Media GmbH, 1985-10.

[DIN85b] DIN Deutsches Institut für Normung e.V.: DIN 6581: *Bezugssysteme und Winkel am Schneidkeil des Werkzeuges: Begriffe der Zerspantechnik*. Berlin: DIN Media GmbH, 1985-10.

[DIN98] DIN Deutsches Institut für Normung e.V.: DIN EN ISO 13565-1: *Oberflächenbeschaffenheit: Tastschnittverfahren: Oberflächen mit plateauartigen funktionsrelevanten Eigenschaften Teil 1: Filterung und allgemeine Messbedingungen*. Berlin: DIN Media GmbH, 1998-04.

[DIN02a] DIN Deutsches Institut für Normung e.V.: DIN EN 13183-1: *Feuchtegehalt eines Stückes Schnittholz: Teil 1: Bestimmung durch Darrverfahren*. Berlin: DIN Media GmbH, 2002-07.

[DIN02b] DIN Deutsches Institut für Normung e.V.: DIN 1311-2: *Schwingungen und schwingungsfähige Systeme: Teil 2: Lineare, zeitinvariante schwingungsfähige Systeme mit einem Freiheitsgrad*. Berlin: DIN Media GmbH, 2002-08.

[DIN03a] DIN Deutsches Institut für Normung e.V.: DIN 8580: *Fertigungsverfahren: Begriffe, Einteilung*. Berlin: DIN Media GmbH, 2003-09.

[DIN03b] DIN Deutsches Institut für Normung e.V.: DIN 8589-0: *Fertigungsverfahren Spanen - Teil 0: Allgemeines; Einordnung, Unterteilung, Begriffe*. Berlin: DIN Media GmbH, 2003-09.

[DIN12a] DIN Deutsches Institut für Normung e.V.: DIN 4074-1: *Sortierung von Nadelholz nach der Tragfähigkeit - Nadelschnittholz*. Berlin: DIN Media GmbH, 2012-06.

[DIN12b] DIN Deutsches Institut für Normung e.V.: DIN EN ISO 25178-3: *Geometrische Produktspezifikation (GPS) - Oberflächenbeschaffenheit: Flächenhaft: Teil 3: Spezifikationsoperatoren*. Berlin: DIN Media GmbH, 2012-11.

[DIN15] DIN Deutsches Institut für Normung e.V.: DIN 4855: *Kohlenstoffschichten – DLC-Schichten: Beschreibung der Schichtarchitektur*. Berlin: DIN Media GmbH, 2015-09.

[DIN21a] DIN Deutsches Institut für Normung e.V.: DIN EN ISO 14044: *Umweltmanagement – Ökobilanz – Anforderungen und Anleitungen: (ISO 14044:2006 + Amd 1:2017 + Amd 2:2020); Deutsche Fassung EN ISO 14044:2006 + A1:2018 + A2:2020.* Berlin: DIN Media GmbH, 2021-02.

[DIN21b] DIN Deutsches Institut für Normung e.V.: DIN EN ISO 14040: *Umweltmanagement – Ökobilanz – Grundsätze und Rahmenbedingungen: (ISO 14040:2006 + Amd 1:2020); Deutsche Fassung EN ISO 14040:2006 + A1:2020.* Berlin: DIN Media GmbH, 2021-02.

[DIN22a] DIN Deutsches Institut für Normung e.V.: DIN EN ISO 21920-2: *Geometrische Produktspezifikation (GPS) – Oberflächenbeschaffenheit: Profile: Teil 2: Begriffe und Kenngrößen für die Oberflächenbeschaffenheit.* Berlin: DIN Media GmbH, 2022-12.

[DIN22b] DIN Deutsches Institut für Normung e.V.: DIN EN ISO 21920-1: *Geometrische Produktspezifikation (GPS) - Oberflächenbeschaffenheit: Tastschnittverfahren: Teil 1: Angabe der Oberflächenbeschaffenheit.* Berlin: DIN Media GmbH, 2022-12.

[DIN22c] DIN Deutsches Institut für Normung e.V.: DIN EN ISO 21920-3: *Geometrische Produktspezifikationen (GPS) - Oberflächenbeschaffenheit: Profile: Teil 3: Spezifikationsoperatoren.* Berlin: DIN Media GmbH, 2022-12.

[DIN23] DIN Deutsches Institut für Normung e.V.: DIN EN ISO 25178-2: *Geometrische Produktspezifikation (GPS) - Oberflächenbeschaffenheit: Flächenhaft: Teil 2: Begriffe und OberflächenKenngrößen.* Berlin: DIN Media GmbH, 2023-09.

[DRO15] Droba, Adam; Javorek, Ľubomir; Svoreň, Ján; Paulíny, Dušan: New design of circular saw blade body and its influence on critical rotational speed. In: *Drewno. Prace Naukowe, Doniesienia, Komunikaty = Wood. Research Papers, Reports, Announcements* 58 (2015), Nr. 194, S. 147–157. DOI: 10.12841/wood.1644-3985.081.12.

[EHL20] Ehlert, Matthias: *Simulationsunterstützte funktionale Grenzlagenabsicherung.* Erlangen, Friedrich-Alexander-Universität Erlangen-Nürnberg, Dissertation, 2020.

[EIF19] Eifler, Matthias: *Tendenzen und Herausforderungen in der geometrischen Produktspezifikation am Beispiel der Rauheitsmesstechnik.* Kaiserslautern, Technische Universität Kaiserslautern, Habilitation, 2019.

[EMM18] Emmler, Rico; Gittel, Hans-Jürgen; Leps, Torsten; Ober, Maximilian; Scholz, Frieder; Wagenführ, André: Holzbearbeitung. In: Wagenführ, André (Hrsg.); Scholz, Frieder (Hrsg.): *Taschenbuch der Holztechnik.* 3. Aufl. München: Fachbuchverlag Leipzig im Carl Hanser Verlag, 2018, S. 260–432. ISBN: 978-3-446-45440-8. DOI: 10.3139/9783446454415.

[ENß08] Enßle, Magnus: *Standwegverlängerung durch gezielte Änderung der Mikrogeometrie an Diamantwerkzeugen für die Holz- und Holzwerkstoffbearbeitung*. Stuttgart, Universität Stuttgart, Institut für Werkzeugmaschinen, Dissertation, 2008.

[ETT04] Ettelt, Bernhard; Gittel, Hans-Jürgen: *Sägen, Fräsen, Hobeln, Bohren*: *Die Spanung von Holz und ihre Werkzeuge*. 3. Aufl. Leinfelden-Echterdingen: DRW-Verlag, 2004. ISBN: 3-87181-145-9.

[EUR25] Europäischer Rat, Rat der Europäischen Union (Hrsg.): *Maßnahmen der EU gegen den Klimawandel* [online]: *Die EU-Länder sind entschlossen, den Klimawandel zu bekämpfen und bis 2050 Klimaneutralität zu erreichen*. Brüssel: Europäischer Rat, Rat der Europäischen Union, 2025-02 [Zugriff am: 23.06.2025]. Verfügbar unter: https://www.consilium.europa.eu/de/policies/climate-change/.

[FAI18] Faix, Oskar: Chemie des Holzes. In: Wagenführ, André (Hrsg.); Scholz, Frieder (Hrsg.): *Taschenbuch der Holztechnik*. 3. Aufl. München: Fachbuchverlag Leipzig im Carl Hanser Verlag, 2018, S. 47–74. ISBN: 978-3-446-45440-8. DOI: 10.3139/9783446454415.

[FAO24] FAO Food and Agriculture Organization of the United Nations: *Global Forest Products*: *Facts and Figures 2023*. Rom: FAO, 2024. ISBN: 978-92-5-139445-8. DOI: 10.4060/cd3650en.

[FAO25] FAO Food and Agriculture Organization of the United Nations (Hrsg.): *Forestry Production and Trade* [online]. Rom: FAO Food and Agriculture Organization of the United Nations, 2025-03 [Zugriff am: 10.06.2025]. Verfügbar unter: www.fao.org/faostat/en/#data/FO.

[FEN99] Fendeleur, D.; Aubry, E.; Kaiser, E.; Renner, M.: Dynamical measurements and evaluation of the tension of circular saw blades. In: *IWMS* 14 (1999), Nr. 1, S. 119–127.

[FLA95] Flamm, Rolf J.: *Entwicklung eines Systemkonzeptes zur wissensbasierten, systemtechnisch unterstützten Versuchsmethodik*. Aachen, Rheinisch-Westfälische Technische Hochschule Aachen, Dissertation, 1995.

[FRI70] Friebe, Ekkehard: Steifheit und Schwingungsverhalten von Kreissägeblättern. In: *Holz als Roh- und Werkstoff* 28 (1970), Nr. 9, S. 349–357. DOI: 10.1007/BF02615774.

[FRI73] Friebe, Ekkehard V.: *Steifheit und Schwingungsverhalten von Kreissägeblättern für die Holzbearbeitung*. Braunschweig, Technische Universität Carolo-Wilhelmina, Fakultät für Maschinenbau und Elektrotechnik, Dissertation, 1973.

[FRO13] Frommhold, Heinz: *Holzkunde*: *Vorlesungsbegleitende Materialsammlung für das 3. Semester Forstwirtschaft*. 7. Aufl. Eberswalde, 2013.

[FRO89] FRONIUS, Karl: *Spaner, Kreissägen, Bandsägen*. Stuttgart: DRW-Verlag, 1989. ISBN: 387181332X.

[FUR19] FURBERG, Anna; ARVIDSSON, Rickard; MOLANDER, Sverker: Environmental life cycle assessment of cemented carbide (WC-Co) production. In: *Journal of Cleaner Production* 209 (2019), S. 1126–1138. DOI: 10.1016/j.jclepro.2018.10.272.

[FUß08] FUß, H.-G.; FRANK, M.: Industrial Production of DLC Coatings. In: DONNET, Christophe (Hrsg.): *Tribology of Diamond-Like Carbon Films: Fundamentals and Applications*. New York: Springer, 2008, S. 457–468. ISBN: 978-0-387-30264-5. DOI: 10.1007/978-0-387-49891-1.

[GAM09] GAMWEGER, Jürgen: *Design for Six Sigma: Kundenorientierte Produkte und Prozesse fehlerfrei entwickeln*. 1. Aufl. München: Hanser, 2009. ISBN: 978-3-446-41454-9. DOI: 10.3139/9783446420625.

[GAR14] GARRN, Immo: Schneidstoffe und Beschichtungen. In: HEISEL, Uwe (Hrsg.); KLOCKE, Fritz (Hrsg.); UHLMANN, Eckart (Hrsg.); SPUR, Günter (Hrsg.): *Handbuch Spanen*. 2. Aufl. München: Hanser, 2014, S. 97–107. ISBN: 9783446436992. DOI: 10.3139/9783446436992.

[GER82] GERHARDS, C. C.: Effect of moisture content and temperature on the mechanical properties of wood: an analysis of immediate effects. In: *Wood and Fiber* 14 (1982), Nr. 1, S. 4–36.

[GOE01] GOEDKOOP, M.; SPRIENSMA, R. T.: *The Eco-Indicator 99: A Damage Oriented Method for Life Cycle Impact Assessment Methodology: Methodology Report*. 3. Aufl. Amersfoort, 2001.

[GOL16] GOLI, Giacomo; SANDAK, Jakub: Proposal of a new method for the rapid assessment of wood machinability and cutting tool performance in peripheral milling. In: *European Journal of Wood and Wood Products* 74 (2016), Nr. 6, S. 867–874. DOI: 10.1007/s00107-016-1053-y.

[GOT02] GOTTLÖBER, Christian: *Ein Weg zur Optimierung von Spanungsprozessen am Beispiel des Umfangsplanfräsens von Holz und Holzwerkstoffen*. Dresden, Technische Universität Dresden, Fakultät Maschinenwesen, Dissertation, 2002.

[GOT14] GOTTLÖBER, Christian: *Zerspanung von Holz und Holzwerkstoffen: Grundlagen ; Systematik ; Modellierung ; Prozessgestaltung*. 1. Aufl. München: Fachbuchverlag Leipzig im Hanser Verlag, 2014. ISBN: 978-3-446-44003-6. DOI: 10.3139/9783446440036.

[GOT23] GOTTLÖBER, Christian: *Zerspanung von Holz und Holzwerkstoffen: Grundlagen - Systematik - Modellierung - Prozessgestaltung*. 2. Aufl. München: Hanser, 2023. ISBN: 978-3-446-47769-8. DOI: 10.3139/9783446478121.

[GRA23] GRAF, Jonathan; BUFLER, REBEKKA, TAPPEINER, JANA; SCHMID, Christian: *Studie zur Holz-Wertschöpfungskette Ostwürttemberg: Abschlussbericht*. Schwäbisch Gmünd, 2023.

[GRE99] GREEN, David W.; EVANS, James W.; LOGAN, James D.; NELSON, William J.: Adjusting Modulus of Elasticity of Lumber for Changes in Temperature. In: *Forest Products Journal* 49 (1999), Nr. 10, S. 82–94.

[GUN04] GUNDLACH, Carsten: *Entwicklung eines ganzheitlichen Vorgehensmodells zur problemorientierten Anwendung des statistischen Versuchsplanung*. Kassel, Universität Kassel, Dissertation, 2004.

[GUR17] GURAU, Lidia; IRLE, Mark: Surface Roughness Evaluation Methods for Wood Products: a Review. In: *Current Forestry Reports* 3 (2017), Nr. 2, S. 119–131. DOI: 10.1007/s40725-017-0053-4.

[HÄN15] HÄNSEL, Andreas: *Holz und Holzwerkstoffe: Prüfung - Struktur - Eigenschaften ; Lehrbuch für das Bachelorstudium an Berufsakademien und Dualen Hochschulen*. 2. Aufl. Berlin: Logos Verlag, 2015. ISBN: 9783832536978.

[HAR22] HARTMANN, Hans; SCHÖN, Claudia; MACK, Robert: *Richitg Heizen: Der Betrieb von Kaminöfen*. 5. Aufl. Straubing, 2022.

[HEI98] HEISEL, Uwe; TRÖGER, Johannes; GRAEF, Jürgen: *„Qualitätszahn" für alle Werkstoffe* [online]: *Sägen mit bombierten Nebenschneiden*. Leinfelden-Echterdingen: Konradin Mediengruppe [Zugriff am: 20.04.2020]. Verfügbar unter: https://www.bm-online.de/allgemein/qualitaetszahn-fuer-alle-werkstoffe/#slider-intro-17.

[HEI14] HEISEL, Uwe (Hrsg.); KLOCKE, Fritz (Hrsg.); UHLMANN, Eckart (Hrsg.); SPUR, Günter (Hrsg.): *Handbuch Spanen*. 2. Aufl. München: Hanser, 2014. ISBN: 9783446436992. DOI: 10.3139/9783446436992.

[HEN20] HENN, Guido: *Formatkreissäge*. 1. Aufl. Hannover: HolzWerken, 2020. ISBN: 9783748602453.

[HER14] HERNÁNDEZ, Roger E.; PASSARINI, Leandro; KOUBAA, Ahmed: Effects of temperature and moisture content on selected wood mechanical properties involved in the chipping process. In: *Wood Science and Technology* 48 (2014), Nr. 6, S. 1281–1301. DOI: 10.1007/s00226-014-0673-9.

[HIN07] HINKELMANN, Klaus: *Design and Analysis of Experiments, Introduction to Experimental Design*. 2. Aufl. Hoboken: John Wiley & Sons, 2007. ISBN: 9780470191743.

[HOF14] HOFMANN, Hansgeorg; SPINDLER, Jürgen: *Verfahren in der Beschichtungs- und Oberflächentechnik*. 3. Aufl. München: Hanser, 2014. ISBN: 978-3-446-44183-5. DOI: 10.3139/9783446441835.

[HOF17] HOFMANN, Heike; WICKHAM, Hadley; KAFADAR, Karen: Letter-value plots: Boxplots for large data. In: *Journal of Computational and Graphical Statistics* 26 (2017), Nr. 3, S. 469–477. DOI: 10.1080/10618600.2017.1305277.

[HOL16] HOLLENBERG, Stefan: *Fragebögen*. Wiesbaden: Springer Fachmedien Wiesbaden, 2016. ISBN: 978-3-658-12966-8. DOI: 10.1007/978-3-658-12967-5.

[HOM17] HOMBURG, Christian: *Marketingmanagement*. Wiesbaden: Springer Fachmedien Wiesbaden, 2017. ISBN: 978-3-658-13655-0. DOI: 10.1007/978-3-658-13656-7.

[HUI17] HUIJBREGTS, Mark A. J.; STEINMANN, Zoran J. N.; ELSHOUT, Pieter M. F.; STAM, Gea; VERONES, Francesca; VIEIRA, Marisa; ZIJP, Michiel; HOLLANDER, Anne; VAN ZELM, Rosalie: ReCiPe2016: a harmonised life cycle impact assessment method at midpoint and endpoint level. In: *The International Journal of Life Cycle Assessment* 22 (2017), Nr. 2, S. 138–147. DOI: 10.1007/s11367-016-1246-y.

[HÜL25] HÜLLMANN, Markus: *Innovation und Automatisierung für die Holzindustrie* [online]: Ligna News [Zugriff am: 12.06.2025]. Verfügbar unter: https://www.ligna.de/de/presse/pressemitteilungen/ligna/pressemitteilung_30722.

[ILI95] ILIC, J.: Advantages of prefreezing for reducing shrinkage-related degrade in eucalypts: General considerations and review of the literature. In: *Wood Science and Technology* 29 (1995), Nr. 4, S. 277–285. DOI: 10.1007/BF00202087.

[ISO11] ISO INTERNATIONALE ORGANISATION FÜR NORMUNG 13053-1: *Quantitative Verfahren zur Prozessverbesserung - Six Sigma - Teil 1:: Teil 1: DMAIC-Verfahren*. Berlin: DIN Media GmbH, 2011-09.

[ISO13] ISO INTERNATIONALE ORGANISATION FÜR NORMUNG: 3534-3: *Statistik - Begriffe und Formelzeichen: Teil 3: Versuchsplanung*. Berlin: DIN Media GmbH, 2013-04.

[JAC93] JACOB, W.; MÖLLER, W.: On the structure of thin hydrocarbon films. In: *Applied Physics Letters* 63 (1993), Nr. 13, S. 1771–1773. DOI: 10.1063/1.110683.

[JAM97] JAMAL SHEIKH-AHMAD: *Measurement of Tool Wear and Dulling in the Machining of Particleboard*, 1997. DOI: 10.13140/2.1.4579.8086.

[JEN86] JENDRYSCHIK, J.; MÜNZ, U. V.: Arbeitsverhalten von rotierenden Trennwerkzeugen. In: *Holz als Roh- und Werkstoff* 44 (1986), Nr. 1, S. 17–22. DOI: 10.1007/BF02616309.

[JIN96] JIN, W.; CAI, L.: Study and analysis on cutting forces of oblique cutting of wood. In: *Holz als Roh- und Werkstoff* 54 (1996), Nr. 4, S. 283–286. DOI: 10.1007/s001070050185.

[JOS09] JOSTEN, Elmar; REICHE, Thomas; WITTCHEN, Bernd: *Holzfachkunde: Ein Lehr-, Lern- und Arbeitsbuch für Tischler/Schreiner, Holzmechaniker und Fachkräfte für Möbel-, Küchen- und Umzugsservice.* 5. Aufl. Wiesbaden: Vieweg + Teubner, 2009. ISBN: 978-3-8348-0530-0.

[KAL12] KALWEIT, Andreas; PAUL, Christof; PETERS, Sascha: *Handbuch für Technisches Produktdesign.* Dordrecht: Springer, 2012. ISBN: 978-3-642-02642-3. DOI: 10.1007/978-3-642-02642-3.

[KAN25] KANG, Jinyou; ZHANG, Heng; ZHANG, Jinsheng; YUAN, Xingdong; LV, Changyu; BAI, Tianyu; GONG, Yantao; GUO, Jing: Development of a novel circular saw blade substrate with high stiffness for mitigating vibration noise and improving sawing performance. In: *Mechanical Systems and Signal Processing* 223 (2025), S. 111934. DOI: 10.1016/j.ymssp.2024.111934.

[KEY18a] KEYENCE CORPORATION, KEYENCE DEUTSCHLAND GMBH (Hrsg.): *3d Messsystem, Detaillierter Vergleich.* Neu-Isenburg, 2018.

[KEY18b] KEYENCE CORPORATION, KEYENCE DEUTSCHLAND GMBH (Hrsg.): *3D-Profilometer VR-5000/VR-5200 VR-5000/VR-5100*: *Benutzerhandbuch*, 2018.

[KIL06] KILIC, Murat; HIZIROGLU, Salim; BURDURLU, Erol: Effect of machining on surface roughness of wood. In: *Building and Environment* 41 (2006), Nr. 8, S. 1074–1078. DOI: 10.1016/j.buildenv.2005.05.008.

[KIV50] KIVIMAA, Eero: *Cutting Force in Wood-Working.* Helsinki, Finland's Institute of Technology, State Institute for Technical Research, Dissertation, 1950.

[KIV52a] KIVIMAA, Eero: Die Schnittkraft in der Holzbearbeitung. In: *Holz als Roh- und Werkstoff* 10 (1952), Nr. 3, S. 94–108. DOI: 10.1007/BF02608840.

[KIV52b] KIVIMAA, Eero: Was ist die Abstumpfung der Holzbearbeitungswerkzeuge? In: *Holz als Roh- und Werkstoff* 10 (1952), Nr. 11, S. 425–428. DOI: 10.1007/BF02615862.

[KLA79] KLAMECKI, B. E.: A review of wood cutting tool wear literature. In: *Holz als Roh- und Werkstoff* 37 (1979), Nr. 7, S. 265–276. DOI: 10.1007/BF02607429.

[KLE14] KLEIN, Bernd: *Versuchsplanung - DoE*: *Einführung in die Taguchi/Shainin-Methodik.* 4. Aufl. München: De Gruyter Oldenbourg, 2014. ISBN: 978-3-486-77842-7. DOI: 10.1524/9783110343847.

[KLE16] Kleppmann, Wilhelm: *Versuchsplanung: Produkte und Prozesse optimieren.* 9. Aufl. München: Hanser, 2016. ISBN: 978-3-446-44717-2. DOI: 10.3139/9783446447172.

[KLE20] Kleppmann, Wilhelm: *Versuchsplanung: Produkte und Prozesse optimieren.* 10. Aufl. München: Hanser, 2020. ISBN: 978-3-446-46146-8. DOI: 10.3139/9783446463974.

[KLO08] Klocke, Fritz; König, Wilfried: *Fertigungsverfahren 1: Drehen, Fräsen, Bohren.* 8. Aufl. Berlin, Heidelberg: Springer-Verlag, 2008. ISBN: 978-3-540-35834-3. DOI: 10.1007/978-3-540-35834-3.

[KLO18] Klocke, Fritz: *Fertigungsverfahren 1: Zerspanung mit geometrisch bestimmter Schneide.* 9. Aufl. Berlin: Springer Vieweg, 2018. ISBN: 978-3-662-54207-1. DOI: 10.1007/978-3-662-54207-1.

[KLÖ14] Klöckner, Jennifer; Friedrichs, Jürgen: Gesamtgestaltung des Fragebogens. In: Baur, Nina (Hrsg.); Blasius, Jörg (Hrsg.): *Handbuch Methoden der empirischen Sozialforschung.* Wiesbaden: Springer Fachmedien Wiesbaden, 2014, S. 675–685. ISBN: 978-3-531-17809-7. DOI: 10.1007/978-3-531-18939-0.

[KNI66] Knigge, Wolfgang; Schulz, Horst: *Grundriss der Forstnutzung: Entstehung, Eigenschaften, Verwertung und Verwendung des Holzes und anderer Forstprodukte.* Hamburg: Verlag Paul Parey, 1966.

[KOC98] Koch, A. W.: *Optische Meßtechnik an technischen Oberflächen: Praxisorientierte lasergestützte Verfahren zur Untersuchung technischer Objekte hinsichtlich Form, Oberflächenstruktur und Beschichtung.* Renningen-Malmsheim: expert-Verlag, 1998. ISBN: 3-8169-1372-5.

[KOC64] Koch, Peter: *Wood Machining Processes.* New York: The Ronald Press Company, 1964.

[KOL51] Kollmann, Franz: *Technologie Des Holzes Und Der Holzwerkstoffe: Erster Band Anatomie und Pathologie, Chemie, Physik, Elastizität und Festigkeit.* 2. Aufl. Berlin: Springer-Verlag, 1951. ISBN: 978-3-642-49474-1. DOI: 10.1007/978-3-642-49758-2.

[KOL55] Kollmann, Franz: *Technologie des Holzes und der Holzwerkstoffe: Zweiter Band Holzschutz, Oberflächenbehandlung, Trocknung und Dämpfen, Veredelung, Holzwerkstoffe, Spanabhebende und Spanlose Holzbearbeitung, Holzverbindungen.* 2. Aufl. Berlin: Springer-Verlag, 1955. ISBN: 978-3-642-52948-1. DOI: 10.1007/978-3-642-52947-4.

[KOL60] KOLLMANN, Franz: Die Abhängigkeit der elastischen Eigenschaften von Holz von der Temperatur. In: *Holz als Roh- und Werkstoff* 18 (1960), Nr. 8, S. 308–314. DOI: 10.1007/BF02626120.

[KOR79] KORAN, Zoltan: Tensile properties of spruce under different consitions. In: *Wood and Fiber* 11 (1979), Nr. 1, S. 38–49.

[KOV10] KOVÁČ, J.; MIKLEŠ, M.: Research on individual parameters for cutting power of woodcutting process by circular saws. In: *Journal of Forest Science* 56 (2010), Nr. 6, S. 271–277.

[KRE21] KREMER, Alexander: *Statistische Versuchsplanung in der Lebensdauererprobung mit Vertrauensintervallen*. Stuttgart, Universität Stuttgart, Institut für Maschinenelemente, Dissertation, 2021.

[KRE14] KRENKE, Thomas; FRYBORT, Stephan; MARTINEZ-CONDE LOPEZ, Alejandro; MÜLLER, Ulrich: Internationaler Stand zur Schnittkraftuntersuchung bei Holz - Teil 2. In (2014).

[KRP54] KRPAN, Juraj: Untersuchungen über den Fasersättigungspunkt des Buchen=, Eichen=, Tannen= und Fichtenholzes. In: *Holz als Roh- und Werkstoff* 12 (1954), Nr. 3, S. 84–91. DOI: 10.1007/BF02603341.

[KUB73] KUBLER, H.; LIANG, L.; CHANG, L. S.: Thermal Expansion Of Moist Wood. In: *Wood and Fiber* 5 (1973), Nr. 3, S. 257–267.

[KÜB62] KÜBLER, Hans: Schwinden und Quellen des Holzes durch Kälte. In: *Holz als Roh- und Werkstoff* 20 (1962), Nr. 9, S. 364–368. DOI: 10.1007/BF02608534.

[KUß18] KUß, Alfred; WILDNER, Raimund; KREIS, Henning: *Marktforschung*. Wiesbaden: Springer Fachmedien Wiesbaden, 2018. ISBN: 978-3-658-20565-2. DOI: 10.1007/978-3-658-20566-9.

[KUT19] KUTTNER, Thomas; ROHNEN, Armin: *Praxis der Schwingungsmessung: Messtechnik und Schwingungsanalyse mit MATLAB®*. 2. Aufl. Wiesbaden: Springer Vieweg, 2019. ISBN: 978-3-658-25048-5. DOI: 10.1007/978-3-658-25048-5.

[LAN32] LANGNER, Wolfgang: *Die Wasserverteilung im Stammholz der Fichte und ihre Veränderungen: Ein Beitrag zur Kenntnis des Wasserhaushaltes des Baumes*. Dresden, Sächsische Technische Hochschule, Dissertation, 1932.

[LAR94] LARSON, Philip R.: *The vascular cambium: Development and structure*. Berlin: Springer, 1994. ISBN: 978-3-642-78468-2. DOI: 10.1007/978-3-642-78466-8.

[LAS99] LASSNER, Erik; SCHUBERT, Wolf-Dieter: *Tungsten: Properties, Chemistry, Technology of the Element, Alloys, and Chemical Compounds*. New York: Kluwer Academic /

Plenum Publishers, 1999. ISBN: 978-1-4613-7225-7. DOI: 10.1007/978-1-4615-4907-9.

[LER19] Lerez, Christoph: *Intelligente Vorrichtungen für die Prozessüberwachung Intelligente Vorrichtungen für die Prozessüberwachung und -beeinflussung in der zerspanenden Fertigung dünnwandiger Bauteile.* Magdeburg, Otto-von-Guericke-Universität, Fakultät Maschinenbau, Dissertation, 2019.

[LIE86] Liese, Walter; Dujesiefken, Dirk: Das Holz der Fichte. In: Schmidt-Vogt, Helmut (Hrsg.): *Die Fichte: Band II/1 Wachstum, Züchtung, Boden, Umwelt, Holz.* Hamburg: Verlag Paul Parey, 1986, S. 373–443. ISBN: 3-490-08416-0.

[LIN25] Linde, Hans-Peter: *Fertigungsprozesse in der Möbelindustrie.* 1. Aufl. München: Carl Hanser Verlag, 2025. ISBN: 9783446483989. DOI: 10.3139/9783446483989.

[LÜD12] Lüder, Rita: *Grundkurs Gehölzbestimmung: Eine Praxisanleitung für Anfänger und Fortgeschrittene.* 2. Aufl. Wiebelsheim: Quelle & Meyer, 2012. ISBN: 3494015023.

[MAC11] Macherauch, Eckard; Zoch, Hans-Werner: *Praktikum in Werkstoffkunde: 91 ausführliche Versuche aus wichtigen Gebieten der Werkstofftechnik.* 11. Aufl. Wiesbaden: Vieweg + Teubner, 2011. ISBN: 9783834803436. DOI: 10.1007/978-3-8348-9884-5.

[MAG16] Magerhans, Alexander: *Marktforschung.* Wiesbaden: Springer Fachmedien Wiesbaden, 2016. ISBN: 978-3-658-00890-1. DOI: 10.1007/978-3-658-00891-8.

[MAG04] Magnusson, Kjell; Kroslid, Dag; Bergman, Bo: *Six Sigma umsetzen: Die neue Qualitätsstrategie für Unternehmen ; mit neuen Unternehmensbeispielen.* 2. Aufl. München: Hanser, 2004. ISBN: 3-446-22295-2. DOI: 10.3139/9783446225022.

[MAG20] Magoss, Endre; Csanády, Etele: *Mechanics of Wood Machining.* 3. Aufl. Cham: Springer, 2020. ISBN: 978-3-030-51480-8. DOI: 10.1007/978-3-030-51481-5.

[MAH21] Mahr, Florian; Henninger, Stefan; Biller, Martin; Jäger, Johann: *Elektrische Energiesysteme: Wissensvernetzung von Stromrichter, Netzbetrieb und Netzschutz.* 1. Aufl. Wiesbaden, Heidelberg: Springer Vieweg, 2021. ISBN: 978-3-658-34907-3. DOI: 10.1007/978-3-658-34908-0.

[MAI97] Maier, Gerhard: *Spanabhebende Maschinen in der Holzverarbeitung: Auswahl, Anforderungen, Konzepte, Konstruktionen.* Leinfelden-Echterdingen: DRW-Verlag, 1997. ISBN: 3871813435.

[MAI00] Maier, Gerhard: *Holzspanungslehre und werkzeugtechnische Grundlagen.* 1. Aufl. Würzburg: Vogel, 2000. ISBN: 3-8023-1822-6.

[MAR21] Marxer, Michael; Bach, Carlo; Keferstein, Claus P.: *Fertigungsmesstechnik: Alles zu Messunsicherheit, konventioneller Messtechnik und Multisensorik.* 10. Aufl. Wiesbaden: Springer Vieweg, 2021. ISBN: 978-3-658-34168-8. DOI: 10.1007/978-3-658-34168-8.

[MCK75] McKenzie, W. M.; Karpovich, H.: Wear and blunting of the tool corner in cutting a wood-based material. In: *Wood Science and Technology* 9 (1975), Nr. 1, S. 59–73. DOI: 10.1007/BF00351915.

[MCK61] McKenzie, William M.: *Fundamental analysis of the wood-cutting process.* Michigan, University of Michigan, Department of Wood Technology, Dissertation, 1961.

[MET84] Mette, Hans-Joachim: *Holzkundliche Grundlagen der Forstnutzung.* Berlin: VEB Deutscher Landwirtschaftsverband, 1984.

[MIL92] Milberg, Joachim: *Werkzeugmaschinen-Grundlagen: Zerspantechnik, Dynamik, Baugruppen und Steuerungen.* Berlin: Springer, 1992. ISBN: 978-3-540-54538-5. DOI: 10.1007/978-3-662-10915-1.

[MIS22] Mishra, Abhijeet; Humpenöder, Florian; Churkina, Galina; Reyer, Christopher P. O.; Beier, Felicitas; Bodirsky, Benjamin L.; Schellnhuber, Hans J.; Lotze-Campen, Hermann; Popp, Alexander: Land use change and carbon emissions of a transformation to timber cities. In: *Nature communications* 13 (2022), Nr. 1, S. 4889. DOI: 10.1038/s41467-022-32244-w.

[MOD23] Modak, Subodh V.: *Analytical and Experimental Modal Analysis.* Boca Raton: CRC Press, 2023. ISBN: 9780429454783. DOI: 10.1201/9780429454783.

[MOM88a] Mombächer, Rudolf: *Holz-Lexikon A-M: Nachschlagewerk für d. Holz- u. Forstwirtschaft.* 3. Aufl. Stuttgart: DRW-Verlag, 1988. ISBN: 3871813184.

[MOM88b] Mombächer, Rudolf: *Holz-Lexikon N-Z: Nachschlagewerk für d. Holz- u. Forstwirtschaft.* 3. Aufl. Stuttgart: DRW-Verlag, 1988. ISBN: 3871813184.

[MON17] Montgomery, Douglas C.: *Design and analysis of experiments.* 8. Aufl. Hoboken: John Wiley & Sons, 2017. ISBN: 9781119113478.

[MÖS09] Möser, Michael: *Messtechnik der Akustik.* 1. Aufl. Berlin: Springer-Verlag, 2009. ISBN: 9783540680871. DOI: 10.1007/978-3-540-68087-1.

[MÜC22] Mücke, Konrad: *Smarte Werkzeughalter für die digitalisierte Fertigung* [online], ID:48455873. Thalwil: Schweizer Maschinen Markt [Zugriff am: 22.02.2025]. Verfügbar unter: https://www.maschinenmarkt.ch/smarte-werkzeughalter-fuer-die-digitalisierte-fertigung-a-b84e51f0d2b2834d1cbee170a3e3b6f2/.

[MÜN03] MÜNZ, V. V.; LEOPOLD, J.; PELSHENKE, C.: Randzonengeometrie und dynamisches Verhalten von PKD-Kreissägeblättern. In: *Diamond business* (2003).

[NAS18] NASIR, Vahid; COOL, Julie: A review on wood machining: characterization, optimization, and monitoring of the sawing process. In: *Wood Material Science & Engineering* 15 (2018), Nr. 1, S. 1–16. DOI: 10.1080/17480272.2018.1465465.

[NAS24] NASIR, Vahid; RAHIMI, Sohrab; MOHAMMADPANAH, Ahmad; HANSEN, Eric; SASSANI, Farrokh: Intelligent Lumber Production (Sawmill 4.0): Opportunities, Challenges, and Pathways to Adoption. In: ALAM, Mohammad-Reza (Hrsg.); FATHI, Madjid (Hrsg.): *Integrated Systems: Data Driven Engineering*. Cham: Springer Nature Switzerland, 2024, S. 213–231. ISBN: 978-3-031-53651-9. DOI: 10.1007/978-3-031-53652-6.

[NIE17] NIEMZ, Peter; SONDEREGGER, Walter: *Holzphysik: Physik des Holzes und der Holzwerkstoffe*. 1. Aufl. München: Fachbuchverlag Leipzig im Carl Hanser Verlag, 2017. ISBN: 9783446445260. DOI: 10.3139/9783446445468.

[NIE23] NIEMZ, Peter; TEISCHINGER, Alfred; SANDBERG, Dick: *Springer Handbook of Wood Science and Technology*. Cham: Springer International Publishing, 2023. ISBN: 978-3-030-81314-7. DOI: 10.1007/978-3-030-81315-4.

[NIS96] NISHIO, Satoru; MARUI, Etsuo: Effects of slots on the lateral vibration of a circular saw blade. In: *International Journal of Machine Tools and Manufacture* 36 (1996), Nr. 7, S. 771–787. DOI: 10.1016/0890-6955(95)00088-7.

[NOA76] NOACK, D.; GEISSEN, A.: Einfluß von Temperatur und Feuchtigkeit auf den E-Modul des Holzes im Gefrierbereich. In: *Holz als Roh- und Werkstoff* 34 (1976), Nr. 2, S. 55–62. DOI: 10.1007/BF02612756.

[NOR01] NORDSTRÖM, J.; BERGSTRÖM, J.: Wear testing of saw teeth in timber cutting. In: *Wear* 250 (2001), Nr. 1-12, S. 19–27. DOI: 10.1016/S0043-1648(01)00625-1.

[NYL53] NYLINDER, Per: Über die Verteilung von Rohwichte und Holzfeuchtigkeit in Kiefern= und Fichtenstämmen und ihre Bedeutung für die Flößerei in Schweden. In: *Holz als Roh- und Werkstoff* 11 (1953), Nr. 9, S. 354–361. DOI: 10.1007/BF02607464.

[ORL07] ORLOWSKI, Kazimierz; SANDAK, Jakub; TANAKA, Chiaki: The critical rotational speed of circular saw: simple measurement method and its practical implementations. In: *Journal of Wood Science* 53 (2007), Nr. 5, S. 388–393. DOI: 10.1007/s10086-006-0873-5.

[PAH57] PAHLITZSCH, G.; SCHULZ, K.: Schnittkraftmessung und Schneidenabstumpfung beim Hobeln von Holz mit kreisender Schnittbewegung. In: *Holz als Roh- und Werkstoff* 15 (1957), Nr. 4, S. 159–170. DOI: 10.1007/BF02609429.

[PAH62] Pahlitzsch, Gotthold: Internationaler Stand der Forschung auf dem Gebiet des Sägens. In: *Holz als Roh- und Werkstoff* 20 (1962), Nr. 10, S. 381–392. DOI: 10.1007/BF02610605.

[PAH66a] Pahlitzsch, Gotthold; Sommer, Ingo: Erzeugung von Holzschneidspänen mit einem Messerwellen-Spaner: Dritte Mitteilung: Einfluß des Neigungswinkels, des Messerschneidenwinkels und des Schnittrichtungswinkels. In: *Holz als Roh- und Werkstoff* 24 (1966), Nr. 4, S. 158–166. DOI: 10.1007/BF02608081.

[PAH66b] Pahlitzsch, Gotthold; Sommer, Ingo: Erzeugung von Holzschneidspänen mit einem Messerwellen-Spaner: Zweite Mitteilung: Einfluß der Schneidengeometrie auf Schneidenabstumpfung, Schnitt-und Vorschubkraft und die Güte der Späne. In: *Holz als Roh- und Werkstoff* 24 (1966), Nr. 3, S. 109–117. DOI: 10.1007/BF02608356.

[PAH66c] Pahlitzsch, Gotthold: Internationaler Stand der Forschung auf dem Gebiet des Hobelns und Fräsens von Holz und Holzwerkstoffen. In: *Holz als Roh- und Werkstoff* 24 (1966), Nr. 12, S. 579–593. DOI: 10.1007/BF02612275.

[PAH66d] Pahlitzsch, Gotthold; Rowinski, Berthold: Über das Schwingungsverhalten von Kreissägeblättern—Erste Mitteilung: Bestimmung und Auswirkungen der geometrischen Form und des Vorspannungszustandes der Sägeblätter. In: *Holz als Roh- und Werkstoff* 24 (1966), Nr. 4, S. 125–134. DOI: 10.1007/BF02608077.

[PAH66e] Pahlitzsch, Gotthold; Rowinski, Berthold: Über das Schwingungsverhalten von Kreissägeblättern—Zweite Mitteilung: Ermittlung und Auswirkungen der kritischen Drehzahlen und Eigenfrequenzen der Sägeblätter. In: *Holz als Roh- und Werkstoff* 24 (1966), Nr. 8, S. 341–346. DOI: 10.1007/BF02619215.

[PAH67] Pahlitzsch, Gotthold; Rowinski, Berthold: Über das Schwingungsverhalten von Kreissägeblättern—Dritte Mitteilung: Schwingungen der Sägeblätter im Schnitt und ihre Dämpfung. In: *Holz als Roh- und Werkstoff* 25 (1967), Nr. 9, S. 348–357. DOI: 10.1007/BF02619163.

[PAU08] Paucksch, Eberhard; Holsten, Sven; Linß, Marco; Tikal, Franz: *Zerspantechnik: Prozesse, Werkzeuge, Technologien*. 12. Aufl. Wiesbaden: Vieweg + Teubner, 2008. ISBN: 978-3-8348-0279-8. DOI: 10.1007/978-3-8348-9494-6.

[PEL16] Pelshenke, C.; dültgen, C.; Keßler, R.: Dynamisches Schwingverhalten von schnelldrehenden, scheibenförmigen Werkzeugen. In: Gesellschaft Konstruktion und Entwicklung (Hrsg.); Gesellschaft Produkt- und Prozessgestaltung (Hrsg.): *4. VDI-Fachtagung Schwingungsanalyse & Identifikation 2016: Fulda, 15. und 16. März 2016*. Düsseldorf: VDI Verlag GmbH, 2016. ISBN: 9783180922591.

[PFE10] PFEIFER, Tilo; SCHMITT, Robert: *Fertigungsmesstechnik*: Oldenbourg Wissenschaftsverlag, 2010. ISBN: 9783486711356. DOI: 10.1524/9783486711356.

[PRE25] PRESSE- UND INFORMATIONSAMT DER BUNDESREGIERUNG (Hrsg.): *Generationenvertrag für das Klima* [online]: Presse- und Informationsamt der Bundesregierung [Zugriff am: 25.05.2025]. Verfügbar unter: https://www.bundesregierung.de/breg-de/schwerpunkte/klimaschutz/klimaschutzgesetz-2021-1913672.

[PRO15] PRO-MICRON GMBH & CO. KG: *UserManual Starting Kit Sensory Tool Holder SPIKE® with SPIKE® BTKaBlue V 13.4*, Revision V 1.0. Kaufbeuren, 2015.

[REH01] REHM, Klaus: *Untersuchungen zur Modellierung des Qualitätsbildungsmechanismus beim Fräsen von Holz unter der Berücksichtigung der Mehrachsbearbeitung*. Dresden, Technische Universität, Dissertation, 2001.

[RIC17] RICHTER, K.; EHMCKE, G.: Das Holz der Fichte – Eigenschaften und Verwendung. In: *LWF-Wissen 80* (2017), S. 117–124.

[RIE24a] RIEDEL, Thomas; BENDER, Susann; HENNIG, PETRA, KROIHER, FRANZ; SCHNELL, Sebastian; SCHWITZGEBEL, Frank; STAUBER, Thomas: *Der Wald in Deutschland: Ausgewählte Ergebnisse der vierten Bundeswaldinventur*. Bonn, 2024.

[RIE24b] RIEß, Sebastian W.: *Schwingungs- und Lärmreduktion an Kreissägeblättern mit strukturintegrierten vibroakustischen Metamaterialien*. Darmstadt, Technische Universität Darmstadt, Fraunhofer- Institut für Betriebsfestigkeit und Systemzuverlässigkeit, Dissertation, 2024.

[ROB08] ROBERTSON, J.: Classification of Diamond-like Carbons. In: DONNET, Christophe (Hrsg.): *Tribology of Diamond-Like Carbon Films: Fundamentals and Applications*. New York: Springer, 2008, S. 13–24. ISBN: 978-0-387-30264-5. DOI: 10.1007/978-0-387-49891-1.

[ROS92] ROSENTHAL, Arnd R.: *Eigenspannungsinduzierung durch Laserstrahlung in scheibenförmige Werkzeuge*. Düsseldorf, Universität Hannover, Institut für Fertigungstechnik und Spanende Werkzeugmaschienen, Dissertation, 1992.

[ROS18] ROSSMANN, Axel: Mechanische Dynamik. In: *Elektrische und mechanische Dynamik*. Berlin: Springer Vieweg, 2018, S. 361–609. ISBN: 978-3-662-48267-4. DOI: 10.1007/978-3-662-48268-1.

[ROW67] ROWINSKI, Berthold: *Schwingungsverhalten und Schwingungsursachen von Kreissägeblättern*. Braunschweig, Technische Hochschule Carolo-Wilhelmina zu Braunschweig, Fakultät für Maschinenwesen, Dissertation, 1967.

[SAC03] SACKS, Natasha: *The wear and corrosive-wear response of tungsten carbide-cobalt hardmetals under woodcutting and three body abrasion conditions*. Erlangen, Universität Erlangen-Nürnberg, Technischen Fakultät, Dissertation, 2003.

[SAL83] SALJÉ, Ernst; LIEBRECHT, Rainer: *Begriffe der Holzbearbeitung: Fräsen, Kreissägen*. Essen: Vulkan-Verlag, 1983. ISBN: 3802726618.

[SAN16] SANTERO, Nicholas; HENDRY, Josh: Harmonization of LCA methodologies for the metal and mining industry. In: *The International Journal of Life Cycle Assessment* 21 (2016), Nr. 11, S. 1543–1553. DOI: 10.1007/s11367-015-1022-4.

[SCH83] SCHAJER, G. S.; MOTE, C. D.: Analysis of roll tensioning and its influence on circular saw stability. In: *Wood Science and Technology* 17 (1983), Nr. 4, S. 287–302. DOI: 10.1007/BF00349916.

[SCH63] SCHIETZEL, Rudolf; KOPKE, Paul: *Allgemeine Grundlagen und Sägemaschinen*. Leipzig: Fachbuchverlag Leipzig, 1963.

[SCH21a] SCHMIDT, Christoph: *Übertragung biologischer Strukturen auf Sägezähne zur Holzbearbeitung*. Bayreuth, Universität Bayreuth, Lehrstuhl Umweltgerechte Produktionstechnik, Dissertation, 2021.

[SCH21b] SCHMIDT, J.; THORENZ, B.; SCHREINER, F.; DÖPPER, F.: Comparison of areal and profile surface measurement methods for evaluating surface properties of machined components. In: *Procedia CIRP* 102 (2021), S. 459–464. DOI: 10.1016/j.procir.2021.09.078.

[SCH09] SCHMITZ, Tony L.; SMITH, Kevin S.: *Machining Dynamics*. New York: Springer Science+Business Media, 2009. ISBN: 978-0-387-09644-5. DOI: 10.1007/978-0-387-09645-2.

[SCH21c] SCHREINER, F.; THORENZ, B.; SCHMIDT, J.; FRIEDRICH, M.; DOEPPER, F.: DEVELOPMENT OF A MEASURING AND CONTROL UNIT FOR AN INTELLIGENT ADJUSTMENT OF PROCESS PARAMETERS IN SAWING. In: *MM Science Journal* 2021 (2021), Nr. 5, S. 5203–5210. DOI: 10.17973/MMSJ.2021_11_2021166.

[SCH25a] SCHREINER, F.; BELLER, M.; POHLE, J.; THORENZ, B.; DÖPPER, F.: Life Cycle Assessment (LCA) of a Circular Saw Blade for Wood Processing. In: KOHL, Holger (Hrsg.); SELIGER, Günther (Hrsg.); DIETRICH, Franz (Hrsg.); MUR, Sebastián (Hrsg.): *Sustainable Manufacturing as a Driver for Growth*. Cham: Springer Nature Switzerland, 2025, S. 155–164. ISBN: 978-3-031-77428-7. DOI: 10.1007/978-3-031-77429-4.

[SCH25b] SCHREINER, Florian; VOIGT, Maximilian; THORENZ, Benjamin; DÖPPER, Frank: Trends And Resource-Saving Use Of Saw Blades In Industrial Wood Processing: A Comparative Market Study. In: HERBERGER, D. (Hrsg.); HÜBNER, M. (Hrsg.): *Proceedings of the*

Conference on Production Systems and Logistics (CPSL 2025). Hannover: publish-Ing, 2025, S. 460–469. DOI: 10.15488/18890.

[SEE03] SEEWIG, J.: Rauheitskenngrößen für die 3D-Oberflächenmesstechnik im Bereich der Mikro- und Nanotechnik. In: *VDI-BERICHTE* (2003), Nr. 1669, S. 31–42.

[SEI12] SEITZ, Jasmin: *Charakterisierung hoch belasteter amorpher Charakterisierung hoch belasteter amorpher wasserstoffhaltiger Kohlenstoffbeschichtungen zur tribologischen Anwendung auf Ventiltriebskomponenten*. Augsburg, Universität Augsburg, Mathematisch- Naturwissenschaftlichen Fakultät, Dissertation, 2012.

[SHM06] SHMULSKY, Rubin; SHVETS, Vladimir: The effect of subzero temperatures on FSP of cottonwood. In: *Forest Products Journal* 56 (2006), Nr. 2, S. 74–77.

[SHU22] SHUKLA, P. R. (Hrsg.); SKEA, Jim (Hrsg.); REISINGER, Andreas R. (Hrsg.): *Climate change 2022: Mitigation of climate change*. Geneva: Intergovernmental Panel on Climate Change, 2022. ISBN: 978-92-9169-160-9.

[SIE17] SIEBERTZ, Karl; VAN BEBBER, David; HOCHKIRCHEN, Thomas: *Statistische Versuchsplanung: Design of Experiments (DoE)*. 2. Aufl. Berlin: Springer Vieweg, 2017. ISBN: 978-3-662-55743-3. DOI: 10.1007/978-3-662-55743-3.

[SIM09] SIMNOFSKE, Marc: *Adaptronische Versteifung von Werkzeugmaschinen durch strukturintegrierte aktive Module*. Braunschweig, Technische Universität Braunschweig, Institut für Werkzeugmaschinen und Fertigungstechnik, Dissertation, 2009.

[SIN09] SINN, Gerhard; SANDAK, Jakub; RAMANANANTOANDRO, Tahiana: Properties of wood surfaces – characterisation and measurement. A review: COST Action E35 2004-2008: Wood machining - micromechanics and fracture. In: *Holzforschung* 63 (2009), S. 196–203. DOI: 10.1515/HF.2009.016.

[SIT97] SITKEI, G.: On the mechanics of oblique cutting of wood. In: *Proceedings of the 13th International Wood Machining Seminar*. Vancouver, 1997, S. 469–476.

[SIT90] SITKEI, György; HORVÁTH, M.; GYURÁCZ, S.; DÉRY, J.; CSANÁDY, E., Jr.: *Theorie des Spanens von Holz*, Acta Facultatis Ligniensis. Fortschrittberichte No. 1. Sopron, 1990.

[SOM62] SOMMER, Hans J.: *Spanungslehre*, Maschinen und Maschinenwerkzeuge für die Holzbearbeitung Heft 1. Leipzig: VEB Fachbuchverlag, 1962.

[SOU22] SOUTHWELL, R. V.: On the free transverse vibrations of a uniform circular disc clamped at its centre; and on the effects of rotation. In: *Proceedings of the Royal Society of London. Series A, Containing Papers of a Mathematical and Physical Character* 101 (1922), Nr. 709, S. 133–153. DOI: 10.1098/rspa.1922.0032.

[STA03] STAKHIEV, Y. M.: Research on circular saw disc problems: several of results. In: *Holz als Roh- und Werkstoff* 61 (2003), Nr. 1, S. 13–22. DOI: 10.1007/s00107-002-0353-6.

[STA05] STARYGA, E.; BĄK, G. W.: Relation between physical structure and electrical properties of diamond-like carbon thin films. In: *Diamond and Related Materials* 14 (2005), Nr. 1, S. 23–34. DOI: 10.1016/j.diamond.2004.06.030.

[STA23] STATISTISCHES BUNDESAMT: *Pressemitteilung: Holzeinschlag 2022 bleibt mit 78,7 Millionen Kubikmetern auf hohem Niveau.* Wiesbaden, 14.04.2023.

[STA24] STATISTISCHES BUNDESAMT (Hrsg.): *Holzeinschlagstatistik* [online]: *Holzeinschlag in Deutschland, Jahre, Holzartengruppen*: Statistisches Bundesamt [Zugriff am: 12.06.2025]. Verfügbar unter: https://www.umweltbundesamt.de/sites/default/files/medien/384/bilder/dateien/2_abb_holzeinschlag_2024-06-21.pdf.

[STA42] STAUDINGER, M.: Chemische Anatomie des Holzes. In: *Holz als Roh- und Werkstoff* 5 (1942), Nr. 6, S. 193–200. DOI: 10.1007/BF02628506.

[STE97] STEUER, Wolfgang: *Vom Baum zum Holz: Nutzholzarten - Holzschäden - Ausformung - Holzernte - Rundholzsortierung - Verkauf.* 1. Aufl. Stuttgart: DRW-Verlag, 1997. ISBN: 3871813117.

[STI17] STINY, Leonhard: *Aufgabensammlung zur Elektrotechnik und Elektronik: Übungsaufgaben mit ausführlichen Musterlösungen.* 3. Aufl. Wiesbaden, Heidelberg: Springer Vieweg, 2017. ISBN: 978-3-658-14380-0. DOI: 10.1007/978-3-658-14381-7.

[SZY77] SZYMANI, R.; MOTE, C. D.: Principal developments in thin circular saw vibration and control research. In: *Holz als Roh- und Werkstoff* 35 (1977), Nr. 6, S. 219–225. DOI: 10.1007/BF02608337.

[THI16] THIBAUT, Bernard; DENAUD, Louis; COLLET, Robert; MARCHAL, Rémy; BEAUCHÊNE, Jacques; MOTHE, Frédéric; MÉAUSOONE, Pierre-Jean; MARTIN, Patrick; LARRICQ, Pierre; EYMA, Florent: Wood machining with a focus on French research in the last 50 years. In: *Annals of Forest Science* 73 (2016), Nr. 1, S. 163–184. DOI: 10.1007/s13595-015-0460-2.

[THO15] THOMA, Hektor; PERI, Leonidha; LATO, Entela: Evaluation of wood surface roughness depending on species characteristics. In: *Maderas. Ciencia y tecnología* 17 (2015), Nr. 2, S. 285–292. DOI: 10.4067/S0718-221X2015005000027.

[TOB57] TOBIAS, S. A.; ARNOLD, R. N.: The Influence of Dynamical Imperfection on the Vibration of Rotating Disks. In: *Proceedings of the Institution of Mechanical Engineers* 171 (1957), Nr. 1, S. 669–690. DOI: 10.1243/PIME_PROC_1957_171_056_02.

[TÖN14] TÖNSHOFF, H. K.; DENKENA, B.: Beschichten. In: GROTE, Karl-Heinrich (Hrsg.); FELDHUSEN, Jörg (Hrsg.): *Dubbel*. Berlin: Springer Vieweg, 2014, S. 105 S–106 S. ISBN: 978-3-642-38890-3. DOI: 10.1007/978-3-642-38891-0.

[TÖN95] TÖNSHOFF, Hans K.: *Werkzeugmaschinen: Grundlagen*. Berlin, Heidelberg, New York: Springer, 1995. ISBN: 978-3-540-58674-6. DOI: 10.1007/978-3-662-10914-4.

[TRE55a] TRENDELENBURG, R.: Das Holz als Rohstoff. In: *Angewandte Chemie* 53 (1955), Nr. 25-26, S. 281. DOI: 10.1002/ange.19400532526.

[TRE36] TRENDELENBURG, Reinhard: Die Eigenschaften des Holzes und ihre Erforschung. In: *Das Bayerland* 47 (1936), S. 513–528.

[TRE39] TRENDELENBURG, Reinhard: Über Fasersättigungsfeuchtigkeit, Schwindmaß und Raumdichtezahl wichtiger Holzarten. In: *Holz als Roh- und Werkstoff* 2 (1939), Nr. 1, S. 12–17. DOI: 10.1007/BF02603257.

[TRE55b] TRENDELENBURG, Reinhard; MAYER-WEGELIN, Hans: *Das Holz als Rohstoff*. 2. Aufl. München: Carl Hanser Verlag, 1955.

[TRÜ09] TRÜBSWETTER, Thomas: *Holztrocknung: Verfahren zur Trocknung von Schnittholz – Planung von Trocknungsanlagen*. 2. Aufl. München: Fachbuchverlag Leipzig im Carl Hanser Verlag, 2009. ISBN: 978-3-446-41877-6. DOI: 10.3139/9783446421486.

[VDI02] VDI VEREIN DEUTSCHER INGENIEURE: VDI 3824-1: *Qualitätssicherung bei der PVD- und CVD-Hartstoffbeschichtung: Eigenschaftsprofile und Anwendungsgebiete von Hartstoffbeschichtungen*. Berlin: DIN Media GmbH, 2002-03.

[VDI19a] VDI VEREIN DEUTSCHER INGENIEURE: VDI 3414-1: *Beurteilung von Holz- und Holzwerkstoffoberflächen: Blatt 1 Oberflächenmerkmale*. Berlin: DIN Media GmbH, 2019-02.

[VDI19b] VDI VEREIN DEUTSCHER INGENIEURE: VDI 3414-2: *Beurteilung von Holz- und Holzwerkstoffoberflächen: Blatt 2 Prüf- und Messmethoden*. Berlin: DIN Media GmbH, 2019-02.

[VDI23] VDI VEREIN DEUTSCHER INGENIEURE: VDI 2840: *Kohlenstoffschichten: Grundlagen, Schichttypen und Eigenschaften*. Berlin: DIN Media GmbH, 2023-03.

[VIL24] VILOCHANI, Sachira; MCALOONE, Tim C.; PIGOSSO, Daniela C.: Consolidation of management practices for Sustainable Product Development: A systematic literature review. In: *Sustainable Production and Consumption* 45 (2024), S. 115–125. DOI: 10.1016/j.spc.2024.01.002.

[VIL25] VILSBECK, Christian: *Industrielle Holzverarbeitung im Wandel* [online]: INDUSTR.com [Zugriff am: 12.06.2025]. Verfügbar unter: https://www.industr.com/de/industrielle-holzverarbeitung-im-wandel-2784469.

[VÖM94] VÖMEL, Martin; ZASTROW, Dieter: *Aufgabensammlung Elektrotechnik 1: Gleichstrom und elektrisches Feld*. 1. Aufl. Wiesbaden: Vieweg+Teubner Verlag, 1994. DOI: 10.1007/978-3-322-91535-1_9.

[VOR49] VORREITER, Leopold: *Holztechnologisches Handbuch: Band I: Allgemeines, Holzkunde, Holzschutz und Holzvergütung*. Wien: Verlag Georg Fromme & Co., 1949.

[WAG12] WAGENFÜHR, André; SCHOLZ, Frieder: *Taschenbuch der Holztechnik*. 2. Aufl. München: Fachbuchverlag Leipzig im Carl Hanser Verlag, 2012. ISBN: 978-3-446-43179-9. DOI: 10.3139/9783446431799.

[WAG18a] WAGENFÜHR, André (Hrsg.); SCHOLZ, Frieder (Hrsg.): *Taschenbuch der Holztechnik*. 3. Aufl. München: Fachbuchverlag Leipzig im Carl Hanser Verlag, 2018. ISBN: 978-3-446-45440-8. DOI: 10.3139/9783446454415.

[WAG57] WAGENFÜHR, Rudi: *Holz unter Lupe und Mikroskop*. Wittenberg-Lutherstadt: Ziemsen, 1957.

[WAG89] WAGENFÜHR, Rudi: *Anatomie des Holzes: Unter besonderer Berücksichtigung der Holztechnik*. 4. Aufl. Leipzig: Fachbuchverlag, 1989. ISBN: 3343004553.

[WAG99] WAGENFÜHR, Rudi: *Anatomie des Holzes: Strukturanalytik, Identifizierung, Nomenklatur, Mikrotechnologie*. 5. Aufl. Leinfelden-Echterdingen: DRW-Verlag, 1999. ISBN: 3871813516.

[WAG18b] WAGENFÜHR, Rudi; WAGENFÜHR, André: Anatomie des Holzes. In: WAGENFÜHR, André (Hrsg.); SCHOLZ, Frieder (Hrsg.): *Taschenbuch der Holztechnik*. 3. Aufl. München: Fachbuchverlag Leipzig im Carl Hanser Verlag, 2018, S. 14–47. ISBN: 978-3-446-45440-8. DOI: 10.3139/9783446454415.

[WAI12] WAIBEL, Matthias: *Aktive Zusatzsysteme zur Schwingungsreduktion an Werkzeugmaschinen*. München, Technische Universität, Fakultät für Maschinenwesen, Dissertation, 2012.

[WAP23] WAPPIS, Johann; JUNG, Berndt; SCHWEIẞER, Stefan: *Six Sigma anwenden: Null-Fehler-Management in der Praxis*. 7. Aufl. München: Hanser, 2023. ISBN: 9783446476745. DOI: 10.3139/9783446477421.

[WEC01] WECK, Manfred (Hrsg.): *Werkzeugmaschinen Fertigungssysteme*. Berlin, Heidelberg: Springer Berlin Heidelberg, 2001. ISBN: 978-3-662-10927-4. DOI: 10.1007/978-3-662-10926-7.

[WEC06a] WECK, Manfred; BRECHER, Christian: *Werkzeugmaschinen 2: Konstruktion und Berechnung*. 8. Aufl. Berlin, Heidelberg: Springer-Verlag Berlin Heidelberg, 2006. ISBN: 978-3-540-30438-8. DOI: 10.1007/3-540-30438-X.

[WEC06b] WECK, Manfred; BRECHER, Christian: *Werkzeugmaschinen 5: Messtechnische Untersuchung und Beurteilung, dynamische Stabilität.* 7. Aufl. Berlin, Heidelberg: Springer-Verlag Berlin Heidelberg, 2006. ISBN: 978-3-540-32951-0. DOI: 10.1007/3-540-32951-0.

[WEI13] WEIDEMA B P, BAUER C, HISCHIER R, MUTEL C, NEMECEK T, REINHARD J, VADENBO C O,WERNET G.: *Overview and methodology. Data quality guideline for the ecoinvent database version 3. Ecoinvent Report 1(v3).* St. Gallen, 2013.

[WEI22] WEIKERT, Tim: *Modifikationen amorpher Kohlenstoffschichten zur Anpassung der Reibungsbedingungen und zur Erhöhung des Verschleißschutzes.* Erlangen, Friedrich-Alexander-Universität Erlangen-Nürnberg, Technischen Fakultät, Dissertation, 2022.

[WES16] WESTERMANN, Hans-Henrik: *Entwicklung einer energieverbrauchsoptimierten Schneidengeometrie für Vollhartmetall-Schaftfräser.* Bayreuth, Universität Bayreuth, Lehrstuhl Umweltgerechte Produktionstechnik, Dissertation, 2016.

[WES92] WESTKÄMPER, Engelbert; RIEGEL, A.: Rauheitsmessungen an Holzoberflächen. In: *Holz als Roh- und Werkstoff* 50 (1992), S. 475–478. DOI: 10.1007/BF02628579.

[WES10] WESTKÄMPER, Engelbert; WARNECKE, Hans-Jürgen: *Einführung in die Fertigungstechnik.* 8. Aufl. Wiesbaden: Vieweg +Teubner Verlag, 2010. ISBN: 978-3-8348-0835-6. DOI: 10.1007/978-3-8348-9798-5.

[WIC51] WICHMANN, H.: *Maschinen und Werkzeuge für die spangebende Holzbearbeitung.* Berlin, Heidelberg: Springer, 1951. ISBN: 9783540015956. DOI: 10.1007/978-3-642-99836-2.

[WIE09] WIECZOREK, Dorothee: Statistische Versuchsplanung. In: BANDOW, Gerhard (Hrsg.); HOLZMÜLLER, Hartmut H. (Hrsg.): *„Das ist gar kein Modell!".* Wiesbaden: Gabler, 2009, S. 167–187. ISBN: 978-3-8349-1842-0. DOI: 10.1007/978-3-8349-8484-5.

[WIM11] WIMMER, Rupert; FELBER, Gerhard; TEISCHINGER, Alfred: Biegemechanische Eigenschaften von Fichte in Abhängigkeit von Feuchtigkeit und Temperatur. In: *holztechnologie* 52 (2011), Nr. 5, S. 41–45.

[WIR14] WIRBELEIT, Frank: *Prozessoptimierung: Einführung in die Statistische Datenanalyse und Versuchsplanung.* 1. Aufl. München: De Gruyter Oldenbourg, 2014. ISBN: 978-3-11-034261-1. DOI: 10.1524/9783110342611.

[WIR16] WIRTSCHAFTSVEREINIGUNG STAHL (Hrsg.): *Fakten zur Stahlindustrie in Deutschland 2016.* Düsseldorf, 2016.

[WIT06] WITTCHEN, Bernd; JOSTEN, Elmar; REICHE, Thomas: *Holzfachkunde: Ein Lehr-, Lern- und Arbeitsbuch für Tischler/ Schreiner und Holzmechaniker*. 4. Aufl. Wiesbaden: Vieweg+Teubner, 2006. ISBN: 3519359111. DOI: 10.1007/978-3-8351-9060-3.

[WOR17] WORLD STEEL ASSOCIATION (Hrsg.): *Life cycle inventory methodology report for steel products*. Brüssel, 2017.

[WÜS52] WÜSTER, Eugen: *Die Herstellung der Sägeblätter für Holz: Eine Betriebsführung für Sägewerker und andere Sägenfachleute*. Vienna: Springer Vienna, 1952. ISBN: 9783709178164. DOI: 10.1007/978-3-7091-7816-4.

[YIA24] YIAPANIS, Anastasis (Hrsg.); GEHRING, Rolf (Hrsg.): *Stellungnahme des Europäischen Wirtschafts- und Sozialausschusses zum Thema „Eine umfassende Strategie für die Holzindustrie in der EU": Amtsblatt der Europäischen Union (Initiativstellungnahme) (C/2024/2480)*, 2024.

[ZÄH93] ZÄH, Micahel F.: *Dynamisches Prozeßmodell Kreissägen*. München, Technische Universität München, Fakultät für Maschinenwese, Dissertation, 1993.

[ZHA22] ZHAO, Rong: *Design verschleißreduzierender amorpher Kohlenstoffschichtsysteme für trockene tribologische Gleitkontakte*. Erlangen, Friedrich-Alexander-Universität Erlangen-Nürnberg, 2022.

14 Anhang

14.1 Ausführliche Leistungsberechnung zur Prüfstandauslegung

Die benötigten Parametereinstellungen für die Berechnung sind Tabelle 4 zu entnehmen.

Zur Berechnung des Eingriffswinkels φ_e wird der Radius r, der Arbeitseingriff a_e und der Kreissägenüberstand $ü$ benötigt. Die Berechnung erfolgt nach ETTELT & GITTEL, vgl. [ETT04, S. 82 f.]

$$\varphi_e = \arccos\left(1 - \frac{2 \cdot (ü + a_e)}{d}\right) - \arccos\left(1 - \frac{2 \cdot ü}{d}\right) = 47{,}15° - 11{,}47° = 35{,}68° \quad (47)$$

Die Spanbogenlänge l_b errechnet sich aus dem Sägeblattdurchmesser d und dem Eingriffswinkel φ_e.

$$l_b = d \cdot \pi \cdot \frac{\varphi_e}{360°} = 124{,}54 \text{ mm} \quad (48)$$

Der Zahnvorschub f_z errechnet sich aus der Vorschubgeschwindigkeit v_f, der Drehzahl n und der Zähnezahl z.

$$f_z = \frac{f}{z} = \frac{v_f}{n \cdot z} = 0{,}69 \text{ mm} \quad (49)$$

Mit der Formel nach Cavalieri wird die mittlere Spanungsdicke h_m ermittelt.

$$h_m = \frac{f_z \cdot a_e}{l_b} = 0{,}33 \text{ mm} \quad (50)$$

Die Hauptschnittkraft F_c ist mit der Schnittkraftkonstante $k_{c0,5}$, der Zahnbreite b_z und der mittleren Spanungsdicke h_m errechnet werden.

$$F_c = k_{c0,5} \cdot b_z \cdot \sqrt{h_m} = 31{,}08 \text{ N} \quad (51)$$

Das Zahneingriffsverhältnis z_e ergibt sich aus der Zähnezahl z und dem Eingriffswinkel φ_e.

$$z_e = z \cdot \frac{\varphi_e}{360°} = 0{,}19 \Rightarrow z_e = 1 \quad (52)$$

Die Winkelgeschwindigkeit ω ist aus der Drehzahl n in min^{-1} zu berechnen.

$$\omega = \frac{2\pi \cdot n}{60} = 418{,}88 \ \frac{\text{rad}}{\text{s}} \quad (53)$$

Die benötigte Schnittleistung P_c wird aus der Schnittkraft F_c, dem Radius r, dem Zahneingriffsverhältnis z_e und der Kreissfrequenz ω berechnet.

$$P_c = F_c \cdot r \cdot z_e \cdot \omega = 2{,}60 \text{ kW} \quad (54)$$

14.2 Berechnung der mechanischen Leistung und Schnittkraft aus der Drehmomentmessung

Bei einem Sägeblattdurchmesser d ergibt sich ein Hebel von $d/2$, sodass die Schnittkraft F_c durch die Messung des Drehmoments M mit folgender Gleichung berechnet werden kann.

$$F_c = \frac{M}{d/2} \tag{55}$$

Bei einem Zahneingriff $z_e = 1$ wird die mechanische Leistung P_{mech} in Abhängigkeit des Drehmoments M und der Drehzahl n somit durch folgende Gleichung ermittelt [WAG12, S. 280].

$$P_{mech} = F_c \cdot \frac{d}{2} \cdot 2 \cdot \pi \cdot n \cdot z_e = M \cdot 2 \cdot \pi \cdot n \tag{56}$$

14.3 Berechnung der elektrischen Leistung und Schnittkraft aus der Strom- und Spannungsmessung

Die elektrische Leistung P_{el} lässt sich im Allgemeinen aus einer Spannung U und einem Strom I berechnen.

$$P_{el} = U \cdot I \tag{57}$$

Die Momentanleistung des Drehstroms p_{el} wird durch das Aufaddieren der drei Strangleistungen ermittelt [MAH21, S. 348].

$$p_{el}(t) = \sum_{j=1}^{3} u_j(t) \cdot i_j(t) \tag{58}$$

Dabei sind u_j und i_j die gemessenen Ströme und Spannungen der drei Phasen. Im Folgenden, falls nicht anders erwähnt, stellt P_{el} die Momentanleistung dar. Der Wirkungsgrad η beschreibt das Verhältnis der beiden Leistungen P_{mech} und P_{el} [ROS18, S. 394; VÖM94, S. 60].

$$\eta = \frac{P_{mech}}{P_{el}} \tag{59}$$

Aus diesen Beziehungen wird das Drehmoment M indirekt über die elektrische Leistung der Maschine bestimmt [STI17, S. 404 f.].

$$M = \frac{\eta \cdot P_{el}}{2 \cdot \pi \cdot n} \tag{60}$$

Dadurch kann die Schnittkraft F_c folgendermaßen indirekt durch die elektrische Leistung bei einem Sägeblattdurchmesser d berechnet werden.

$$F_c = \frac{M}{d/2} = \frac{\eta \cdot P_{el}}{d \cdot \pi \cdot n} \tag{61}$$

14.4 Darstellung des Auswertealgorithmus zur Filterung der Schnittkraftdaten

In Abbildung 95 ist die Funktionsweise des Auswertealgorithmus grafisch verdeutlicht. Ein Ausschnitt eines gemessenen zeitlichen Verlaufs der Schnittkraft, der Vorschubgeschwindigkeit und der Drehzahl ist dargestellt. Die schwarzen Kurven stellen jeweils den gesamten Messverlauf dar, während grüne Kurven als gültige Messwerte identifiziert wurden.

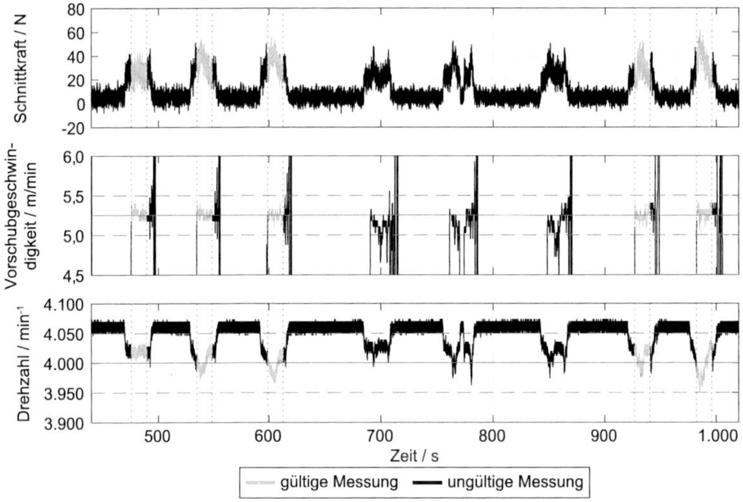

Abbildung 95: Grafische Darstellung des Auswertealgorithmus zur Filterung der Schnittkraftdaten bezogen auf Vorschubgeschwindigkeit und Drehzahl

14.5 Versuchspläne

Tabelle 17: Tabellarische Darstellung des definitiven Screening Versuchsplans

Standardreihen-folge	Durchlaufreihen-folge	Punkttyp	Neigungswinkel / °	Nebenfreiwinkel / °	Einstellwinkel der Nebenschneide / °	Freiwinkel / °	Spanwinkel / °	Flankenführungs-fase	Spanleitstufe	Spanteilerrille	Strukturierung
6	1	2	0,00	7,00	2,25	20,00	10,00	nein	ja	nein	ja
19	2	1	15,00	1,00	3,50	20,00	30,00	nein	nein	nein	ja
15	3	1	15,00	7,00	3,50	10,00	10,00	nein	nein	ja	ja
3	4	2	15,00	4,00	1,00	10,00	30,00	ja	ja	nein	ja
8	5	2	0,00	7,00	3,50	15,00	30,00	ja	nein	nein	nein
17	6	1	15,00	7,00	1,00	20,00	30,00	nein	ja	ja	nein
13	7	1	15,00	7,00	1,00	20,00	10,00	ja	nein	nein	ja
5	8	2	15,00	1,00	2,25	10,00	30,00	ja	nein	ja	nein
1	9	2	7,50	7,00	3,50	20,00	30,00	ja	ja	ja	ja
7	10	2	15,00	1,00	1,00	15,00	10,00	nein	ja	ja	ja
4	11	2	0,00	4,00	3,50	20,00	10,00	nein	nein	ja	nein
9	12	2	15,00	7,00	3,50	10,00	20,00	nein	ja	nein	nein
20	13	1	0,00	7,00	1,00	10,00	10,00	ja	ja	ja	nein
2	14	2	7,50	1,00	1,00	10,00	10,00	nein	nein	nein	nein
11	15	1	15,00	1,00	3,50	20,00	10,00	ja	ja	nein	nein
21	16	0	7,50	4,00	2,25	15,00	20,00	nein	ja	nein	ja
12	17	1	0,00	7,00	1,00	10,00	30,00	nein	nein	ja	ja
10	18	2	0,00	1,00	1,00	20,00	20,00	ja	nein	ja	ja
14	19	1	0,00	1,00	3,50	10,00	30,00	nein	ja	ja	nein
18	20	1	0,00	1,00	3,50	10,00	10,00	ja	nein	nein	ja
16	21	1	0,00	1,00	1,00	20,00	30,00	ja	ja	nein	nein
22	22	0	7,50	4,00	2,25	15,00	20,00	ja	nein	ja	nein

Legende zu Spalte Punkttyp: 0 = Zentralpunkt, 1 = Eckpunkt, 2 = Seitenmittelpunkt

Tabelle 18: Tabellarische Darstellung des zentral zusammengesetzten Versuchsplans

Standard-reihenfolge	Durchlauf-reihenfolge	Punkttyp	Neigungswinkel / °	Nebenfreiwinkel / °	Spanwinkel / °
10	1	-1	15,00	4,00	20,00
11	2	-1	7,50	1,00	20,00
4	3	1	11,96	5,78	14,05
1	4	1	3,04	2,22	14,05
9	5	-1	0,00	4,00	20,00
20	6	0	7,50	4,00	20,00
14	7	-1	7,50	4,00	30,00
12	8	-1	7,50	7,00	20,00
2	9	1	11,96	2,22	14,05
16	10	0	7,50	4,00	20,00
6	11	1	11,96	2,22	25,95
18	12	0	7,50	4,00	20,00
13	13	-1	7,50	4,00	10,00
8	14	1	11,96	5,78	25,95
7	15	1	3,04	5,78	25,95
17	16	0	7,50	4,00	20,00
3	17	1	3,04	5,78	14,05
19	18	0	7,50	4,00	20,00
15	19	0	7,50	4,00	20,00
5	20	1	3,04	2,22	25,95

Legende zu Spalte Punkttyp: -1 = Sternpunkt, 0 = Zentralpunkt, 1 = Würfelpunkt

14.6 Ergebnisse der Validierung optimierter Sägezahngeometrien

Tabelle 19: Tabellarischen Darstellung der Ergebnisse der Untersuchung zur Validierung optimierter Sägezahngeometrien

Variante	*SV* / mm	*RV* / mm	*AF* / mm²	F_c / N	*Sk* / µm	*Spk* / µm	*Svk* / µm
GN38	0,035	0,019	0,052	28,421	72,383	81,298	47,041
GN39	0,036	0,030	0,060	28,757	74,935	82,590	46,622
GN40	0,044	0,035	0,065	29,104	73,855	81,532	50,829
Referenz	0,073	0,038	0,121	30,375	90,614	94,138	59,277

14.7 Erprobung von Beschichtungen

Tabelle 20: Tabellarische Darstellung der erprobten Beschichtungen und deren Eigenschaften

Variante	Materialsystem	Schichtdicke / µm	Plastische Härte / HV	Rauheit / µm
BN01	ta-C	2,2	5.500	*Sa* / *Ra* klein
BN02	ta-C	0,5	5.000	*Sa* / *Ra* groß
BN03	ta-C	1,6	5.500	*Sa* / *Ra* groß
BN04	ta-C	0,5	7.200	*Sa* / *Ra* klein
BN05	TiN	2,2	2.300	*Sa* / *Ra* groß
BN06	AlTiN	2,6	3.250	*Sa* / *Ra* groß
BN07	ta-C	1,0	5.500	*Sa* / *Ra* klein
BN08	ta-C	0,5	5.500	*Sa* / *Ra* klein

Tabelle 21: Tabellarische Darstellung der Spezifikation der Sägezahngeometrie für die Erprobung von Beschichtungen

Neigungswinkel / °	Nebenfreiwinkel / °	Einstellwinkel der Nebenschneide / °	Freiwinkel / °	Keilwinkel / °	Spanwinkel / °	Flankenführungsfase	Spanleitstufe	Spanteilerrille	Strukturierung
0,00	8,00	1,00	20,00	40,00	30,00	nein	nein	nein	nein

Tabelle 22: Tabellarische Darstellung der Ergebnisse der erprobten Beschichtungen

Variante	*SV* / mm	*RV* / mm	*AF* / mm²	F_c / N	*Sk* / µm	*Spk* / µm	*Svk* / µm
BN01	0,050	0,056	0,038	26,423	79,478	67,187	38,951
BN02	0,045	0,028	0,086	24,704	73,329	66,499	32,264
BN03	0,348	0,103	1,198	27,245	85,695	75,999	41,440
BN04	0,025	0,024	0,013	24,072	77,678	58,287	32,250
BN05	0,230	0,081	1,662	28,715	85,908	74,150	41,941
BN06	0,227	0,135	0,178	29,505	89,407	62,052	42,299
BN07	0,017	0,011	0,033	24,146	67,082	55,275	28,332
BN08	0,011	0,009	0,015	22,037	62,093	39,731	30,000

14.8 Ergebnisse der Kombination aus Sägezähnen und Beschichtungen

Tabelle 23: Tabellarische Darstellung der Ergebnisse der Kombination aus Sägezähnen und Beschichtungen

Variante	*SV* / mm	*RV* / mm	*AF* / mm²	F_c / N	*Sk* / µm	*Spk* / µm	*Svk* / µm
GN38-BN08	0,013	0,008	0,021	23,896	62,752	75,234	42,752
GN39-BN08	0,017	0,010	0,025	24,506	65,118	77,907	42,731
GN38-BN07	0,016	0,010	0,027	24,841	69,989	77,821	45,168
GN40-BN08	0,019	0,010	0,028	25,009	70,837	78,956	45,401
GN39-BN07	0,019	0,016	0,032	25,555	72,906	80,290	45,633
GN40-BN07	0,024	0,019	0,035	26,165	72,316	79,744	48,950
Referenz	0,071	0,047	0,118	30,002	94,285	98,592	59,565

14.9 Tabellarische Ergebnisdarstellung der Erprobung und Validierung im Laborprozess

Tabelle 24: Tabellarische Darstellung der Verschleißkennwerte Schneidenversatz *SV*, Rundungsverschleiß *RV* und Ausbruchsfläche *AF* in Abhängigkeit der Vorschubstrecke

Vorschubstrecke / m	Variante	*SV* / mm	*RV* / mm	*AF* / mm²
0	GN38-BN08	0,000	0,000	0,000
120	GN38-BN08	0,008	0,002	0,006
240	GN38-BN08	0,013	0,007	0,008
360	GN38-BN08	0,013	0,008	0,019
480	GN38-BN08	0,013	0,008	0,021
600	GN38-BN08	0,016	0,009	0,023
720	GN38-BN08	0,017	0,010	0,024
840	GN38-BN08	0,018	0,010	0,024
960	GN38-BN08	0,018	0,010	0,025
0	GN38	0,000	0,000	0,000
120	GN38	0,014	0,010	0,019
240	GN38	0,016	0,013	0,047
360	GN38	0,020	0,018	0,059
480	GN38	0,027	0,020	0,064
600	GN38	0,030	0,020	0,064
720	GN38	0,034	0,021	0,067
840	GN38	0,037	0,021	0,071
960	GN38	0,037	0,022	0,072
0	Referenz	0,000	0,000	0,000
120	Referenz	0,018	0,013	0,075
240	Referenz	0,063	0,027	0,106
360	Referenz	0,070	0,032	0,110
480	Referenz	0,071	0,037	0,118
600	Referenz	0,073	0,038	0,134

Vorschubstrecke / m	Variante	*SV* / mm	*RV* / mm	*AF* / mm²
720	Referenz	0,076	0,038	0,139
840	Referenz	0,091	0,038	0,149
960	Referenz	0,111	0,040	0,196

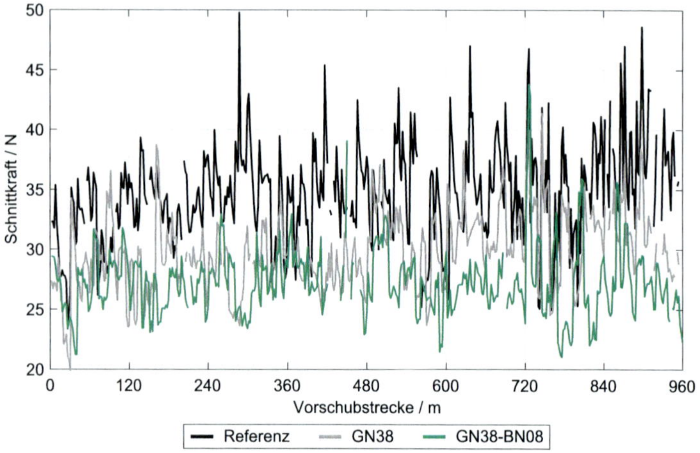

Abbildung 96: Darstellung der arithmetischen Mittelwerte der gültigen Schnittkraftmessungen in Abhängigkeit der Vorschubstrecke. Der sprunghafte Verlauf resultiert aus holzbedingten Unterschieden, wobei die Lücken durch vom Auswertealgorithmus als ungültig klassifizierte Messabschnitte entstehen.

Tabelle 25: Tabellarische Darstellung der Oberflächenkennwerte Kernhöhe *Sk*, reduzierte Spitzenhöhe *Spk* und reduzierte Riefentiefe *Svk* sowie deren Summe *Sk* + *Spk* + *Svk* in Abhängigkeit der Vorschubstrecke

Vorschubstrecke zur Messung der Oberflächenqualität / m	Variante	*Sk* / µm	*Spk* / µm	*Svk* / µm
0–20	GN38-BN08	50,395	65,768	32,164
110–130	GN38-BN08	56,325	74,772	33,715
230–250	GN38-BN08	61,386	76,548	40,852
350–370	GN38-BN08	60,746	74,519	41,994
470–490	GN38-BN08	63,374	86,358	38,942
590–610	GN38-BN08	68,870	91,839	40,871
710–730	GN38-BN08	67,989	95,040	43,036
830–850	GN38-BN08	71,665	95,700	41,493
940–960	GN38-BN08	72,786	96,174	42,211
0–20	GN38	52,959	71,189	33,266
110–130	GN38	60,715	75,359	36,630
230–250	GN38	63,222	81,863	39,780

Vorschubstrecke zur Messung der Oberflächenqualität / m	Variante	*Sk* / µm	*Spk* / µm	*Svk* / µm
350–370	GN38	62,276	96,372	42,595
470–490	GN38	69,205	94,224	43,941
590–610	GN38	77,391	95,098	41,787
710–730	GN38	76,568	107,398	43,528
830–850	GN38	80,064	110,565	46,821
940–960	GN38	79,412	108,306	47,834
0–20	Referenz	64,009	76,351	41,146
110–130	Referenz	68,151	84,336	39,346
230–250	Referenz	80,079	99,277	43,136
350–370	Referenz	83,834	107,702	48,174
470–490	Referenz	84,559	118,594	49,466
590–610	Referenz	88,031	122,763	55,447
710–730	Referenz	93,298	120,281	56,212
830–850	Referenz	125,112	131,700	58,453
940–960	Referenz	140,503	142,661	59,673

14.10 Weitere Ergebnisse zur Modalanalyse

Tabelle 26: Gegenüberstellung der Ergebnisse der experimentellen Modalanalyse (oben) mit den Simulationsergebnissen (unten) weiterer Moden

Messung	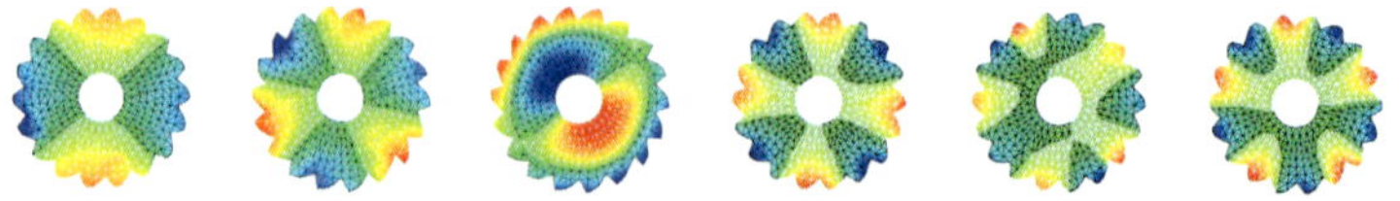					
Simulation	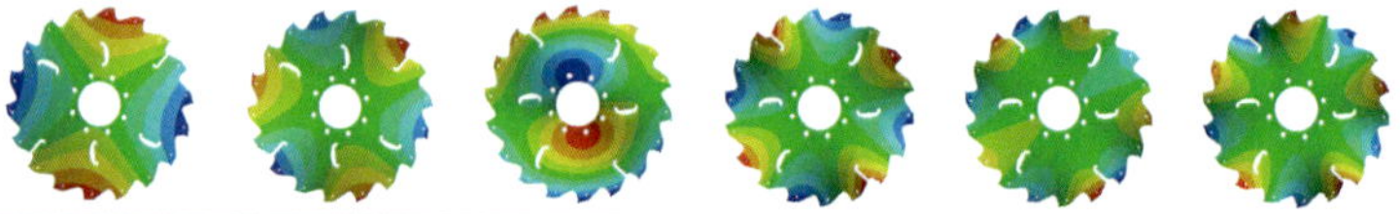					
	Ermittelte Eigenfrequenz / Hz					
Messung	54,2	132,0	218,6	230,8	307,2	345,2
Simulation	55,0	131,7	216,4	229,0	305,5	344,6
Messung	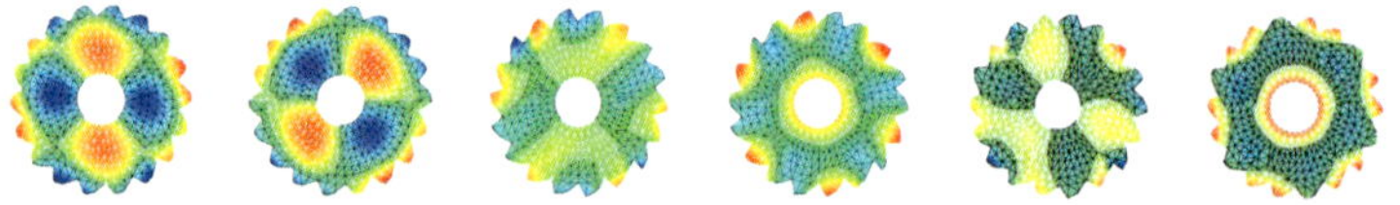					
Simulation	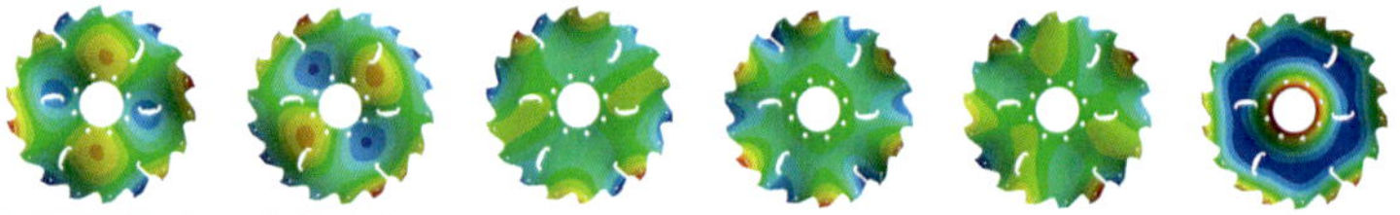					
	Ermittelte Eigenfrequenz / Hz					
Messung	358,8	378,4	413,0	474,2	495,9	515,0
Simulation	361,9	378,2	412,8	474,3	500,2	513,5

Tabelle 27: Ergebnisse der experimentellen Modalanalyse weiterer Eigenmoden

Grafisches Ergebnis der Messung	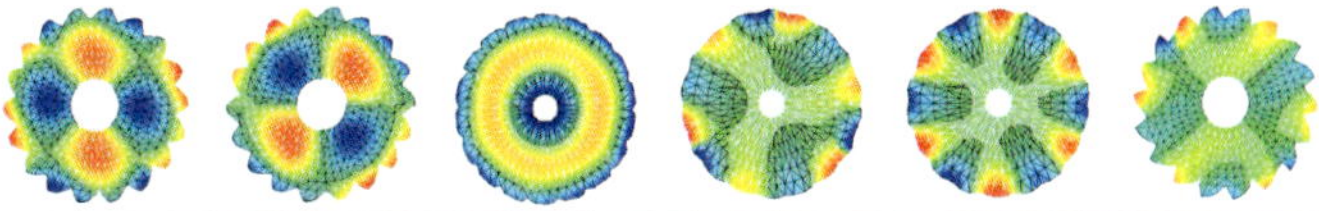					
	Eigenfrequenz / Hz für Sägeblätter mit Durchmesser 523 mm					
Referenz	358,9	376,4				430,8
GN38	360,8	376,1				434,2
GN38-BN08 gekl.	356,9	374,8				416,4
	Eigenfrequenz / Hz für Sägeblätter mit Durchmesser 400 mm					
Referenz	554,8	556,4	612,0	652,5	739,2	
GN38	540,9	544,5	590,6	648,0	722,3	
GN38-BN08	539,4	544,7	588,9	649,4	723,6	
Grafisches Ergebnis der Messung	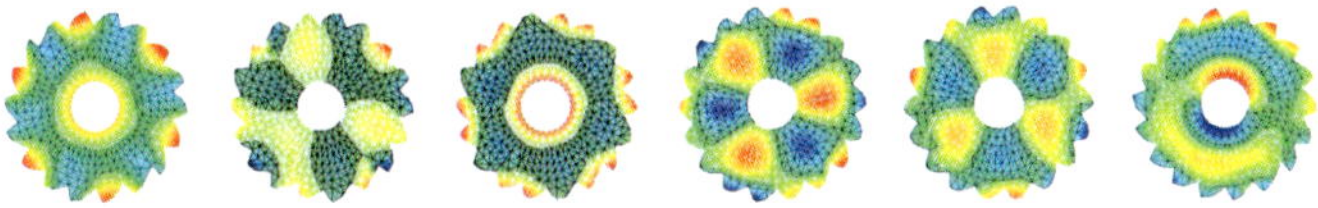					
	Eigenfrequenz / Hz für Sägeblätter mit Durchmesser 523 mm					
Referenz	505,6	518,3	522,5	566,9	589,8	643,4
GN38	511,1	518,9	522,7	567,5	589,7	644,5
GN38-BN08 gekl.	480,6	500,0	513,1	557,8	580,3	624,2
Grafisches Ergebnis der Messung						
	Eigenfrequenz / Hz für Sägeblätter mit Durchmesser 523 mm					
Referenz	644,7	672,7	680,3		784,4	
GN38	646,3	677,2	683,6		783,4	
GN38-BN08 gekl.	635,8	643,8	776,9	760,3	770,6	

14.11 Vergleich der Eigenfrequenzen der Sägeblattvariationen zum Referenzsägeblatt

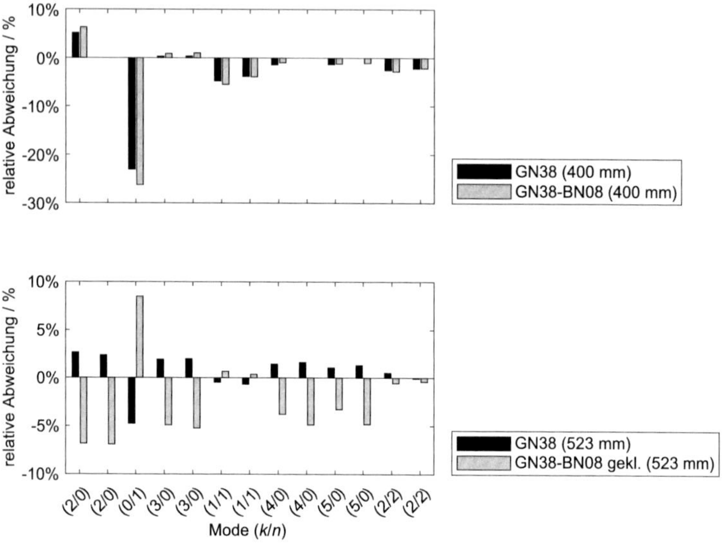

Abbildung 97: Darstellung der relativen Abweichung der Eigenfrequenzen der Sägeblattvariationen zum Referenzsägeblatt in 400 mm (oben) und 523 mm (unten)

14.12 Tabellarische Ergebnisdarstellung der Industrievalidierung

Tabelle 28: Tabellarische Darstellung der Verschleißkennwerte Schneidenversatz *SV*, Rundungsverschleiß *RV* und Ausbruchsfläche *AF* der Industrievalidierung

Variante	*SV* / mm	*RV* / mm	*AF* / mm²	Variante	*SV* / mm	*RV* / mm	*AF* / mm²
			Gleichlauf				
GN38-BN08 gekl.	0,062	0,063	0,476	Referenz	0,260	0,242	4,200
GN38-BN08	0,036	0,047	0,386	Referenz	0,181	0,198	4,050
GN38	0,106	0,098	1,461	Referenz	0,239	0,211	3,880
			Gegenlauf				
GN38-BN08 gekl.	0,047	0,046	0,348	Referenz	0,239	0,198	3,152
GN38-BN08	0,027	0,030	0,199	Referenz	0,173	0,149	2,478
GN38	0,067	0,080	0,764	Referenz	0,172	0,157	3,055

Tabelle 29: Tabellarische Darstellung der arithmetischen Mittelwerte der Wirkleistungen der Industrievalidierung in Abhängigkeit der Vorschubgeschwindigkeit

v_f / m/min	Wirkleistung P_w / kW					
	Variante	Gleichlauf	Gegenlauf	Variante	Gleichlauf	Gegenlauf
30	GN38-BN08 gekl.	19,720	17,856	Referenz	23,087	25,654
35	GN38-BN08 gekl.	22,890	20,725	Referenz	32,758	30,323
40	GN38-BN08 gekl.	25,484	23,580	Referenz	37,298	36,697
45	GN38-BN08 gekl.	30,347	25,071	Referenz	42,860	39,464
50	GN38-BN08 gekl.	33,114	29,150	Referenz	46,892	46,424
55	GN38-BN08 gekl.	37,326	32,097	Referenz	51,404	49,068
30	GN38-BN08	17,878	16,325	Referenz	24,617	23,880
35	GN38-BN08	22,469	20,273	Referenz	33,115	31,887
40	GN38-BN08	24,219	21,473	Referenz	36,369	34,515
45	GN38-BN08	28,366	24,881	Referenz	43,366	40,032
50	GN38-BN08	33,235	28,440	Referenz	47,969	44,719
55	GN38-BN08	35,914	32,182	Referenz	52,282	49,939
30	GN38	21,102	19,417	Referenz	23,815	24,740
35	GN38	27,219	22,975	Referenz	33,529	31,394
40	GN38	31,425	25,487	Referenz	37,115	35,441
45	GN38	34,229	27,774	Referenz	43,730	38,658
50	GN38	38,188	33,327	Referenz	47,221	45,280
55	GN38	42,381	35,791	Referenz	53,086	51,511

Tabelle 30: Tabellarische Darstellung der Oberflächenkennwerte Kernhöhe *Sk*, reduzierte Spitzenhöhe *Spk* und reduzierte Riefentiefe *Svk* der Industrievalidierung

v_f / m/min	Variante	*Sk* / µm	*Spk* / µm	*Svk* / µm	Variante	*Sk* / µm	*Spk* / µm	*Svk* / µm
			Gleichlauf					
40	GN38-BN08 gekl.	59,410	65,301	40,357	Referenz	68,103	68,210	58,686
40	GN38-BN08	55,240	63,328	38,521	Referenz	70,624	68,327	60,004
40	GN38	66,203	66,653	40,272	Referenz	75,110	70,955	63,087
			Gegenlauf					
40	GN38-BN08 gekl.	65,304	77,354	45,963	Referenz	80,291	86,562	69,459
40	GN38-BN08	62,213	70,537	43,448	Referenz	79,823	85,657	65,670
40	GN38	74,004	76,698	46,046	Referenz	85,391	89,925	70,420

14.13 Sachbilanz

Tabelle 31: Sachbilanz der Lebenswegabschnitte Herstellung, Nutzung und Entsorgung

Prozess	Referenz	GN38	GN38-BN08 gekl.	Einheit	Ecoinvent Prozess / Parameter
			Herstellung Hartmetall		
Input	8,10E-01	8,10E-01	1,57E+00	kWh	Electricity, medium voltage {DE}| market for | APOS, U
Input	7,36E-03	7,36E-03	1,43E-02	kg	Cobalt {GLO}| market for | APOS, U
Input	6,63E-02	6,63E-02	1,29E-01	kg	Tungsten carbide powder {GLO}| market for tungsten carbide powder | APOS, U
Input	4,35E-03	4,35E-03	8,44E-03	kg	Solvent, organic {GLO}| market for | APOS, U
Input	9,57E-03	9,57E-03	1,86E-02	kg	Nitrogen, liquid {RER}| market for | APOS, U
Input	3,02E-03	3,02E-03	5,87E-03	kg	Paraffin {GLO}| market for | APOS, U
Output	9,57E-03	9,57E-03	1,86E-02	kg	Nitrogen, atmospheric
Output	3,02E-03	3,02E-03	5,87E-03	kg	Paraffins
Output	2,17E-03	2,17E-03	4,22E-03	kg	Heptane
Output	2,17E-03	2,17E-03	4,22E-03	kg	Hexane
			Herstellung Sägeblatt		
Input	8,29E+00	8,29E+00	9,11E+00	kWh	Electricity, medium voltage {DE}| market for | APOS, U
Input	8,24E+00	8,24E+00	8,24E+00	kg	Steel, low-alloyed {GLO}| market for | APOS, U
Input	2,86E-02	2,86E-02	1,47E-02	kg	Tap water {Europe without Switzerland}| market for | APOS, U
Input	1,83E-03	1,83E-03	9,44E-04	kg	Cleaning consumables, without water, in 13.6% solution state {GLO}| market for cleaning consumables, without water, in 13.6% solution state | APOS, U
Input	1,91E-04	1,91E-04	8,20E-04	kg	Phenolic resin {RER}| market for phenolic resin | APOS, U
Input	2,12E-05	2,12E-05	9,12E-05	kg	Silicon carbide {GLO}| market for | APOS, U
Input	8,68E-03	8,68E-03	4,69E-02	kg	Zinc {GLO}| market for | APOS, U
Input	1,23E-03	1,23E-03	–	kg	Brazing solder, cadmium free {GLO}| market for | APOS, U
Input	1,53E-02	1,53E-02	–	kg	Flux, for wave soldering {GLO}| market for | APOS, U
Input	1,59E-04	1,59E-04	1,59E-04	kg	Adhesive, for metal {RER}| market for adhesive, for metal | APOS, U
Input	3,87E-03	3,87E-03	3,87E-03	kg	Lubricating oil {RER}| market for lubricating oil | APOS, U
Input	5,38E+00	5,38E+00	5,38E+00	tkm	Transport, freight, lorry >32 metric ton, euro6 {RER}| market for transport, freight, lorry >32 metric ton, EURO6 | APOS, U
Input	1,59E+00	1,59E+00	1,61E+00	tkm	Transport, freight, lorry 3.5-7.5 metric ton, euro6 {RER}| market for transport, freight, lorry 3.5-7.5 metric ton, EURO6 | APOS, U
Output	2,79E+00	2,79E+00	2,78E+00	kg	Steel, low-alloyed {RER}| steel production, converter, low-alloyed | APOS, U
Output	1,17E+00	1,17E+00	1,17E+00	kg	Steel, low-alloyed {Europe without Switzerland and Austria}| steel production, electric, low-alloyed | APOS, U

Prozess	Referenz	GN38	GN38-BN08 gekl.	Einheit	Ecoinvent Prozess / Parameter
Output	3,04E-02	3,04E-02	1,56E-02	kg	Spent solvent mixture {RoW}| treatment of, hazardous waste incineration | APOS, U
Output	2,12E-04	2,12E-04	9,12E-04	kg	Average incineration residue {RoW}| treatment of, residual material landfill | APOS, U
Output	5,83E-03	5,83E-03	3,15E-02	kg	Tungsten carbide powder {RoW}| tungsten carbide powder production | APOS, U
Output	6,48E-04	6,48E-04	3,50E-03	kg	Cobalt {GLO}| production | APOS, U
Output	8,64E-03	8,64E-03	4,66E-02	kg	Zinc {RoW}| primary production from concentrate | APOS, U
Output	4,34E-05	4,34E-05	2,34E-04	kg	Zinc, fume or dust
Output	2,00E-04	2,00E-04	1,08E-03	kg	Inert waste, for final disposal {RoW}| treatment of inert waste, inert material landfill | APOS, U
			Beschichtung Zähne		
Input	–	–	2,39E+00	kWh	Electricity, medium voltage {DE}| market for | APOS, U
Input	–	–	5,20E-05	kg	Graphite {GLO}| market for | APOS, U
Input	–	–	1,35E-05	kg	Titanium {GLO}| market for titanium | APOS, U
Input	–	–	3,24E-03	kg	Tap water {Europe without Switzerland}| market for | APOS, U
Input	–	–	1,66E-05	kg	Butyldiglycol acetate {GLO}| market for butyldiglycol acetate | APOS, U
Input	–	–	1,66E-05	kg	Ethoxylated alcohol (ae7) {RER}| market for ethoxylated alcohol (AE7) | APOS, U
Input	–	–	1,66E-05	kg	Ammonium carbonate {RER}| market for ammonium carbonate | APOS, U
Input	–	–	8,28E-06	kg	Fatty alcohol {GLO}| market for | APOS, U
Input	–	–	8,28E-06	kg	Ethylene glycol {GLO}| market for | APOS, U
Input	–	–	4,14E-06	kg	Triethyl amine {GLO}| market for | APOS, U
Input	–	–	4,12E-02	tkm	Transport, freight, lorry 3.5-7.5 metric ton, euro6 {RER}| market for transport, freight, lorry 3.5-7.5 metric ton, EURO6 | APOS, U
Output	–	–	3,31E-03	kg	Spent solvent mixture {RoW}| treatment of, hazardous waste incineration | APOS, U
			Nutzung		
Input	5,58E+02	4,54E+02	4,08E+02	kWh	Electricity, medium voltage {DE}| market for | APOS, U
Input	2,30E-04	2,30E-04	2,30E-04	kg	Phenolic resin {RER}| market for phenolic resin | APOS, U
Input	2,55E-05	2,55E-05	2,55E-05	kg	Silicon carbide {GLO}| market for | APOS, U
Input	1,16E-02	1,16E-02	1,16E-02	kg	Lubricating oil {RER}| market for lubricating oil | APOS, U
Input	4,16E-02	4,16E-02	5,08E-02	kg	Tap water {Europe without Switzerland}| market for | APOS, U
Input	2,67E-03	2,67E-03	2,67E-03	kg	Cleaning consumables, without water, in 13.6% solution state {GLO}| cleaning consumables, without water, in 13.6% solution state | APOS, U
Input	–	–	1,47E-04	kg	Graphite {GLO}| market for | APOS, U
Input	–	–	3,80E-05	kg	Titanium {GLO}| market for titanium | APOS, U

Prozess	Referenz	GN38	GN38-BN08 gekl.	Einheit	Ecoinvent Prozess / Parameter
Input	–	–	4,70E-05	kg	Butyldiglycol acetate {GLO}| market for butyldiglycol acetate | APOS, U
Input	–	–	4,70E-05	kg	Ethoxylated alcohol (ae7) {RER}| market for ethoxylated alcohol (AE7) | APOS, U
Input	–	–	4,70E-05	kg	Ammonium carbonate {RER}| market for ammonium carbonate | APOS, U
Input	–	–	2,30E-05	kg	Fatty alcohol {GLO}| market for | APOS, U
Input	–	–	2,30E-05	kg	Ethylene glycol {GLO}| market for | APOS, U
Input	–	–	1,20E-05	kg	Triethyl amine {GLO}| market for | APOS, U
Input	8,17E+00	8,17E+00	1,50E-01	tkm	Transport, freight, lorry 3.5-7.5 metric ton, euro6 {RER}| market for transport, freight, lorry 3.5-7.5 metric ton, EURO6 | APOS, U
Output	1,55E-02	1,55E-02	1,55E-02	kg	Waste mineral oil {RoW}| treatment of, hazardous waste incineration | APOS, U
Output	4,43E-02	4,43E-02	5,36E-02	kg	Spent solvent mixture {RoW}| treatment of, hazardous waste incineration | APOS, U
Output	2,55E-04	2,55E-04	2,55E-04	kg	Average incineration residue {RoW}| treatment of, residual material landfill | APOS, U
			Entsorgung Hartmetall		
Input	–	–	2,98E-01	kWh	Electricity, medium voltage {DE}| market for | APOS, U
Input	–	–	9,67E-02	kg	Zinc {GLO}| market for | APOS, U
Output	–	–	6,50E-02	kg	Tungsten carbide powder {RoW}| tungsten carbide powder production | APOS, U
Output	–	–	7,22E-03	kg	Cobalt {GLO}| production | APOS, U
Output	–	–	9,63E-02	kg	Zinc {RoW}| primary production from concentrate | APOS, U
Output	–	–	4,84E-04	kg	Zinc, fume or dust
Input	–	–	7,44E-03	tkm	Transport, freight, lorry 3.5-7.5 metric ton, euro6 {RER}| market for transport, freight, lorry 3.5-7.5 metric ton, EURO6 | APOS, U
Output	–	–	2,48E-03	kg	Inert waste, for final disposal {RoW}| treatment of inert waste, inert material landfill | APOS, U
			Entsorgung Metall		
Input	9,55E-01	9,55E-01	9,90E-01	kWh	Electricity, medium voltage {DE}| market for | APOS, U
Input	4,35E-01	4,35E-01	4,32E-01	tkm	Transport, freight, lorry 3.5-7.5 metric ton, euro6 {RER}| market for transport, freight, lorry 3.5-7.5 metric ton, EURO6 | APOS, U
Output	3,07E+00	3,07E+00	3,04E+00	kg	Steel, low-alloyed {RER}| steel production, converter, low-alloyed | APOS, U
Output	1,29E+00	1,29E+00	1,28E+00	kg	Steel, low-alloyed {Europe without Switzerland and Austria}| steel production, electric, low-alloyed | APOS, U

14.14 Wirkungsabschätzung

Tabelle 32: Ergebnisse der Wirkungsabschätzung aller 18 Wirkungskategorien, Midpoint-Ebene

Wirkungskategorie	Einheit	Referenz	GN38	Δ zu Referenz	GN38-BN08 gekl.	Δ zu Referenz
Klimawandel	kg CO_2 eq	332,05	273,14	-18 %	245,14	-26 %
Stratosphärischer Ozonabbau	kg CFC-11 eq	2,22E-04	1,82E-04	-18 %	1,63E-04	-26 %
Ionisierende Strahlung	kBq Co-60 eq	61,85	50,53	-18 %	45,77	-26 %
Photochemische Oxidantenbildung menschliche Gesundheit	kg NO_x eq	0,38	0,32	-17 %	0,28	-26 %
Feinstaubbildung	kg $PM_{2,5}$ eq	0,19	0,16	-16 %	0,14	-27 %
Photochemische Oxidantenbildung Ökosystem	kg NO_x eq	0,39	0,32	-17 %	0,29	-26 %
Terrestrische Versauerung	kg SO_2 eq	0,55	0,46	-16 %	0,40	-28 %
Eutrophierung Süßwasser	kg P eq	0,51	0,42	-18 %	0,38	-26 %
Meereseutrophierung	kg N eq	0,04	0,03	-17 %	0,03	-27 %
Terrestrische Ökotoxizität	kg 1,4-DCB	431,14	376,21	-13 %	284,88	-34 %
Frischwasserökotoxizität	kg 1,4-DCB	21,92	18,52	-16 %	15,61	-29 %
Meeresökotoxizität	kg 1,4-DCB	29,07	24,54	-16 %	20,73	-29 %
Krebserregende Humantoxizität	kg 1,4-DCB	22,28	17,14	-23 %	14,78	-34 %
Humantoxizität, nicht krebserregend	kg 1,4-DCB	701,74	598,97	-15 %	495,06	-29 %
Landbesetzung	m^2a crop eq	9,78	8,07	-17 %	7,15	-27 %
Verbrauch mineralischer Rohstoffe	kg Cu eq	1,27	1,20	-6 %	0,78	-39 %
Verbrauch fossiler Rohstoffe	kg oil eq	82,56	67,98	-18 %	60,64	-27 %
Wasserverbrauch	m^3	3,73	3,07	-18 %	2,74	-27 %

Tabelle 33: Wirkungsabschätzung der Lebenswegabschnitte, Midpoint-Ebene, Klimawandel

Lebenswegabschnitt	Einheit	Referenz	GN38	Δ zu Referenz	GN38-BN08 gekl.	Δ zu Referenz
Herstellung	kg CO_2 eq	18,91	18,91	0 %	22,64	20 %
Nutzung	kg CO_2 eq	319,74	260,84	-18 %	230,88	-28 %
Entsorgung	kg CO_2 eq	-6,61	-6,61	0 %	-8,38	27 %
Gesamt	kg CO_2 eq	332,05	273,14	-18 %	245,14	-26 %

Tabelle 34: Wirkungsabschätzung der Lebenswegabschnitte, Midpoint-Ebene, stratosphärischer Ozonabbau

Lebenswegabschnitt	Einheit	Referenz	GN38	Δ zu Referenz	GN38-BN08 gekl.	Δ zu Referenz
Herstellung	kg CFC-11 eq	8,62E-06	8,62E-06	0 %	1,13E-05	32 %
Nutzung	kg CFC-11 eq	2,15E-04	1,75E-04	-18 %	1,55E-04	-28 %
Entsorgung	kg CFC-11 eq	-1,13E-06	-1,13E-06	0 %	-3,07E-06	173 %
Gesamt	kg CFC-11 eq	2,22E-04	1,82E-04	-18 %	1,63E-04	-26 %

Tabelle 35: Wirkungsabschätzung der Lebenswegabschnitte, Midpoint-Ebene, photochemische Oxidantenbildung menschliche Gesundheit

Lebenswegabschnitt	Einheit	Referenz	GN38	Δ zu Referenz	GN38-BN08 gekl.	Δ zu Referenz
Herstellung	kg NO_x eq	0,05	0,05	0 %	0,06	25 %
Nutzung	kg NO_x eq	0,35	0,29	-18 %	0,25	-28 %
Entsorgung	kg NO_x eq	-0,02	-0,02	0 %	-0,03	72 %
Gesamt	kg NO_x eq	0,38	0,32	-17 %	0,28	-26 %

Tabelle 36: Wirkungsabschätzung der Lebenswegabschnitte, Midpoint-Ebene, photochemische Oxidantenbildung Ökosystem

Lebenswegabschnitt	Einheit	Referenz	GN38	Δ zu Referenz	GN38-BN08 gekl.	Δ zu Referenz
Herstellung	kg NO_x eq	0,05	0,05	0 %	0,06	25 %
Nutzung	kg NO_x eq	0,36	0,29	-18 %	0,26	-28 %
Entsorgung	kg NO_x eq	-0,02	-0,02	0 %	-0,03	70 %
Gesamt	kg NO_x eq	0,39	0,32	-17 %	0,29	-26 %

Tabelle 37: Wirkungsabschätzung der Lebenswegabschnitte, Midpoint-Ebene, terrestrische Versauerung

Lebenswegabschnitt	Einheit	Referenz	GN38	Δ zu Referenz	GN38-BN08 gekl.	Δ zu Referenz
Herstellung	kg SO_2 eq	0,08	0,08	0 %	0,11	36 %
Nutzung	kg SO_2 eq	0,49	0,40	-18 %	0,35	-28 %
Entsorgung	kg SO_2 eq	-0,02	-0,02	0 %	-0,07	229 %
Gesamt	kg SO_2 eq	0,55	0,46	-16 %	0,40	-28 %

Tabelle 38: Wirkungsabschätzung der Lebenswegabschnitte, Midpoint-Ebene, Eutrophierung Süßwasser

Lebenswegabschnitt	Einheit	Referenz	GN38	Δ zu Referenz	GN38-BN08 gekl.	Δ zu Referenz
Herstellung	kg P eq	0,02	0,02	0 %	0,03	37 %
Nutzung	kg P eq	0,49	0,40	-19 %	0,36	-27 %
Entsorgung	kg P eq	0,00	0,00	0 %	-0,01	211 %
Gesamt	kg P eq	0,51	0,42	-18 %	0,38	-26 %

FSC
www.fsc.org
MIX
Papier | Fördert
gute Waldnutzung
FSC® C083411

Kolibri 360 GmbH
Ferdinand-Jühlke-Straße 7
99095 Erfurt, Deutschland
produktsicherheit@kolibri360.de